제주 오름

오늘은 오름,
제주의
자연과 만나는
생애 가장
건강한 휴가

트레킹 가이드

이승태 지음

중앙books

바람이 부는 곳, 들새가 가는 길

미술평론가 유홍준 선생은 제주도를 다룬 《나의 문화유산답사기》 일곱 번째 책에서 '오름에 올라가본 일이 없는 사람은 제주 풍광의 아름다움을 말할 수 없고, 오름을 모르는 사람은 제주인의 삶을 알지 못한다'는 제주 출신 화가 강요배 선생의 말을 빌려 제주에서의 오름의 중요성을 설명했다. 이는 제주도가 오름과 오름이 세포처럼 유기적으로 이어진 곳이어서 제주를 알려면 반드시 오름을 알고 올라보아야 한다는 말일 게다. 들판 한가운데에, 바닷가에, 작은 마을 뒤편에 순하디순한 모양으로 솟아 제주의 자연풍광을 이룬 오름. 사람들이 뻔질나게 드나드는 유명 관광지에서는 만날 수 없는, 날것 그대로의 제주가 그곳에 있다.

올라보기 전에는 알 수 없는 세상

화산섬 제주에는 지구상에서 가장 많은 오름이 모여 있다. 그 수가 자그마치 368개라고 하니 매일 하나씩 올라도 한 해가 모자랄 정도다. 제주 섬 어느 곳을 가도 오름이 있고, 그 오름에 기대어 마을이 터를 잡았다. 사람들은 그 오름으로 억새를 베러 다니고, 고사리를 꺾고, 가축을 놓아기르며 살아왔다. 오죽했으면 제주 사람들이 '오름에서 태어나 오름에 기대 살다가 오름으로 돌아간다'는 말을 입버릇처럼 달고 살았을까! 오름은 제주의 마을과 마을을 형성하는 모태가 되었다. 각 오름은 대대로 섬겨온 신들의 거처였고, 주변으로 넓게 펼쳐진 거친 황무지인 '벵듸'는 말과 소를 키우는 터전이었다.

내 경험으로 볼 때 제주의 아름다움 중 8할은 오름에 있는 것 같다. 오름의 매력은 헤아릴 수 없이 많다. 아래서는 상상치도 못할 드넓은 초원이 펼쳐지는가 하면 깊고 커다란 굼부리가 파여 시선을 압도하기도 한다. 등심붓꽃, 꽃향유, 세복수초 같은 들꽃이 펴서 하늘거리는, 차마 발을 들이기도 주저되는 오솔길이 펼쳐지고, 짙고 울창한 숲은 원시의 아름다운 제주 그 자체다. 오름 능선에서 만나는 바람은 도대체 어디서 시작된 것인지, 도무지 이 세상의 것이 아닌 양 나를 몸서리치게 만든다. 처음에는 멋있다가 점점 멍하게 만드는, 말로 다 할 수 없는 제주 풍광이 오름마다 펼쳐진다.

우리 모두 '오름나그네'가 되어

오름은 한라산 백록담 바로 아래의 방애오름, 윗세오름을 시작으로 바닷가에 솟은 성산일출봉과 송악산, 비양도와 사라봉에 이르기까지 사방으로 흩어져 있다. 제주 동쪽 송당리 일대엔 가장 많은 오름이 분포해 오름이 겹치며 산너울처럼 펼쳐지는 장관을 만나게 된다. 하나씩 뚝뚝 떨어진 서쪽의 오름도 저마다 빼어나 찾는 걸음이 즐겁다. 오름은 저마다 수줍고 좁은 길을 열어 사람들의 발길을 허락하고 있다. 제주의 바람이 먼저 지나간 길. 들새가 가고, 노루가 가는 길이다. 이제 다시 오름나그네가 되어 그 길을 가려는 이들에게 이 책이 들새와 노루처럼, 스치는 바람처럼 친구가 되어줄 수 있다면 좋겠다.

오름학교 교장 **이승태**

〈제주 오름 트레킹 가이드〉 사용법

제주의 가장 내밀하고 아름다운 자연물인 오름을 즐겁게 오르고, 건강하게 탐방할 수 있는 방법을 제안한다.

 1 오름 용어 미리 알아두면 더 즐겁다

"높은오름은 해발고도 405m, 비고 175m로 굼부리 능선에 오르면 남쪽 사면으로 벵듸를 굽어볼 수 있고, 화구호는 없다."

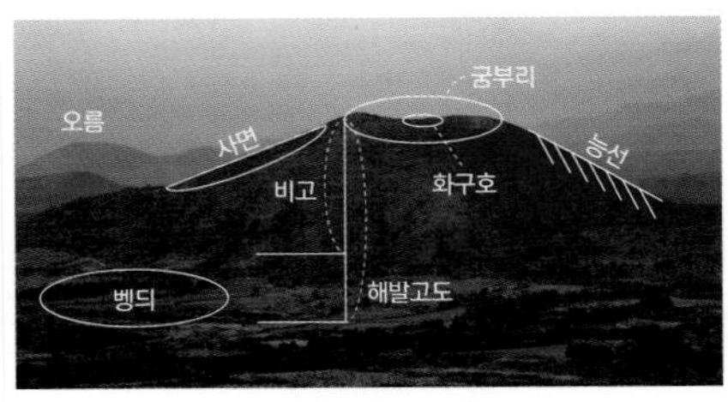

오름 : 한라산을 중심으로 산재한 368개의 소형 화산체를 일컫는 제주어.
사면 : 오름 산체의 비스듬히 기운 면.
해발고도 : 평균 해수면을 기준으로 측정한 높이.
비고 : 최고 높이와 최저 높이의 차. 트레킹에서는 시작점과 정상의 고도 차.
굼부리 : 분화구를 뜻하는 제주어. 화산체에서 용암이나 가스가 분출했던 자리.
능선 : 골짜기 사이에 놓여 산체의 등줄기를 이루는 선. 가장 높은 부분을 봉우리라 한다.
벵듸 : 평평하고 너른 초원을 이르는 제주어.
화구호 : 굼부리가 막혀 물이 고인 호수. 한라산 백록담이 대표적이다.

지역별 오름 제주국제공항부터 시계 방향으로 소개한 124개 오름

제주도를 크게 동부권과 서부권으로 나누고 이를 다시 제주시 도심, 조천읍, 구좌읍, 우도면, 성산읍, 표선면, 남원읍, 서귀포시 도심, 안덕면, 대정읍, 한경면, 한림읍, 애월읍의 13곳으로 나누었다. 제주시 도심의 제주국제공항을 기준 삼아 시계 방향으로 자리한 지역별 오름 124곳을 차례대로 소개했다. 한라산국립공원 주변의 오름 4곳은 [돋보기](p.304, 310, 316)페이지에서 만날 수 있다.

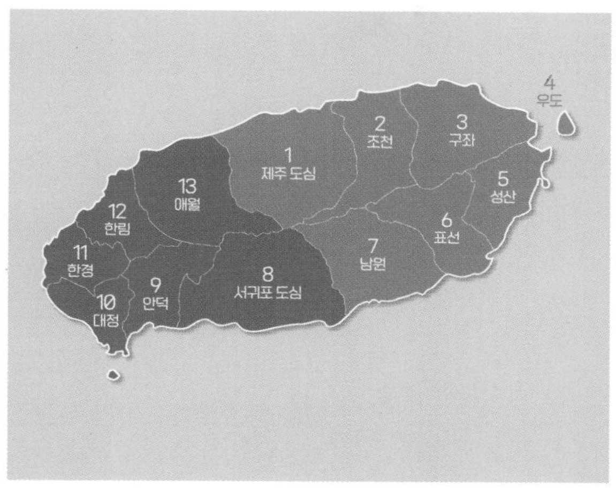

오름 수첩 탐방 소요시간부터 교통정보까지 한눈에

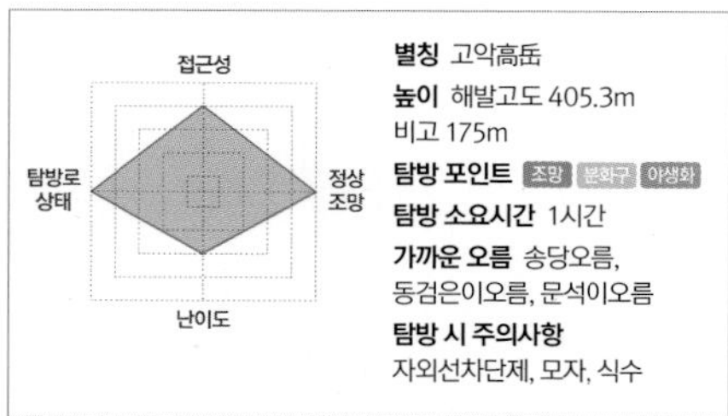

오름의 기본 정보를 집약해서 보여준다. 높이와 소요시간, 주의사항, 주변 여행지 등 기본 정보는 물론이고 여행자 편의를 고려해 접근성, 정상 조망, 탐방로 상태와 난이도를 보기 쉽게 그래프로 표현했다. 여행자들이 자신의 취향에 맞게 여정을 설계할 수 있도록 [조망] [분화구] [볼거리] 등으로 탐방 포인트를 분류해 함께 소개했다.

4 오름 이야기 생생한 지형적 특징과 추천 탐방 코스, 그리고 흥미진진한 역사 이야기

오름학교 교장인 지은이가 직접 두 발로 걷고 기록한 오름의 모든 이야기가 담겨 있다. 지형적 특징, 지질학적 가치, 역사적 사건, 마을 사람들 사이에서 내려오는 이야기, 별칭과 그 유래까지. 읽다 보면 어느새 오름 한복판에 깊숙이 들어와 있는 듯한 기분이 든다.

목차

세 발짝

제주 지역별 오름

10 대정읍의 오름

11 한경면의 오름

12 한림읍의 오름

13 애월읍의 오름

[돋보기] 한라산국립공원의 오름

한 발짝

오늘은 이런 오름

오름이 처음이라면, 랜드마크 오름

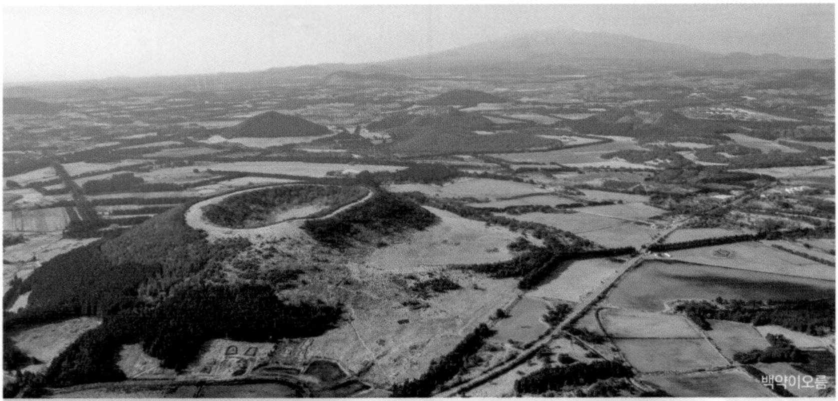

백약이오름

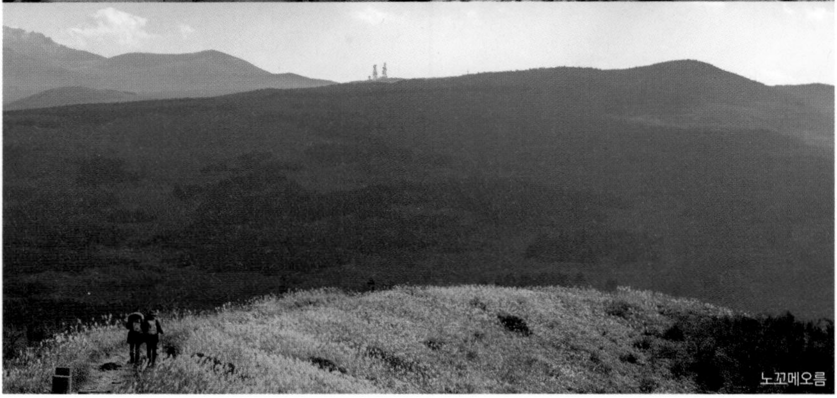

노꼬메오름

2

샘을 품은 오름

안세미오름

3

띠가 장관인 오름

여쩌리오름

화구호를 품은 오름

금오름

봄꽃 아름다운 오름

식산봉

6

억새가 춤추는 오름

새별오름

7

한달음이면 정상에 닿는 오름

돌미오름

8

굼부리가 예쁜 오름

아부오름

다랑쉬오름

9

초지대 오름

따라비오름

말미오름

10

바다 전망 좋은 오름

베리오름

11

오름 병풍 속 오름

영실오름

12 해돋이 & 해넘이가 근사한 오름

다랑쉬오름

당산봉

두 발짝

오늘은 이런 오름

오름 트레킹을 위한 기본 준비물

1 옷가지

너무 어두운 옷은 피하라. 당신이 어디에 있는지 타인에게 알리는 게 좋다. 화려한 옷도 피하는 게 좋다. 벌이나 해충의 공격 대상이 되기 쉽다. 변화무쌍한 자연환경으로부터 당신을 보호할 기능성 의류인 등산복이라면 더할 나위 없다. 등산복은 적절한 체온을 유지시키기 위한 기능에 특화되어 있다.

2 신발

날씨와 계절에 따라, 그리고 배낭의 무게에 맞춰서 성능이 뛰어난 우수한 제품으로 장만해야 편안하고 안전한 오름 트레킹을 즐길 수 있다. 등산화를 고를 땐 너무 딱 맞는 것보다 양말을 두 겹 신어도 죄지 않을 정도의 크기가 적당하며, 무엇보다 착용감이 좋고 발가락이 편한 것을 골라야 한다. 트레킹 형태에 따라 적절한 것을 고르되 특별히 불편한 부분이 없는지 반드시 양쪽을 모두 신고 걸어본 후 구입하는 게 좋다. 제주의 기상상황을 고려할 때 방수기능을 갖춘 제품이 유리하다.

3 등산용 스틱

두 발보다 네 발이 빠르고, 편리하고, 힘도 덜 들고 안전하다. 스틱은 길이 미끄러운 눈 내리는 겨울이나 장마 기간에 특히 위력을 발휘하고, 다리로 전달되는 충격의 30% 정도를 분산시킨다. 당연히 허리나 무릎에 가해지는 충격을 덜어 부상의 위험도 줄여준다. 해로운 동물(뱀, 벌레, 짐승 등)을 쫓거나 가시덤불을 헤치고 나가야 할 때도 여간 편리한 게 아니다. 내리막길에서 1m 안팎의 푹 꺼진 지형을 내려설 때도 스틱이 있으면 쉽게 지날 수 있고, 비상시 부목으로도 좋다. 스틱은 쌍으로 쓰는 게 바람직하다.

4 헤드램프

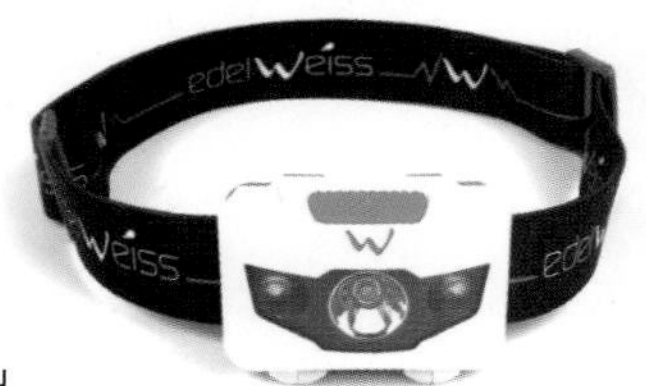

어두워지기 전에 하산이 가능한 오름일지라도 헤드램프는 반드시 휴대해야 한다. 중산간 지대나 한라산은 우리가 생각지도 못한 많은 변수들로 가득한 공간이다. 해가 지고 어두워지면 익숙한 구간에서도 사람은 불안감을 느끼며, 발을 헛디뎌 사고가 나거나 조난되는 경우가 발생한다. 이때 헤드램프가 있다면 어둠은 아무런 장애가 되지 않으며, 오히려 야간산행의 색다른 즐거움까지 만끽할 수 있다. 헤드램프는 어두운 길을 걷는 당신을 자유롭게 해 준다. 여벌 건전지도 꼭 챙기도록 한다.

5 휴대용 의자나 방석

발아래로 펼쳐지는 벵듸와 은빛 억새로 눈부신 들판을 조망하는 기분은 대체할 수 없는 행복이다. 이때 위력을 발휘하는 것이 등산용 방석과 의자다. 물론 바위나 돌을 찾아 앉아도 되고, 나무 그루터기나 풀밭, 마른 땅에 털썩 주저앉을 수도 있지만, 비가 내리거나 추운 겨울에는 그마저도 힘들다. 무엇보다 진드기와 유행성출혈열의 위험도 있어서 맨땅이나 풀밭보다는 방석이나 의자를 이용하는 것이 좋다. 방석은 휴대가 간편하고, 의자는 젖은 땅이나 풀밭에서도 용이한 전천후 장비다.

6 물과 물통

배낭 안에 일정량 이상의 물은 항상, 하산 때까지 들어 있어야 한다. 물통은 기본적으로 1L는 되어야 한다. 마트에서 판매하는 일회용 물병을 사용하는 이가 많은데, 이 경우 비용문제가 만만치 않을뿐더러 사용하고 난 빈 물통의 처리도 문제다. 그러니 오름 트레킹에 나설 때는 일회용 물병보다 오랫동안 사용가능한 자기만의 등산용 물통을 구입해 사용하는 것이 친환경적이며 바람직하다.

유쾌한 오름 탐방을 위한 필수 과목
제주어

제주는 토양과 기후, 식생, 음식, 문화, 자연환경 등 모든 면에서 '육지'와 다르게 오랜 세월을 지나왔다. 가장 크게 구별되는 것 중 하나가 말[言]이다. 이러한 제주의 고립은 물살이 거세고 험한 '제주바당'에서 원인을 찾을 수 있다. 자연적인 장애물이 된 제주바당은 사람의 이동을 막았고, 그로 인해 육지의 언어가 들어올 수 없으니 예전 말을 쓸 수밖에 없었다.

제주 사람들이 쓰는 말은 사투리라고 하지 않고 특별히 '제주어'라고 할 만큼 독특하고 '다르다'. 바로 '바람과 물살이 고립시킨 언어'다. 제주 사람들의 삶과 역사가 나이테처럼 고스란히 밴 오름을 오르내리기에 앞서 생경해서 어렵고 알아듣기 힘든 제주어 몇 가지는 익혀두는 게 여러모로 좋다.

갈브름	서쪽에서 부는 바람
감저	고구마
게메	쎄, 그러게
계십서예	안녕히 계세요
곶자왈	용암류로 이뤄진 크고 작은 돌무더기와 그 위의 숲이나 덤불
굼부리	오름의 분화구
끅(칙)	칡
끅불휘	칡뿌리
난젱이	냉이꿩마농(드릇마농) – 달래
낭	나무
내창	내[川]
놀당 갑서	놀다가 가세요
느영나영	너랑나랑
도새기	돼지
도르멍옵서	빨리 오세요
두줄보리	맥주보리
드르	들
마농	마늘
마파람	남쪽에서 부는 바람(여름철 바람)
메역	미역
말 호끔 물으쿠다	말 좀 묻겠습니다
멜	멸치
무사	왜
물구덕	물허벅을 넣고 사용하는 바구니
물허벅	물동이
뭉게(물꾸럭)	문어
바농	바늘

바당	바다
보말	고둥
삥이마농(패마농)	쪽파
사름있수꽈?	사람 있습니까?
산담	무덤
새우리	부추
샛ᄇᆞ름	동쪽에서 부는 바람
손지	손자
양에	양하
어디 감수강?	어디 가세요?
어욱	억새
영등할망	음력 2월 1일 제주에 들어와 바다에 미역과 전복, 소라 등의 씨를 뿌리고 2월 15일에 제주를 떠난다는 여신
와랑와랑	불이 활활 타는 모습을 표현할 때 쓰는 말
왕 봅서	와 보세요
유썹	들깻잎
ᄌᆞ작벳	땡볕
잘 갑서예	잘 가세요
잘 먹으쿠다	잘 먹겠습니다
좀녀	해녀
좀녀구덕	잠녀들이 물질하러 갈 때 등에 지고 다니는 바구니
잣담(잣성)	잔돌을 쌓아 만든 돌담장
지들커	땔감
지실	감자
초집	'띠'로 지붕을 인 집
테우리	산과 들에서 많은 수의 마소를 방목해 기리는 일을 하던 사람. 목동
통시	돼지우리
폭낭	팽나무
하늬ᄇᆞ름	북쪽에서 부는 바람
혼저옵서예	어서 오세요

모두가 즐거운 오름 트레킹을 위한 10계명

1 장소를 선정하고 일정을 세워라

무턱대고 떠나는 오름 트레킹의 묘미가 없지 않으나, 위험하다. 작은 오름이어도 대상지에 대한 공부를 하고 규모 있는 탐방을 하는 습관을 들여야 한다.

2 대상지의 일기예보를 확인하라

제주는 동서남북의 날씨가 제각각일 때가 흔하다. 출발 전 대상지역의 일기예보를 반드시 확인하고, 변화에 능동적으로 대처하도록 한다. 확인하고 또 확인하라.

3 배낭을 준비하라

'빈손'인 채로 오름에 가지 않도록 하라. 물과 간식, 바람막이 재킷, 스마트폰, 스틱은 늘 휴대해야 한다. 또 손에 스틱이 아닌 뭔가를 잡고 걷는 것은 미끄러지거나 놀라서 넘어질 때 크게 다칠 수 있다. 두 손을 자유롭게 하고 안전한 탐방을 위해 적당한 크기의 배낭을 챙겨서 가라.

4 지도와 친해져라

대상 오름의 들머리와 날머리, 주요 탐방로에 대한 정보를 스마트폰에 저장하거나 지도를 사진으로 찍어서 오름에 들어서야 한다. 지도는 당신의 눈과 귀가 되고, 친절한 가이드가 되어줄 것이다. 가능하다면 독학으로라도 독도법을 배우라.

5 자연에 대해 공부하라

변화무쌍한 자연에 대한 이해는 당신의 오름 트레킹을 한층 더 풍성하고 안전하게 만들어 준다. 그리고 길섶의 풀 한 포기, 꽃 한 송이와 나무 한 그루의 이름을 불러주면 걸음마다 즐거움이 가득해진다.

6 안전사고에 유의하라

인기 오름이 아니면 인적이 뜸한 경우가 대부분이다. 다치면 낭패를 당하기 십상이다. 구급낭을 준비하면 금상첨화다. 백 번을 강조해도 부족함이 없는 당신의 안전, '돌다리도 두드려보고 건너는 습관'을 익히라.

7 보조배터리를 확보하라

중산간의 인적 드문 오름에서는 길을 헤맬 수 있다. 스마트폰까지 꺼진다면 대략 난감이다. 문명으로부터의 해방은 보조배터리를 챙긴 후에 누려라.

8 자신의 체력에 맞게 운행하라

상황에 따라 히말라야만큼 무서운 곳으로 변하는 것이 제주 숲이다. 무리는 절대 금물이다. 무리한 운행은 모든 상황을 나쁘게 만든다.

9 동행을 구하라

처음 가는 오름은 반드시 동행을 구하라. 만일 그대가 여성이라면 특히 중요한 문제다.

10 당신이 본 것을 그대로 두고, 흔적은 남기지 마라

좋아해서 찾는 오름인 만큼 우리가 지키고 보호해야 한다. 곤충이나 동물, 들풀 한 포기도 함부로 손대지 말고 눈으로만 탐하라. 모두가 즐거워진다. 당신이 자연에 남기는 흔적은 적으면 적을수록 좋다.

오름, 또 오름!
오름 연계 탐방 코스 11

제주 오름은 크기가 다양하고 탐방시간과 난이도도 천차만별이다. 1분이면 굼부리에 오를 수 있는 작은 오름이 있는가 하면 찾아가는 데만 몇 시간이 걸리는 곳도 숱하다. 그래서 보통 오름을 찾아 나서면 인근의 오름을 엮어서 동선을 짜는 경우가 많다. 하루나 반나절에 엮어서 오르내리기 좋은 몇 개 코스를 소개한다.

1 #알짜배기코스 #도시락필수

- 높은오름 p.166 1시간
  1.5km/20분
- 동검은이오름 p.170 1시간 30분
  5m/10초
- 문석이오름 p.173 20분
  600m/8분
- 백약이오름 p.234 1시간 30분
  2km/20분
- 좌보미오름 p.240 2시간

오름 트레킹의 진면목을 만날 수 있는 최고의 코스다. 하나같이 반짝반짝 보석처럼 빛나는 오름이 한 곳에 다 모였으니 이보다 좋을 순 없는 하루가 될 것이다. 최소 대여섯 시간은 걸리는 일정이어서 물과 간식, 도시락을 준비해야 한다.

2 #제주목마장 #역사여행

- 조랑말체험공원(행기머체) 5분
  2.7km/1시간
- 따라비오름 p.254 1시간
  1.9km/40분
- 잣성길
  2.5km/1시간
- 큰사슴이오름 p.260 30분
  1.3km/25분
- 유채꽃프라자 15분
  1.3km/25분
- 꽃머체 5분
  0.3km/6분
- 조랑말체험공원 / 쫄븐갑마장길

조랑말체험공원을 출발해 따라비오름, 큰사슴이오름, 꽃머체를 지나 조랑말체험공원으로 돌아오는 10km쯤의 '쫄븐 갑마장길'은 600년이 넘는 **제주 목마장의 역사와 문화**를 보여주는 유적들이 풍부하다. 3시간 반쯤 걸린다. 4월 첫째 주라면 유채와 벚꽃, 동백꽃을 모두 볼 수 있다. '쫄븐'은 '짧은'이란 뜻의 제주어다.

3 #숲길트레킹 #거리두기실천

- 부소오름 p.54 50분
  370m/10분
- 부대오름 p.90 45분
  940m/17분
- 골체오름 p.80 15분
  1km/20분
- 민오름(선흘리) p.76 1시간

부소·부대·민오름은 숨이 찰 정도로 오르내려야 하는 곳이어서 쉬운 코스가 아니다. 그러나 울창한 제주 숲길을 걷는 즐거움으로는 무엇 하나 부족함이 없다. 비교적 인적이 뜸한 곳이어서 **한적한 오름 트레킹**을 만끽할 수 있다.

4 #다크투어리즘 #올레길

- 송악산 p.400 1시간 20분
  10m/1분
- 셋알오름·섯알오름 p.406 1시간
  100m/6분
- 알뜨르비행장 1시간

전쟁광 일제가 **평화의 섬 제주에 남긴 생채기**를 둘러보는 코스다. 수많은 진지동굴과 지하요새, 고사포진지와 군용기 격납고 같은 무시무시한 전쟁 시설을 품었지만 하나같이 눈부시고 아름다운 구간이다.

5 #건축기행 #이타미준 #안도다다오

- 소병악·대병악 p.374 1시간 40분
  1.5km/5분·승용차
- 방주교회 20분
  550m/2분·승용차
- 본태박물관 p.374 1시간
  2.5km/6분·승용차
- 포도호텔 20분
  400m/2분
- 마보기오름 p.374 40분

병악오름 근처에 **제주 건축기행**에서 빠지지 않는 '방주교회'와 '포도호텔'이 있다. 재일교포인 세계적인 건축가 이타미 준伊丹潤의 작품이다. 또 안도 다다오安藤忠雄가 '노출 콘크리트'의 아름다움을 극도로 끌어올린 본태박물관도 주변 오름과 함께 둘러볼 수 있다.

6 #오름초보 #가을억새트레킹

- 다랑쉬오름 p.128 1시간 30분
  260m/3분
- 아끈다랑쉬오름 p.134 40분
  800m/10분
- 다랑쉬마을 터 5분
  450m/5분
- 다랑쉬 굴 10분
  2km/30분
- 손지오름 p.176 1시간
  1.6km/25분
- 용눈이오름 p.182 1시간

제주 오름의 아르케Arche, 근원적 아름다움을 품은 곳. 용눈이오름과 다랑쉬오름은 제주 여행객들도 찾을 정도로 **오름의 입문지**로 통한다. 여기에 제주 4·3의 아픔을 고스란히 느낄 수 있는 다랑쉬마을과 다랑쉬 굴도 들르는 이 코스를 가을 억새철에 찾는다면 금상첨화다.

7 #억새숲에서 #인생사진

- 새별오름 p.480 45분
  150m/3분
- 이달오름 p.486 40분
  950m/15분
- 새별오름 주차장

가을 억새 트레킹의 대표적인 새별오름이지만, 사실은 숨겨진 서쪽 사면이 훨씬 멋지다. 주차장에서 보이는 동쪽 사면이 화장으로 꾸민 얼굴이라면 정상에서 서쪽으로 이어지는 숨은 능선으로 들어서면 **날것 그대로의 매력을 풍기는 억새 명산**을 만날 수 있다. 이웃한 이달봉으로 이어지는 길 또한 꼭 걸어봐야 할 멋진 구간이며, 황제의 무덤보다 더 탐나는 이달이촛대봉의 작은 산담도 만날 수 있다.

8 #파노라마전망 #중산간트레킹

- 궷물오름 p.460 30분
  500m/7분
- 족은노꼬메오름 p.464 1시간
  100m/2분
- 노꼬메오름 p.468 50분
  2.3km/40분
- 궷물오름 주차장

고지대 숲의 무게와 정취로 가득한 코스다. 늦가을이면 걸음걸음 떼기가 아까울 풍광으로 넘쳐나며, 바스락대는 낙엽으로 덮인 길 자체가 감동적이다. 둘째가라면 서러울 제주 전망대인 노꼬메 정상에서의 조망은 제주 오름 트레킹의 백미다.

9 #나무와의대화 #치유하는시간 #숫모르편백숲길

- 한라생태숲
  2.9km/40분
- 샛개오리오름 p.55 5분
  3km/45분
- 절물오름 p.54 1시간 30분
  1.2km/20분
- 거친오름(노루생태관찰원) p.50 1시간 30분

온종일 푸른 제주의 숲에 옴팡지게 빠져들고 싶을 때, 이 길은 최선의 선택이다. 많은 이들이 찾는 사려니숲길보다 훨씬 근사한 숲길로, 걷는 내내 편백나무와 삼나무, 소나무는 물론, 제주의 온갖 활엽수와 늘푸른나무가 울창한 숲을 이뤄 **신록의 바다를 유영하는 기분**이다. 안내도상의 총 길이는 8km지만 절물오름과 거친오름까지 다녀올 경우 13km가 훌쩍 넘는다.

10 #나만아는오름 #벵디앞에서

- 거슨세미오름 p.146 1시간 40분
  900m/15분
- 안돌·밧돌오름 p.140 1시간 30분
  2km/30분
- 당오름(송당리) p.138 30분

송당리 들머리에 성벽처럼 늘어선 이 오름들은 저마다 독특한 매력으로 넘친다. 아름다운 숲길이 두른 거슨세미의 둘레를 지나 감동적인 풍광의 **초지대 능선**이 펼쳐지는 안돌과 밧돌에 오르면 제주 오름의 매력에 흠뻑 빠져들 수밖에 없다.

11 #숲과오름의공존 #눈부신풍광

- 개오름 p.246 1시간 30분
  4.5km/15분·승용차
- 비치미·돌리미오름 p.152 2시간
  1.3km/5분·승용차
- 성불오름 p.156 1시간 30분

번영로를 넘나들며 자리한 이 오름들은 **울창한 숲과 초지대 오름이 적절히 섞이며** 멋진 하모니를 보여준다. 개오름에서 바로 이웃한 비치미로 이어지는 길이 없어서 번영로로 나와서 다시 접근해야 하지만, 수크령이 한들거리는 비치미의 초지대 능선은 충분한 보상을 해준다. 성불오름은 대부분 조망이 막히지만 신비로운 성불천을 품었다.

세 발짝

제주 지역별 오름

제주 동부권 오름

'키세스 존'과 정상부 벤치.

안녕, 제주!

도두봉

도두항에서 본 도두봉

북쪽의 둘레길. 길이 넓고 쾌적해 걷기 좋다.

오름 수첩

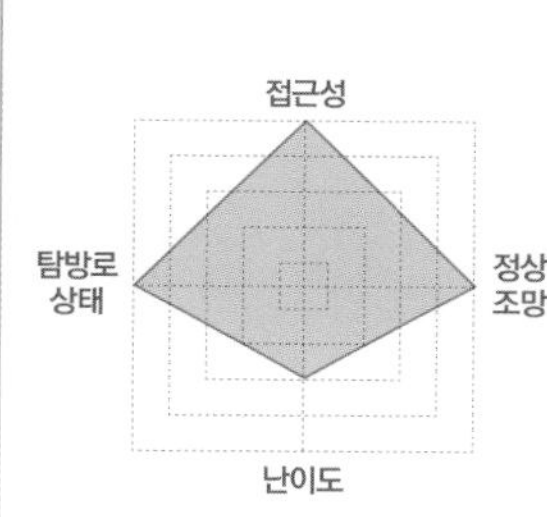

별칭 도들오름, 도원봉, 도도리악道道里岳

높이 해발고도 65.3m, 비고 55m

탐방 포인트 조망 진지동굴 봉수대 터 키세스 존

탐방 소요시간 30분

가까운 오름 사라봉과 별도봉, 민오름, 남조순오름, 상여오름

탐방 시 주의사항
정상에서 여유를 즐길 것

주변 여행지 이호테우해수욕장

찾아가는 길
- 내비게이션에 '도두봉' 입력
- 제주공항과 여객터미널, 버스터미널을 두루 거치는 1111번 시티투어 버스가 '도두봉' 정류장에 정차한다. 도평동에서 제주 시내를 두루 오가는 445번, 447번, 454번 버스를 이용해 '오래물광장'이나 '해안로' 정류장에 내려도 된다.

자체 높이가 55m에 불과한 이 작은 오름은 제주공항의 서북쪽 바닷가에 봉긋 솟아올라 제주를 드나드는 모든 항공기를 향해 눈인사를 건넨다. '도들'이라는 이름은 오름 모양이 해안가에서 도드라진 형태여서 붙은 것으로, 도두봉道頭峰은 한자의 음을 가져와 쓴 이두식 표현이라고 한다. 굼부리가 없는 원추형 화산체인 도두봉은 전체가 소나무와 수풀지대가 적절히 섞여 숲이 훤하고 쾌적하다. 둘레를 따라 탐방로가 조성되었고, 북서쪽엔 전망데크가 설치되어 도두항이 한눈에 들어온다.

길이 순탄해서 아이들과 함께여도 좋다.

망중한 즐기기에 딱 좋은 곳

남사면에서 오르는 길옆에는 마을의 무사안녕과 태평을 비는 제 터가 있고, 길의 들머리엔 '장안사'라는 절도 들어섰다. 동쪽사면엔 일제강점기 때 판 진지동굴이 보이고, 사면 이곳저곳에 무덤도 여럿 확인된다.

작은 오름이지만 도심에 위치해 여러 코스의 탐방로가 조성되었고, 제주올레 17코스도

MAP

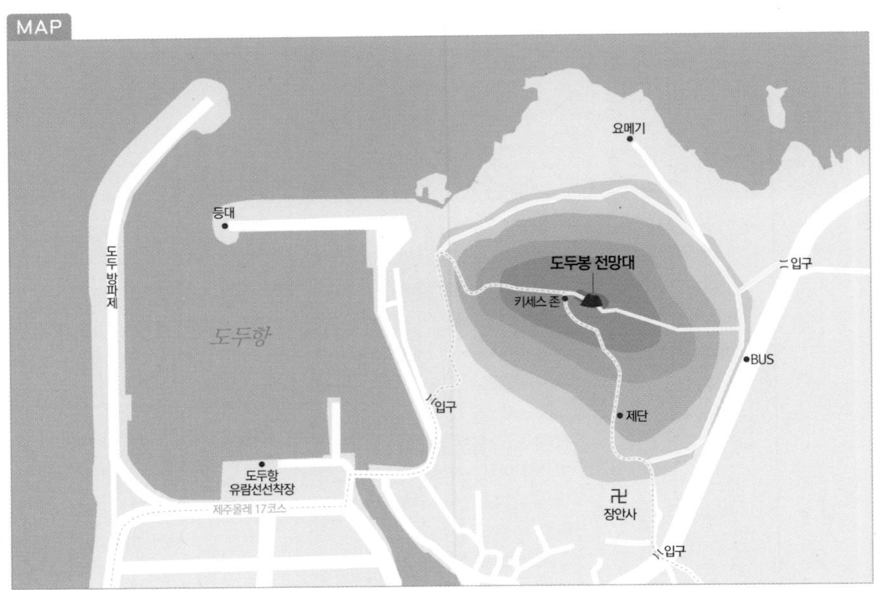

남쪽 탐방로. 벚나무가 많이 보인다.

지난다. 길이 순하고 금세 오르내릴 수 있어서 어린 자녀를 동반한 가족들도 자주 찾는다. 남쪽에서 출발해 정상부 초지대로 나서기 직전에 만나는 '키세스 존'은 SNS 화제의 포토 스폿이어서 늘 북적인다. 돈나무 두 그루가 만든 공간이 키세스 초콜릿을 닮아서 이름이 붙었다.

널찍한 정상부는 조선시대에 봉수대가 설치되었던 곳으로, 제주 앞바다는 물론, 쉴 새 없이 항공기가 뜨고 내리는 제주공항과 한라산도 잘 보인다. 벤치도 여러 개 있어서 제주 바다의 바람을 맞으며 망중한을 즐기기에 딱 좋은 곳이다.

동쪽 탐방로. 오른쪽은 바닷가로 이어진다.

'키세스 존'의 돈나무.

'애기 업은돌' 근처에서 본 별도봉길.

길 좋고, 전망 좋고

사라오름과 베리오름

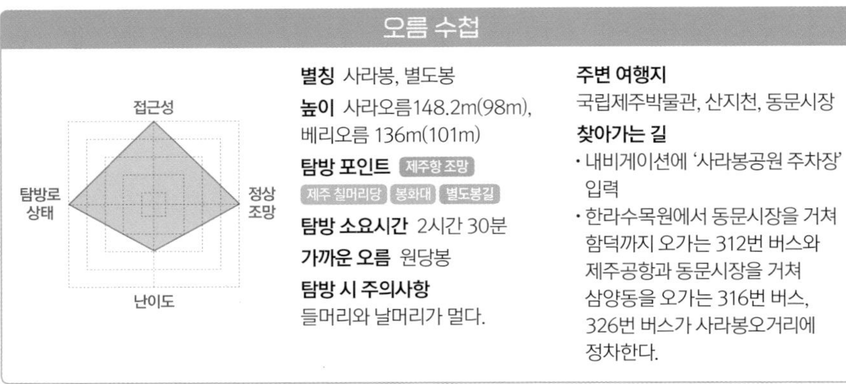

오름 수첩

별칭 사라봉, 별도봉

높이 사라오름148.2m(98m), 베리오름 136m(101m)

탐방 포인트 제주항 조망 / 제주 칠머리당 / 봉화대 / 별도봉길

탐방 소요시간 2시간 30분

가까운 오름 원당봉

탐방 시 주의사항
들머리와 날머리가 멀다.

주변 여행지
국립제주박물관, 산지천, 동문시장

찾아가는 길
- 내비게이션에 '사라봉공원 주차장' 입력
- 한라수목원에서 동문시장을 거쳐 함덕까지 오가는 312번 버스와 제주공항과 동문시장을 거쳐 삼양동을 오가는 316번 버스, 326번 버스가 사라봉오거리에 정차한다.

어서 오라 인사하네, 사라오름

사라오름(사라봉紗羅峰)은 제주의 관문으로 통한다. 바로 아래에 제주여객터미널이 있어서 각지에서 뱃길을 통해 제주를 드나드는 모두에게 사라오름은 다정한 인사를 건넨다. '사라紗羅'라는 이름에 관해서는 몇 가지 해석이 전해온다. 잔디로 뒤덮인 오름 사면에 석양이 비친 모습이 황색 비단을 펼쳐놓은 것 같아서 이런 이름이 붙었다거나, 동쪽이라는 뜻의 우리 옛말에서 비롯되었다는 것, 신성한 산 이름에 흔히 쓰인 '솔'에서 나온 것이라는 견해도 있다. 한라산에도 같은 이름의 오름이 있다. 시내에 위치한 까닭에 일찍부터 공원으로 조성되어 오랜 세월 주민들의 사랑을 받았다. 건입동의 공영 주차장에서부터 오르는 이들이 많다. 제주올레 18코스이기도 한 이 길을 따라 굵은 벚나무가 즐비해 3월 말이면 꽃대궐을 이룬다. 정상엔 일출명소인 망양정이 우뚝하다. 콘크리트로 지었지만 팔방으로 뻗

MAP

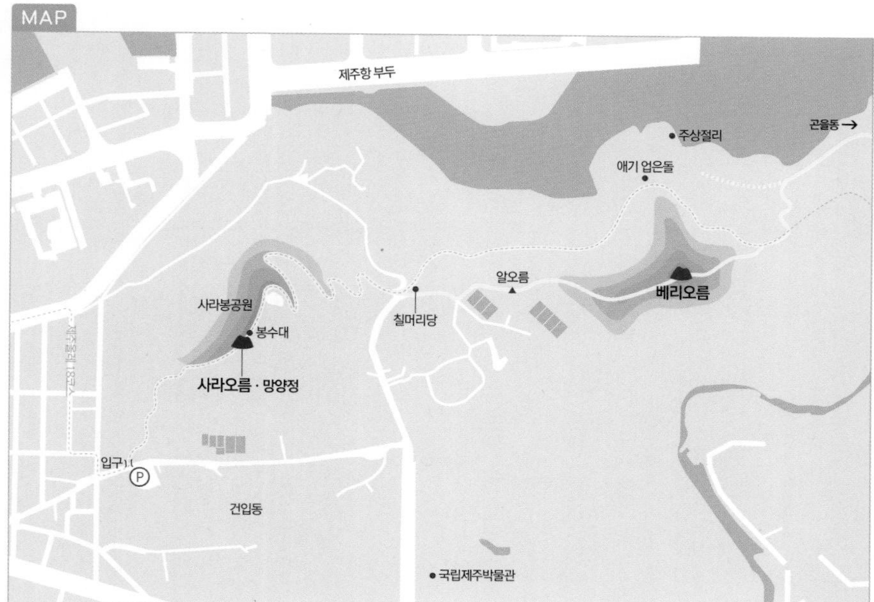

은 추녀선이 날렵하고, 난간이며 계단의 만듦새가 훌륭하다. 망양정 옆으로 동쪽의 원당봉수, 서쪽의 도원봉수와 연락을 주고받았다는, 복원된 사라봉수가 눈길을 끌고, 그 앞엔 목책을 두른 진지동굴이 보인다.

봄이 들고 나는 곳, 베리오름

망양정에서 올레길을 따라 동쪽으로 조금 내려서면 울창한 해송 숲속에서 '제주 칠머리당'을 만난다. 제주의 선주와 어부, 해녀(좀녀)가 해신에게 무사안녕과 풍년을 기원하던 곳이 칠머리당이다. 해마다 음력 2월 초하루에 제주를 찾아온다는 영등신을 맞이하는 영등굿을, 14일에는 떠나보내는 송별제를 지낸다. 제주 사람들은 영등신이 떠나면서 제주에 봄이 시작되고, 떠나기 전에 해안을 한 바퀴 돌며 해산물의 씨를 풍성히 뿌린다고 믿었다. 칠머리당은 본래 건입동의 건입포에 있었는데 제주항만 공사로 본 터가 헐리며 이곳저곳 떠돌던 것을 여기로 옮겨왔다. 현재 이곳엔 세 개의 신석神石만 모시고 굿은 문화재전수관에서 치른다.

베리오름 산허리를 따라 난 별도봉길.

사라오름 정상의 망양정.

망양정에서 칠머리당으로 내려서는 길.
사라오름의 복원된 봉수대.

사라오름은 이웃한 베리오름과 중간에 알오름을 끼고 능선으로 연결된다. 대부분의 지도엔 '별도봉'이라 적혔지만 본디 이름은 베리오름이다. '베리'는 바닷가 낭떠러지를 뜻하는 제주어다. 두 오름의 가장 좋은 탐방법은 능선을 타고 베리오름까지 간 후 오름의 북쪽 산허리를 지나는 올레길을 따라 돌아오는 것이다. 올레 18코스인 이 길은 너무 아름다워서 눈부터 호강이다. 발아래 제주 바다가 청량하기 그지없고, 부드럽게 에두른 길 자체는 물론, 중간에 만나는 '애기 업은돌' 등 아름다운 풍광이 쉼 없이 이어진다. 베리오름에서 화북천으로 내려서는 길에는 4·3유적지인 '잃어버린 마을(곤을동)' 터가 있다. 1949년 국방경비대에 의해 '안곤을'과 '가운데곤을', '밧곤을'의 67가구 모두가 불타고 인적이 끊긴 비운의 마을이다.

세미오름 굼부리와 한라산.

옹달샘과 전망대

세미오름(삼의악)

오름 수첩

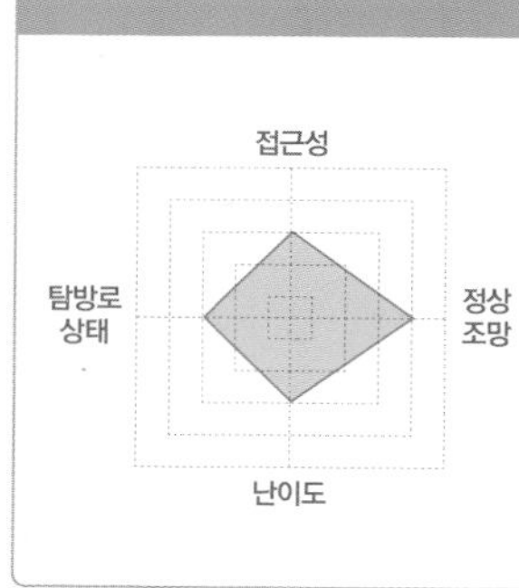

별칭 삼의악, 삼의양오름

높이 해발고도 574.3m, 비고 139m

탐방 포인트 조망 산책

탐방 소요시간 2시간

가까운 오름 열안지오름, 소산오름

탐방 시 주의사항
고사리평원에서 길 찾기 주의, 동행 필요

주변 여행지
산천단, 한라생태숲, 관음사

찾아가는 길

- 내비게이션에 '세미오름' 입력, 제주시 아라동 소재
- 제주에서 서귀포나 표선 등을 오가는 212, 222, 232, 281번 시내버스가 '종합사격장' 정류장에 정차한다. 정류장에서 들머리가 가깝다.

한라산의 든든한 수문장

걷기 좋은 탐방로.

세미오름은 제주시가지를 벗어난 5·16도로가 본격적으로 한라산 속살로 파고드는 지점에 우뚝 솟았다. 그래서 한라산 들어서는 길목을 지키는 수문장처럼 보인다. 발치에 산천단이 있어서 신비한 기운마저 느껴진다. '세미'란 굼부리 안에서 샘이 솟아나기에 붙은 이름으로, 달리 '삼의악三義岳', '삼의양三義讓 오름'이라고도 부른다. 샘을 가진 산정화구는 제주에서도 매우 드문 경우로, 거슨세미와 안세미오름이 같은 꼴이다. 해발 574.3m에 오름 자체의 높이가 139m여서 비교적 덩치가 크고 산세도 당당하다.

탐방로 입구는 두 곳이다. 기존 코스의 들머리는 아라동에서 한라산 방향으로 가다가 오른쪽의 제주경찰교육센터를 지나 만나는 목장을 이용하는 것. 최근 이곳은 안내판이 사라지고 출입문에 사유지여서 출입을 금한다는 팻말까지 붙었다. 최근엔 경찰교육센터 직전 오른쪽으로 들어선 곳에 안내판과 흙먼지털이기, 벤치를 갖춘 들머리가 생겼다. 하늘

MAP

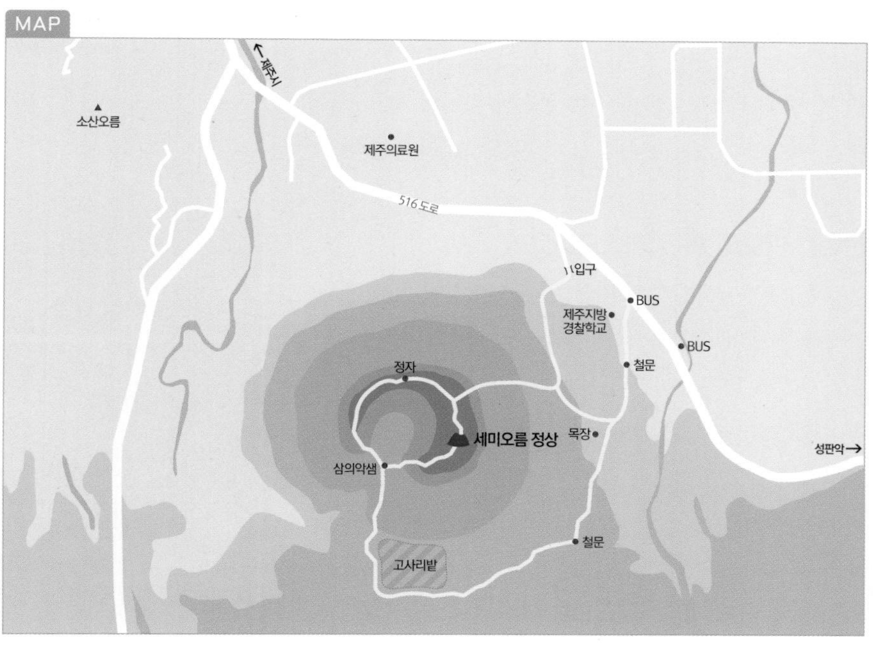

고사리평원.

을 찌를 듯 솟은 빼곡한 편백나무 사이로 친환경매트가 깔린 잘 정비된 탐방로가 화구벽 능선까지 이어진다. 두 들머리 중 목장 코스가 길이 조금 더 편하고 거리도 짧다.

정상에서 본 제주시가지.

들머리에서 만난 사슴.

산바람 맞으며 제주 바다 굽어보기

목장을 벗어나면 솔잎이 가득 덮은 탐방로가 정겹다. 오를수록 편백나무가 무성하다. 입구에서 능선의 산불감시 초소까지는 15분쯤이면 닿는다. 평탄하게 이어진 화구벽을 따라 조금 더 가면 전망 좋은 예쁜 정자도 보인다. 이곳은 가슴속까지 시원하게 만드는 한라산 산바람이 자주 분다. 시야를 채우는 풍광 속에 동쪽 원당봉부터 서쪽 도두봉 너머 애월까지 제주시가지 풍광이 남김없이 훤하다. 발아래의 제주대학교 아라캠퍼스를 시작으로 제주공항까지 이어간 도심이 몇몇 오름과 어우러진 끝에 제주 바다가 아스라하다. 뒤로는 기울어진 접시 모양의 세미오름 굼부리 너머로 한라산 정상까지 이어간 숲이 장관이다.

고사리평원과 세미오름.

굼부리는 한라산을 향해 북서쪽으로 열렸다. 그래서 제주시가지에서 보면 그냥 둥그런 산등성이 모양이다. 탐방로는 굼부리 능선을 따라 이어진다. 정자가 있는 지점이 높고, 반대쪽 샘이 흘러나가는 곳이 가장 낮지만 경사가 그리 급하지 않다. 정자에서 삼의악샘까지는 소나무가 무성한 능선을 따라 5분쯤이면 닿는다. 굼부리 안쪽의 물이 잠시 고이는 샘은 사철 마르는 법이 없어서 수많은 곤충과 들짐승, 식물에게 생명의 샘이다. 그로부터 길이 두 갈래로 나뉜다. 왼쪽은 숲에 덮인 정상을 지나 산불감시초소로, 오른쪽은 오름 자락의 고사리평원으로 이어진다. 고사리평원까지는 10분쯤 걸린다. 고사리평원을 가로질러 왼쪽으로 가면 공동묘지와 아라공동목장(OK목장)을 지나 들머리가 나온다.

한라산 쪽으로 열린 세미오름 굼부리.

안세미오름과 명도암마을.

맑은 물, 너른 숲

안세미오름

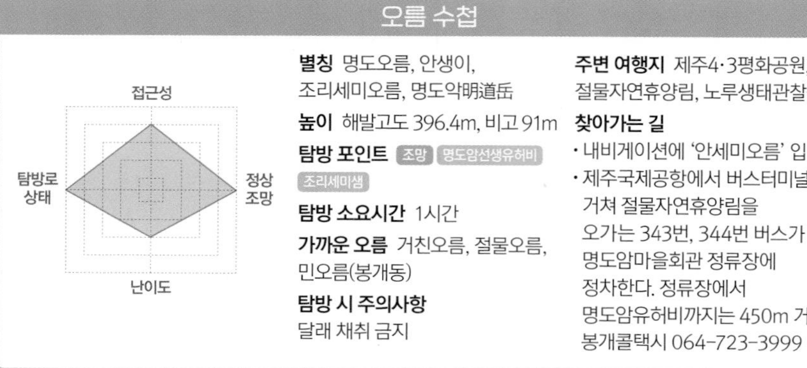

오름 수첩

별칭 명도오름, 안생이, 조리세미오름, 명도악明道岳

높이 해발고도 396.4m, 비고 91m

탐방 포인트 조망 명도암선생유허비 조리세미샘

탐방 소요시간 1시간

가까운 오름 거친오름, 절물오름, 민오름(봉개동)

탐방 시 주의사항
달래 채취 금지

주변 여행지 제주4·3평화공원, 절물자연휴양림, 노루생태관찰원

찾아가는 길

- 내비게이션에 '안세미오름' 입력
- 제주국제공항에서 버스터미널을 거쳐 절물자연휴양림을 오가는 343번, 344번 버스가 명도암마을회관 정류장에 정차한다. 정류장에서 명도암유허비까지는 450m 거리다. 봉개콜택시 064-723-3999

이른 봄날의 제주상사화 새싹.

샘에서 온 이름, 안세미

오름 자체의 높이가 91m로 제법 봉긋한 산체를 보여주는 안세미오름은 북쪽으로 열린 말굽형 화구를 가졌다. 벌어진 화구 사이의 바위틈에서 맑은 샘이 솟아나는데, 그 생김새가 쌀을 이는 데 쓰던 조리를 닮아서 '조리세미물'이라고 부른다. 달리 '명도암물'이라고도 한다. 탄탄하게 쌓은 원형의 벽에 콘크리트 지붕을 덮어 동굴처럼 보이는 보호시설로 샘을 감쌌다. 제주 사람들이 먹는 물을 얼마나 소중히 여겼는지 그 슬기와 세심함을 엿볼 수 있는 곳이다. '안세미'라는 이름은 이 조리세미에서 유래한다.

안세미의 서남쪽에 나지막한 고갯길을 끼고 또 하나의 오름이 이어지는데, 명도암마을에서 볼 때 바깥에 있어서 밧세미오름이라고 부른다. 밧세미 또한 북쪽이 트인 말굽형 화구를 가졌고, 안세미처럼 남쪽에서 볼 적엔 둥그스름하

MAP

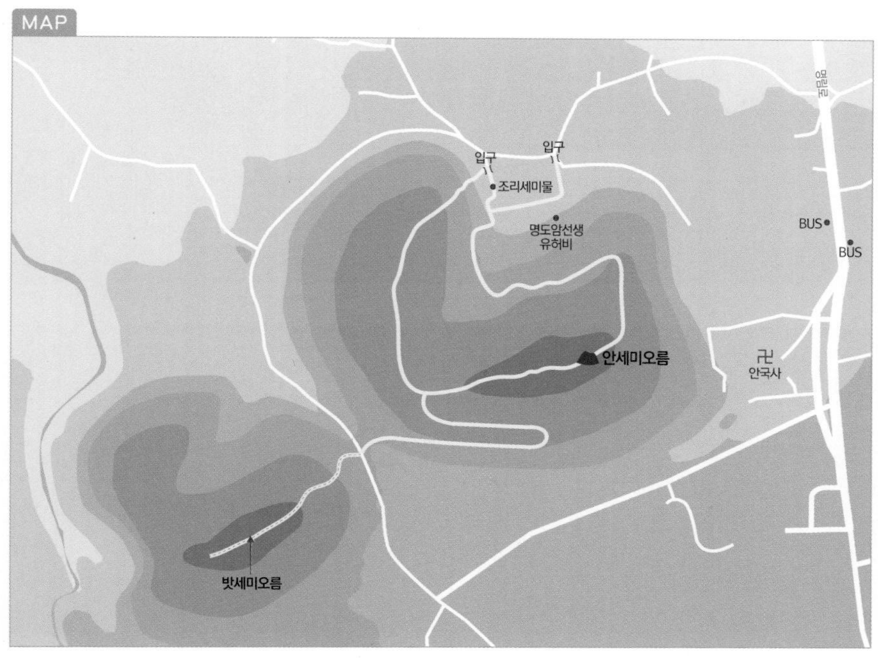

다. 두 오름이 똑 닮은꼴이라서 합해서 '형제봉'이라고도 한다. 안세미에 쾌적한 탐방로가 조성된 것에 반해 밧세미는 길이 없고 정상에서의 조망도 막혀서 찾는 이가 거의 없다.

알싸한 달래 향내 따라 걷는 길

안세미오름 굼부리 안에 '봉개동명도암선생유허비'가 눈길을 끈다. 제주도 향토유형유산 제18호인 이 비는 조선 중기의 제주 출신 문인인 김진용金晉鎔의 교육 진흥에 대한 공덕을 기리려는 목적으로 세웠다. 그는 과거에 급제했으나 벼슬을 사양하고 제주로 내려와 처가가 있던 이곳 명도암明道岩마을에서 후진 양성과 유학 진흥에 힘쓴 인물이다. 후대인들은 그의 업적을 기려 이곳 이름을 빌어 '명도암明道菴 선생'이라 불렀다.

안세미오름은 좌우 능선 어디로 올라도 좋지만 왼쪽 능선으로 올랐다가 오른쪽 능선으로 내려서는 코스가 좋다. 폐타이어로 짠 매트나 나무 계단이 깔린 길은 사색에 잠겨 걷기에 딱 좋은 넓이와 정취를 가졌다. 1.2km 길이의 탐방로는 가파르지 않아 힘들이지 않

'명도암물'이라고도 부르는 '조리세미물'.

고 오르내릴 수 있다. 안세미오름은 제주를 대표하는 달래 자생지다. 탐방로 주변으로도 달래가 많이 보인다.

안세미오름 분화구에 핀 동백꽃.

벤치와 산불감시초소, 팔각정자가 있는 정상에 서면 개오리오름과 절물·거친·민오름, 큰지그리·족은지그리·바농오름 같은 한라산 자락에 기댄 오름이 눈앞에 가득 펼쳐진다. 풍광에 취해 한없이 머물고 싶어진다. 정상을 지나면 벽을 이룬 덤불 숲 사이로 오솔길이 구불구불 이어지다가 능선이 굽어 도는 곳에서 길이 갈린다. 왼쪽이 밧세미로 이어진다. 오른쪽 길은 곧 정자 하나를 더 만나고 삼나무숲으로 파고들어 아래로 내려선다. 길은 나무 계단이 깔렸고, 습기가 많은 숲 바닥엔 관중 같은 양치식물과 이끼가 가득하다. 곧 오른쪽으로 명도암물이 보이며 탐방이 끝난다.

사색하며 걷기 좋은 안세미오름 탐방로.

안세미오름 정상의 소박한 벤치.

덤불이 숲을 이룬 정상부 능선길.

거친오름.

와일드한 외모, 부드러운 속살

거친오름(봉개동)

오름 수첩

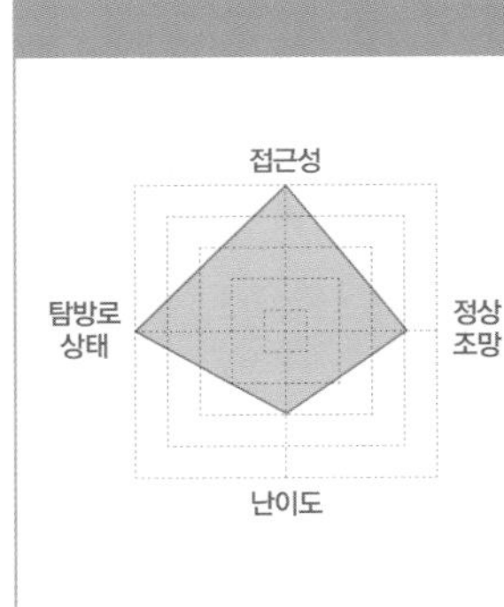

별칭 거체악巨體岳, 거친악巨親岳, 황악荒岳

높이 해발고도 618.5m 비고 154m

탐방 포인트 조망 노루관찰

탐방 소요시간 1시간 30분

가까운 오름 절물오름, 민오름(봉개동), 안세미오름

탐방 시 주의사항 입장 시간 확인 (09:00~18:00, 동절기는 17:00까지)

주변 여행지 절물자연휴양림, 제주4·3평화공원

찾아가는 길

- 내비게이션에 '노루생태관찰원' 입력
- 제주국제공항에서 버스터미널을 거쳐 절물자연휴양림을 오가는 343번, 344번 버스가 노루생태관찰원 앞에 정차한다. 봉개콜택시 064-723-3999

노루생태관찰원으로 들어서는 길

오름 자체의 높이가 154m로 꽤 당찬 산세를 가진 거친오름은 몸집이 크고 산세가 험한 데다 숲이 어수선히 우거져 거칠게 보여 붙은 이름이다. 한자로는 '거친'을 소리 나는 대로 음을 짜깁기해 거체악巨體岳, 거친악巨親岳 또는 황악荒岳이라고 적는다. 지금은 걷기 좋은 탐방로가 조성되어 이름이 무색해졌다. 제주시 봉개동의 유서 깊은 명도암마을에서 남동쪽으로 2.5km 떨어진 곳에 거친오름이 명림로를 내려다보며 우두커니 서 있다. 찾던 이가 드물던 거친오름에 2007년 8월 3일 노루생태관찰원이 들어섰다. 거친오름을 중심으로 주변 2ha의 숲과 벵듸를 활용한 노루생태관찰원은 제주의 명물인 노루가 오름에서 자유롭게 뛰어노는 모습을 가까이에서 관찰할 수 있게 환경을 조성한 곳이다.

거친오름 탐방을 위해서는 노루생태관찰원 입장권(성인 1,000원)을 구매해야 한다. 오름에서 흔한 삼나무나 편백나무가 거의 없이 대부분 활엽수로 뒤덮인 거친오름은 한라산과 명도암마을 쪽으로 하나씩의 굼부리를 가졌다. 한라산 쪽 굼부리가 작고 완만하며 얕고, 4·3평화공원으로 열린 것은 크고 깊으며 가파르다.

MAP

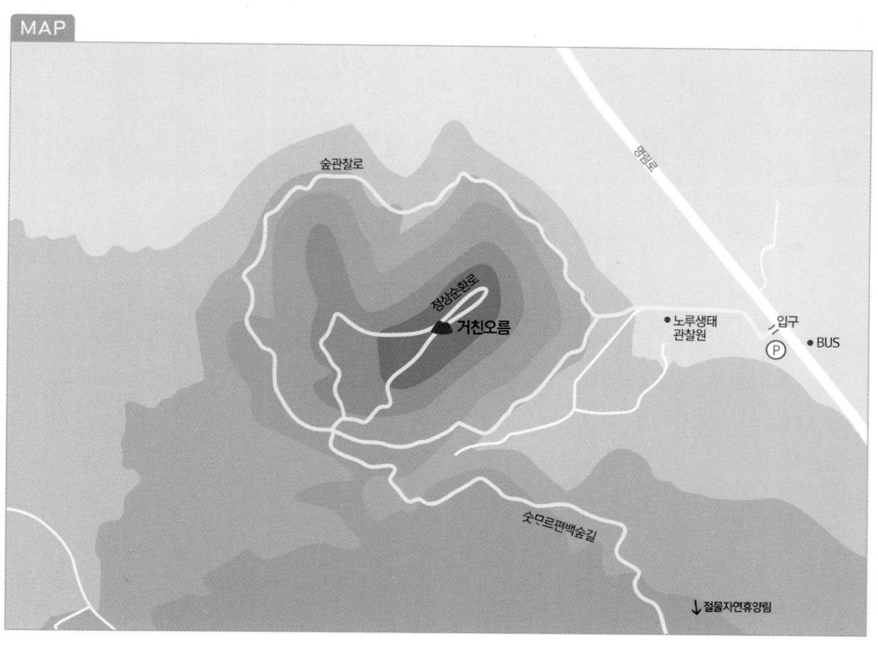

정상부에서 본 동쪽 풍광.

숲길관찰로에서 만나는 전망대.

노루생태관찰원의 노루들.

멋지게 뻗은 숲길관찰로.
여름날 볼 수 있는 자귀나무.
수국이 만개한 진입로.

쾌청한 바람 가득한 3.6km의 길

노루생태관찰원은 들개로부터 노루를 보호하기 위해 전체가 철책으로 둘러싸였다. 출입문도 철제여서 군부대로 들어서는 느낌이다. 철문을 지나자 곧 왼쪽으로 손이 닿을 듯 가까운 거리에서 풀을 뜯는 노루 무리가 보인다. 300m쯤 간 곳에서 다시 철문을 지난다. 즉, 이 두 철문 사이의 공간에 노루가 산다. 오름 트레킹은 두 번째 철문을 지나며 본격적으로 시작된다. 거친오름 탐방로는 크게 두 부분으로 나뉜다. 오름의 허리께를 따라 크게 한 바퀴 돌며 원형으로 이어지는 2.3km의 '숲관찰로'와 정상부를 둘러볼 수 있는 1km짜리 '정상순환로'다. 숲관찰로는 빼곡한 활엽수가 하늘을 뒤덮어서 녹색의 터널을 걷는 느낌이다. 그러나 능선과 골짝을 만나며 오르내림이 많다. 관목과 억새가 뒤섞인 정상순환로는 곳곳에서 조망이 트인다. 남서쪽으로 한라산이 바투 다가서고, 한라생태숲에서 샛개오리오름과 절물오름을 거치며 이어지는 8km의 '숫모르편백숲길'이 지나는 거대한 원시림이 숲의 바다처럼 펼쳐졌다. 동쪽으로 절물오름과 민오름이 가깝고 그 뒤로 붉은오름과 돔배오름, 큰지그리와 족은지그리오름이 바농오름과 나란하다. 멀리 높은오름과 세미오름, 다랑쉬와 체오름 등 송당리의 오름 군락이 파도치듯 넘실거리는 풍광이라니, 아름다운 오름이 사방으로 가득해 한없이 머물고픈 정상이다. 제주의 바람은 또 왜 이리도 시원할까!

절물오름 굼부리.

신록의 바다에 풍덩!

절물오름

오름 수첩

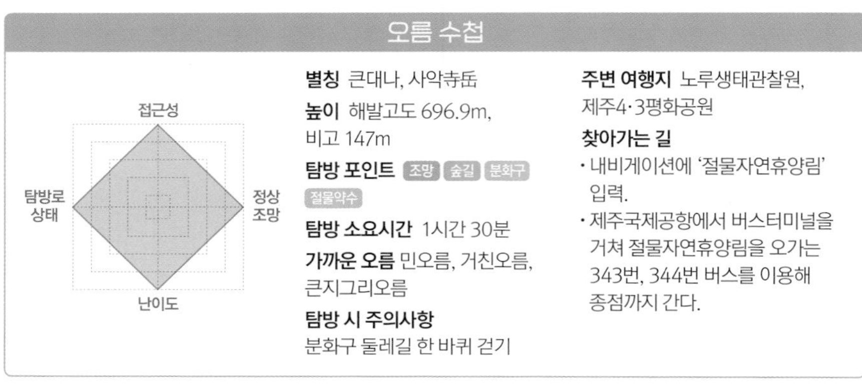

별칭 큰대나, 사악寺岳

높이 해발고도 696.9m, 비고 147m

탐방 포인트 조망 숲길 분화구 절물약수

탐방 소요시간 1시간 30분

가까운 오름 민오름, 거친오름, 큰지그리오름

탐방 시 주의사항
분화구 둘레길 한 바퀴 걷기

주변 여행지 노루생태관찰원, 제주4·3평화공원

찾아가는 길

- 내비게이션에 '절물자연휴양림' 입력.
- 제주국제공항에서 버스터미널을 거쳐 절물자연휴양림을 오가는 343번, 344번 버스를 이용해 종점까지 간다.

제주도 지도를 펼치면 한라산 백록담에서 동북 방향을 따라 제법 커다란 덩치의 여러 오름이 줄지어 늘어선 것을 확인할 수 있다. 어후오름을 필두로 불칸디오름, 물장오리, 살손장오리, 태역장오리, 성진이오름 같은 흥미로운 이름의 오름이 한라산의 파수꾼마냥 우뚝우뚝하다.

오름 사면은 꽤 가파르다.

숲의 심해에 솟은 산호섬

한라산국립공원을 벗어나면서 그 아래로 개오리오름과 족은개오리, 샛개오리가 옹기종기 모였고, 절물오름에 이르러 그 흐름은 갈라진다. 한 줄기는 명림로 건너 민오름, 큰지그리·족은지그리오름, 바농오름으로 흘러가고, 다른 줄기는 방향을 서북으로 틀어 거친오름, 큰노루손이오름, 안세미·밧세미오름, 열안지오름, 칡오름을 일으킨다. 저마다 완벽한 화산체지만 전체를 보면 마치 오름의 산맥 같다. 절물오름은 이 신비로운 흐름의 중심에 솟았다. 그래서 정상에 서면 오름이 켜켜이 겹친 진풍광을 만나기도 한다.

절물오름 일대는 제주에서도 울울창창한 숲 지대로 유명하다. 한라생태숲에서 개오리오

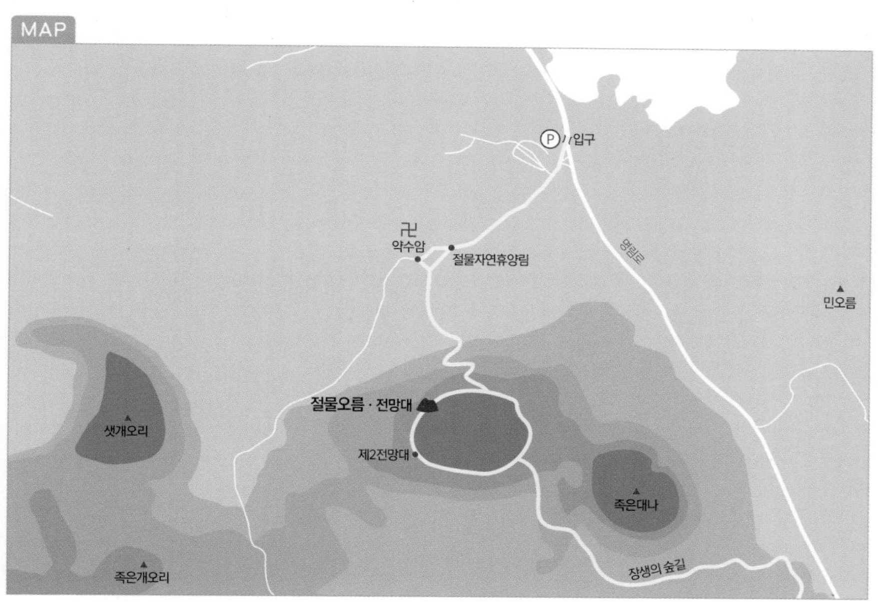

름과 절물오름, 거친오름에 이르는 지역은 숲의 심해에 다름 아니다. 이곳을 두루 거치는 '숫모르편백숲길'을 걸어본 이는 '사려니숲길'보다 더 매력적이라며 손꼽는다. 절물오름과 거친오름 사이를 지나는 명림로 구간은 '5·16도로숲터널'에 버금갈 정도로 아름답다. 절물오름은 이토록 멋진 숲의 진수다.

거친오름 쪽에서 본 절물오름(오른쪽)과 민오름.

공기마저 초록색인가 싶을, 싱그럽고 선명한 녹음

오름의 북쪽 자락에서 샘이 흘러나오는데, 샘 가까이에 절이 있어서 이 샘을 예로부터 '절물'이라 불렀고, 샘을 낀 오름은 자연스레 절물오름이 되었다. 절은 오래 전에 사라졌고, 지금의 약수암은 1965년에 생겼다.

휴양림 안의 연못을 지나면 왼쪽으로 오름 탐방로가 나온다. 좁은 길이 햇살이 들지 못할 정도로 짙은 숲 사이로 이

2층 구조의 제1전망대.

정상 상공에서 본 오름 산맥.

절물자연휴양림 연못과 절물오름.

어진다. 공기마저 초록색인가 착각이 들 정도다. 정상부는 둥글고 깊게 파인 굼부리가 한라산을 향해 기운 채 입을 벌리고 있다. 굼부리 능선을 만난 곳에서 오른쪽으로 전망대 두 개가 150m씩의 거리를 두고 조성되었다. 가까운 제1전망대가 정상이며, 2층 구조다. 굼부리를 한 바퀴 도는 둘레길은 두 전망대 사이 능선을 제외하고는 온통 나무가 뒤덮었다. 정상 건너편 화구벽이 낮게 내려앉아서 둘레길도 꽤 내려섰다가 다시 오른다. 내려선 가장 낮은 지점에서 장생의 숲길로 길이 갈라지기도 한다.

숲이 울창해 이끼 낀 나무가 많다.

두 곳 전망대에서 바라보는 풍광이 압권이다. 한라산부터 동북부의 오름이 펼쳐내는 제주의 하늘금이 보고 또 봐도 즐겁다. 전망대에 올라 맞는 제주의 맑고 시원한 바람은 봉지에 담아 가고 싶을 정도다. 오르는 길이 쉽지는 않았는데, 정상까지 정말 잘 올라왔다!

민오름 화구벽의 초지대 능선.

울창한 숲이 된 민둥오름

민오름(봉개동)

오름 수첩

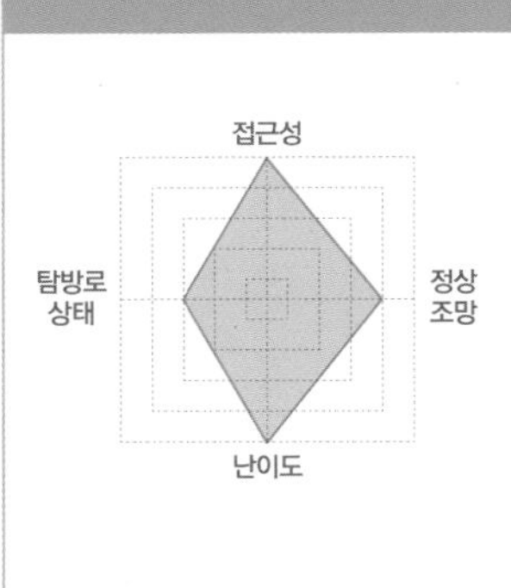

별칭 뒷민오름, 무녜오름, 민악敏岳

높이 해발고도 651m, 비고 136m

탐방 포인트 조망 숲길

탐방 소요시간 1시간 30분~2시간

가까운 오름 절물오름, 거친오름, 큰지그리오름

탐방 시 주의사항
탐방로가 가파르다. 트레킹 복장 착용

주변 여행지
절물자연휴양림, 제주4·3평화공원

찾아가는 길

- 내비게이션에 '절물자연휴양림' 입력
- 제주국제공항에서 버스터미널을 거쳐 절물자연휴양림을 오가는 343번, 344번 버스를 이용해 종점까지 간다. 절물자연휴양림 입구에서 명림로를 따라 명도암 입구 삼거리 방향으로 600m쯤 가면 왼쪽에 민오름 들머리가 보인다.

봉개콜택시 064-723-3999

굼부리와 동쪽 능선.

다섯 민오름 중 최고봉

제주에서 '민오름'은 송당리와 수망리, 오라동, 선흘리와 이곳 봉개동까지 각각 하나씩 모두 다섯 개나 있다. 그래서 그냥 '민오름'이라고 해서는 어디에 있는 오름인지 알 수가 없기에 동네 이름을 붙여서 말해야 한다. 산 위에 나무가 없이 초지를 이뤄 이리 불렸을 텐데, 지금은 이 다섯 모두 울창한 숲에 뒤덮여 이름을 무색하게 한다. 절물자연휴양림 맞은편의 봉개동 민오름은 한라산에 가장 근접한 터여서 고도가 651m로, 이들 중 가장 높다. 굼부리는 동북쪽의 큰지그리오름을 향해 열린 말굽형이며, 오름 자체의 높이가 136m로 깔때기 모양을 하고 있다. 절물오름을 마주 보는 남서쪽 사면이 가파르고, 화구벽이 터져나간 큰지그리오름 쪽이 길게 늘어서며 완만하다.

탐방은 절물오름과의 사이를 지나는 명림로에서 시작된다. 탐방로는 들어서자마자 온통 빼곡한 숲이어서 밀림을 방불케 한다. 하늘을 가리며 아무렇게나 자유롭게 자란 수목들 사이로 울퉁불퉁한 화산석 위에 천연 야자매트가 깔렸는데, 그 바닥도 울퉁불퉁, 구불구불거린다. 곶자왈 사이로 길이 난 셈이다.

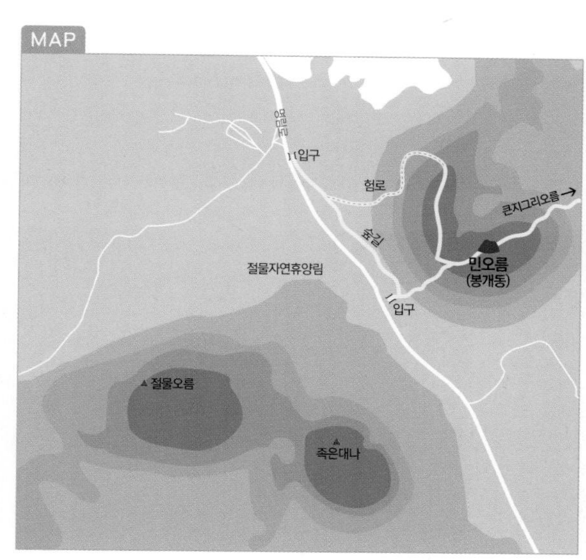

온통 숲으로 가득한 정상 조망

조금 진행하면 길이 갈린다. 왼쪽은 절물자연휴양림 정문 방향으로 가는 숲길로, 데크가 깔려 걷기 좋다. 500m 남짓으로 짧지만 이 길을 걸을 수 있는 것은 정말 행복이고 행운이다. 그야말로 기가 막힌 숲길이다. 민오름은 갈림길에서 오른쪽 방향이다. 안내판에는 645m 가면 정상이라고 적혀 있다. 얼마 가지 않아 오르막이 시작되며 온갖 활엽수와 조릿대가 뒤섞인 울창한 숲 사이로 계단이 이어진다.

정상부 능선에 이르면 초지대가 나타나며 조망이 트이기 시작한다. 능선 삼거리에서 좌우 어디로 가도 되지만 정상은 오른쪽이다. 통나무 벤치와 조망 설명판이 설치된 정상에 서면 짙은 숲이 뒤덮은 절물오름과 한라산이 훤하고, 큰지그리오름도 잘 보인다. 그 동쪽으로 숲의 바다, 교래곶자왈도 장관이다. 정상 안쪽의 사면에는 깊이 70m쯤의

민오름 입구에서
절물자연휴양림으로 이어지는 숲길.

숲이 끝나고 능선에 이르면 초지대로 바뀐다.

절물오름과 민오름 사이의 명림로.

벤치와 조망 해설판이 있는 정상.

깔때기 모양 굼부리가 있지만 울창한 숲으로 인해 양쪽 능선에서는 가늠이 쉽지 않다. 정상에서 능선을 따라 북쪽으로 내려서면 큰지그리오름을 오른쪽에 두고 둘레길을 따라 오름 서쪽의 한화리조트로 길이 이어진다.

아까의 능선 삼거리에서 서쪽 능선도 빠뜨릴 수 없다. 역시 초지대인 서쪽 능선의 정상부에도 조망 안내판과 벤치가 설치되었고, 민오름 굼부리와 큰지그리오름 일대의 풍광이 멋지게 펼쳐진다. 원래 여기서 절물오름자연휴양림 입구쪽으로 탐방로가 나 있는데, 내려선 곳이 사유지여서 몇 해 전부터 길이 폐쇄되었다. 다니는 이가 드물고 오래 방치되다 보니 나무 계단이 썩어 내려앉은 곳이 많아 위험하다.

민오름 자락의 숲길. 그대로 곶자왈이다.

원당봉 화구호와 문강사

능선 셋, 사찰 셋, 언덕 일곱

원당봉

오름 수첩

별칭 원당봉, 웬당오름

높이 해발고도 170.7m, 비고 120m

탐방 포인트 조망 산책 화구호 석탑

탐방 소요시간 30분

가까운 오름
사라봉과 별도봉, 서우봉

탐방 시 주의사항
동쪽 능선이 살짝 가파르다. 가까운 불탑사의 오층석탑 둘러볼 것.

주변 여행지
불탑사 오층석탑, 삼양해수욕장

찾아가는 길
- 내비게이션에 '문강사' 입력
- 제주시를 두루 거쳐 삼양동을 오가는 316번, 331번, 332번 버스를 이용해 종점('삼양종점' 정류장)에 내린다. 종점에서 문강사까지는 900m 거리다.

꽤 가파른 원당봉 탐방로.

기황후의 전설이 얽힌 원당봉과 오층석탑

제주시 조천읍 신촌리에 있는 원당봉은 이곳 산허리에 원나라의 당집(신당)이 있어 이름 붙었다. 여기엔 흥미로운 이야기가 얽혀 있다. 후사가 없던 원의 황실에 공녀貢女로 끌려간 기씨奇氏가 황제의 총애를 입어 제2황후가 되었다. 기황후는 황자를 낳는 일에 정성을 쏟던 차에 북두성의 명맥이 비치는 동쪽 바닷가 삼첩칠봉을 찾아 기도하면 소원을 이룬다는 한 도사의 말을 듣고 원의 지배하에 있는 각처로 풍수사를 보내 찾게 한 끝에 발견한 곳이 이 오름이었다. 기황후는 즉시 이곳에 절과 탑을 세우고는 사자를 보내 치성을 드린 끝에 황자를 얻었다고 한다. 이후 이곳은 아들을 원하는 이들의 기도처로 명성이 자자했는데, 억불숭유 정책을 편 조선이 들어서며 절은 헐리고 탑은 묻혀 버렸다.

절이 다시 세워진 것은 1929년의 일이다. 관음사를 창건한 여승 봉노관이 이 터를 찾아내서 불탑사를 일으켰다.

MAP

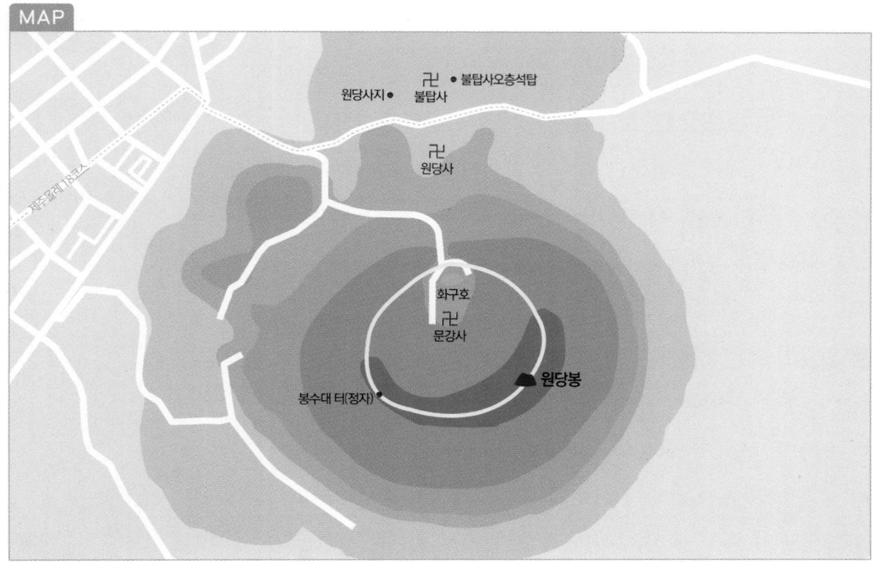

오름 능선에서 본 조천리와 신흥리 풍광

불탑사 경내엔 땅에 묻혔던 석탑을 파내어 복원한 5층석탑이 우뚝하다. 제주 유일의 고려시대 석탑으로, 보물 제1187호다. 우리가 흔히 봐 온 화강암 석탑이 아닌 제주 특유의 시커먼 현무암 탑이라서 눈길을 끈다. 현재 삼첩칠봉엔 원당사 자리에 들어선 조계종의 불탑사와 길 건너편의 태고종 원당사(전설 속의 원당사는 아님), 원당봉 안에 자리한 천태종 문강사까지 세 사찰이 모여 있다.

분화구 안에 들어선 유일한 절집인 문강사.

원당봉 자락의 불탑사 오층석탑.

원당봉의 다른 이름들

북쪽 봉우리에 있던 봉수대 때문에 '망오름'이라고도 부른다. 원형의 큰 굼부리와 그에 딸린 원추형의 작은 언덕 여러 개가 바다 쪽으로 길게 이어지는 화산체여서 예로부터 '원당칠봉' 또는 '삼첩칠봉'이라 불리기도 했다. 원당봉은 굼부리 안에 화구호를 가진 오름이다. 그런데 굼부리 안에 들어선 '문강사'라는 천태종 사찰이 화구호 둘레를 따라 돌을 쌓고 연꽃을 심는 등 경내 연못으로 가꿔 오름의 화구호라는 느낌은 덜하다. 절이 들어선 덕분에 굼부리 안, 문강사 마당까지 차로 오를 수 있다. 제주올레 18코스는 원당봉 입구를 지나 불탑사로 향한다.

화구벽을 따라 키 큰 나무가 많아 걷는 기분 난다.

울창한 숲을 이룬 원당봉은 말굽형으로, 가장 낮은 문강사 들머리에서 좌우로 능선을 따라 탐방로가 조성되었다. 왼쪽이 다소 가파르고, 오른쪽을 따르면 비교적 완만하게 정상(170.7m)까지 이어진다. 오름을 한 바퀴 도는 데는 30분이면 넉넉하다. 능선을 따라 굵고 키 큰 나무가 많아 탐방 환경이 좋다. 봉수대 터엔 정자와 쉼터가 조성되었고, 길도 비교적 넓고 쾌적하다. 시비와 운동시설이 세워진 정상에서는 한라산과 제주 동쪽 오름들이 훤히 조망된다.

북쪽에서 본 원당오름과 문강사 그리고 한라산.

서우봉 탐방로에서 본 함덕바다와 한라산.

에메랄드빛 바다에 물들다

서우봉

일제 동굴 진지 이정표.

서우봉의 한 일제 동굴진지.

오름 수첩

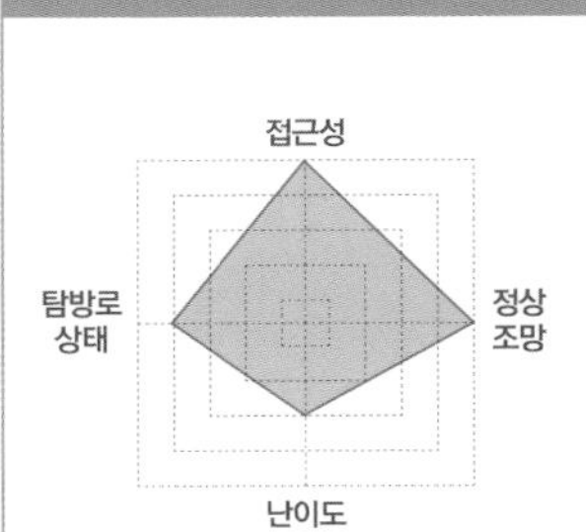

별칭 서모오름, 서산

높이 해발고도 111.3m, 비고 106m

탐방 포인트 해안선 조망 / 제주에서 가장 많은 일제 진지동굴

탐방 소요시간 1시간~2시간

가까운 오름
원당봉, 개죽은산, 삿갓오름

탐방 시 주의사항 북쪽 해안의 진지동굴 탐방 시 2인 이상 동행

주변 여행지 함덕해수욕장, 조천만세동산

찾아가는 길
- 내비게이션에 '함덕해수욕장' 입력
- 서귀포버스터미널을 출발해 일주동로를 거쳐 제주버스터미널을 오가는 201번 간선버스가 함덕해수욕장과 북촌리 입구에 정차한다.

동굴진지로 내려서는 길에 만난 제주바다.

MAP

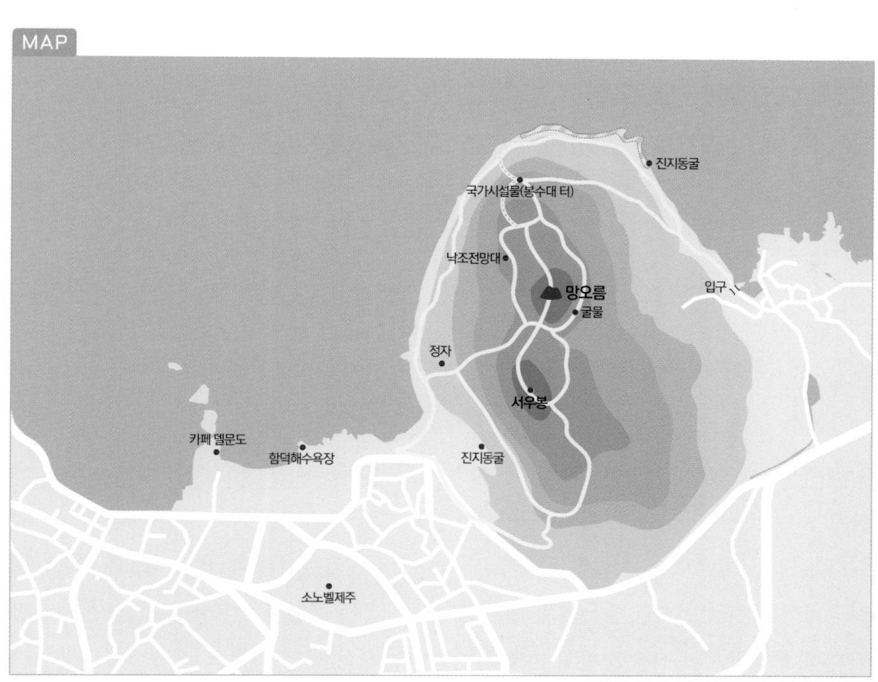

북쪽 바다 상공에서 본 서우봉.

함덕바다 굽어보는 서우봉

함덕해수욕장은 파랗고 투명한 바다색으로 유명하다. 여름이면 피서객과 서핑, 바다카약을 즐기는 이로 발 디딜 곳이 없고, 다른 계절도 예쁜 바다 풍광을 보러 찾는 이의 발길이 끊이지 않는다. 서우봉은 함덕해수욕장 동쪽에 언덕처럼 자리를 잡았다. 동·서쪽 사면엔 밭뙈기가 많고, 북쪽은 제주바다에 발치를 담근다. 소나무가 무성하다. 서우봉 정상부는 두 개의 봉우리가 남·북에서 마주 보는 형상이다. 북쪽이 봉수대가 있던 '망오름'이고, 남쪽이 정상인 '서우봉'이다.

서우봉의 원래 이름은 서모봉으로, '서모'의 정확한 유래는 전해지는 바가 없다. 탐방은 함덕해수욕장 동쪽이나 북촌리 서쪽에서 시작한다. 해수욕장 동쪽 끝에서 예쁜 길이 오름으로 이어진다. 중간쯤에서 만나는 육각지붕을 한 정자에서 보는 함덕바다가 장관이다. 에메랄드 빛깔로 마음을 흔드는 이 바다 너머로 한라산이 아득하다. 이토록 아름다운 함덕바다가 옛날엔 피로 물들기도 했다. 고려시대 대몽항전의 선봉에 섰던 삼별초와 관군의 피비린내 나는 싸움이 펼쳐졌던 곳이 이 바다다.

정상보다 조망이 빼어난 망오름

정자를 지나면서 오른쪽으로 길이 갈리며 동굴진지 이정표가 보인다. 60m쯤 들어선 곳에 시커먼 아가리를 벌린 두 개의 일제 진지동굴이 있다. 길은 잠시 후 안부에 닿는다. 여기서 망오름이나 서우봉이 모두 가깝고 길도 평탄하다. 사람들 대부분은 조망이 시원치 못한 서우봉보다는 망오름으로 향한다. 봉수대가 있던 자리답게 망오름은 너른 초지대와 탁 트인 조망이 압권이다. 동쪽으로 바다를 낀 알록달록한 지붕의 북촌리가 정겹고, 김녕으로 뻗어간 제주바다의 역동적인 해안선이 시원스럽다.

서우봉을 제대로 둘러보려면 함덕해수욕장보다는 오름 동쪽의 북촌리를 들머리로 잡는 게 좋다. 콘크리트 포장도를 따르다가 일제 동굴진지 안내판을 따라 오른쪽 숲으로 내려서면 된다. 바다에 접한 북쪽 기슭을 따라 일제가 파 놓은 진지동굴이 스무 개나 있다. 이 동굴들을 찾아가는 길은 꽤 험하다. 어떤 동굴은 탐방로 바로 옆으로 입구가 보이지만 대부분은 해안으로 내려서야 입구를 확인할 수 있다. 몇몇 동굴은 내려서는 길이 가파르다. 바람이 심할 경우는 삼가는 게 좋고, 혼자는 가지 않을 것을 권한다.

길은 울창한 숲 사이로 좁게 이어지다가 때로 바위 벼랑 위를 지나기도 하니 주의가 필요하다. 동굴이 끝날 즈음 탐방로가 넓어지고 함덕해수욕장 쪽으로 넓고 평탄한 산책로가 이어진다. 돌아올 때는 망오름에서 북쪽의 무덤을 지나 보이는 레이더 기지국 앞으로 내려서면 된다.

멍 때리기 좋은 벤치와 풍광을 가진 망오름.

돈으로 매길 수 없는 풍광이 펼쳐지는 육각 정자.

망오름 둘레길에서 만나는 '굴물'.

번영로에서 본 세미오름.

억새가 춤추는, 한가로운 오름

세미오름(천미악)

솔잎이 두텁게 깔린 세미오름 탐방로.

오름 들머리와 이정표.

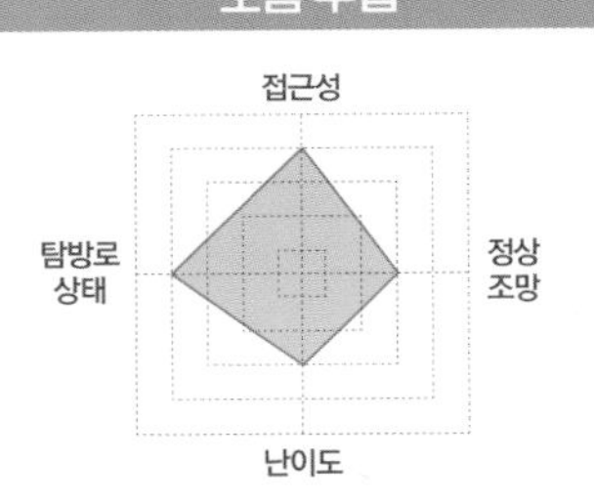

별칭 샘이오름, 천미악泉味岳

높이 해발고도 421m, 비고 126m

탐방 포인트 숲 트레킹 가을억새

탐방 소요시간 30분

가까운 오름 것구리오름, 바농오름, 우진제비오름

탐방 시 주의사항
오르내릴 때 가파른 구간 주의

찾아가는 길

- 내비게이션에 '세미오름' 입력. 조천읍에 있다.
- 제주버스터미널에서 성산항을 오가는 221번, 조천만세동산에서 교래리를 오가는 701-2번 버스가 '세미마을' 정류장에 정차한다. 오름 들머리까지는 300m쯤 거리다.

서쪽으로 트인 말굽형 분화구

북동쪽 자락에 샘이 있어서 '세미'라는 이름이 붙었다. 남쪽 발치를 지나는 번영로가 넓어지고 고속화되면서 스쳐 지나기 쉬운 곳이 되었다. 오름 들머리를 겸한 주차장에서 보면 바로 앞의 봉우리가 높고 북쪽으로 능선이 낮게 돌아간 듯 보이지만, 북쪽이 정상이다. 잡목과 뒤엉킨 덤불 사이의 진입로가 인상적이다. 곧 만나는 갈림길에서 '오름 정상'이라 적힌 작은 이정표를 따라 오른쪽으로 가면 된다.

소나무 숲 사이로 좁지만 쾌적한 오솔길이 구불거리며 능선으로 향한다. 능선은 서쪽으로 트인 말굽형 굼부리를 품고 동북쪽으로 완만하게 휘어진다. 소나무가 많다 보니 쌓인 솔잎으로 길이 푹신하다. 능선 양쪽으로 간간이 조망이 트이며 송당리와 한라산 자락에 솟은 오름들과 그 사이의 벵듸까지 드넓게 펼쳐지는 제주 풍광에 눈이 호강이다. 곧 산불감시초소가 서 있는 정상부에 닿는다. 가을이면 억새가 볼 만한 이곳에서는 조천읍 일대가 훤하다. 산불감시초소에서 능선은 서쪽으로 굽어 돈다. 길이 꽤 가팔라 주의해야 한다. 내려선 후엔 오름을 왼쪽에 두고 자락의 평지를 따라 출발했던 곳으로 돌아온다. 삼나무가 울창한 이곳은 예전에 사람이 살았던 듯, 곳곳에서 흔적이 보인다.

MAP

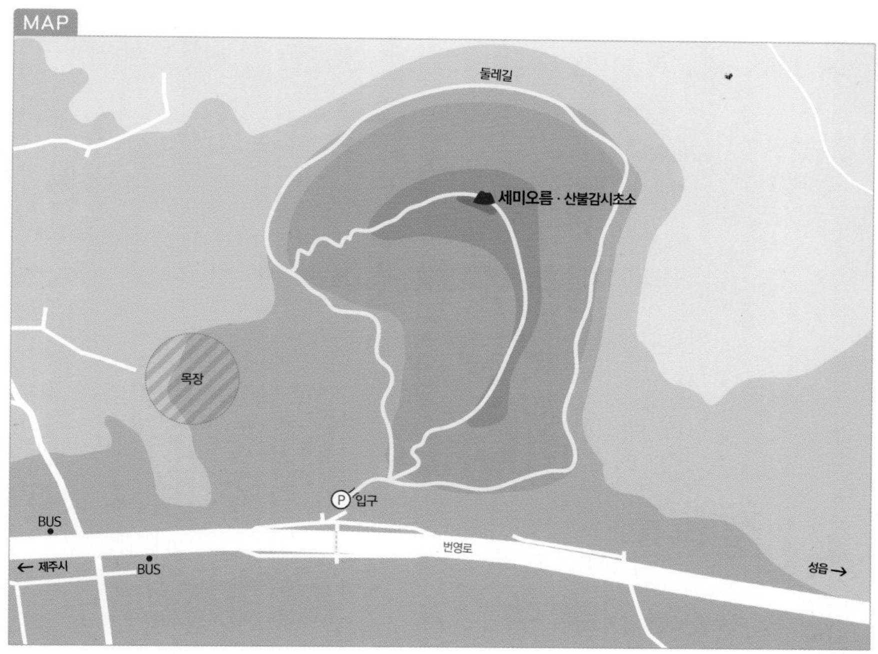

겻구리오름과 진입로.
오른쪽 위 도로는 번영로다.

활엽수와 삼나무가 반반

겻구리오름

오름 들머리에서 만나는 원물.

피톤치드 자득한 구간이다.

오름 수첩

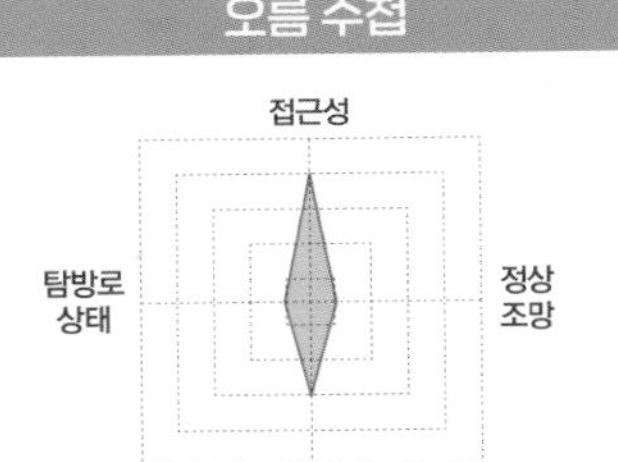

별칭 꾀꼬리오름, 앵악鶯岳, 앵봉鶯峰, 원오름, 보문악普門岳

높이 해발고도 428.3m, 비고 58m

탐방 포인트 숲 트레킹 원물샘

탐방 소요시간 40분

가까운 오름 세미오름, 우진제비오름, 대천이오름

탐방 시 주의사항 미끄럽고 가파른 구간, 길찾기 주의, 긴팔과 긴소매 의류

찾아가는 길

- 내비게이션에 '겻구리오름' 입력
- 제주버스터미널에서 성산항을 오가는 221번, 조천만세동산에서 교래리를 오가는 701-2번 버스가 '대흘교차로' 정류장에 정차한다. 오름 들머리까지는 800m쯤 거리다.

번영로의 대흘교차로에서 교래리로 이어진 길로 들어서면 오른쪽에 말굽형 굼부리를 가진 것구리오름이 보인다. 오름 북쪽에 조선시대에 원院이 있었고, 원에서 이용하던 샘인 '원물'이 지금도 남아 있다. 둥근 모양의 것구리오름은 남동쪽이 정상이며, 북서쪽에 목초지로 이용되는 굼부리를 품었다. 정상의 북·동·남쪽 자락은 삼나무가 빼곡하고, 나머지는 모두 낙엽활엽수가 차지했다. 오름의 동남쪽은 대천이오름을 만나기까지 무인지경의 광활한 곶자왈 지대다.

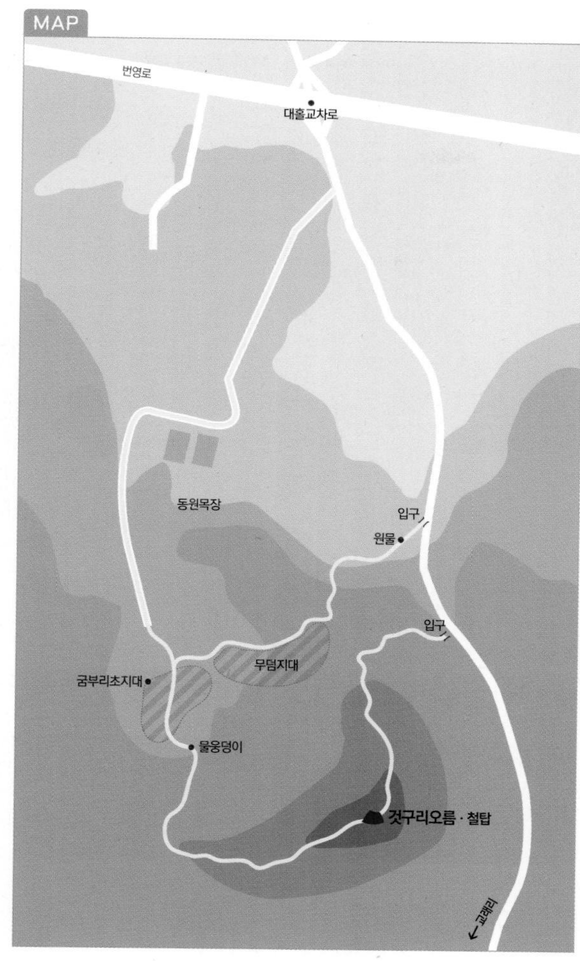

오름이 꾀꼬리를 닮아서 또는 옛날에 꾀꼬리가 자주 찾아와 울어서 '꾀꼬리오름'으로도 불린다. 한자로는 '앵악鶯岳', '앵봉鶯峰'이라고 적는다.
원물에서 도로를 따라 200m쯤 들어선 오른쪽이 들머리다. 탐방로는 정비가 안 된 오솔길이어서 구간에 따라 희미해지기도 하니 길 찾기에 주의해야 한다. 하늘을 가린 삼나무 숲 사이로 굽어 돌다가 채 10분이 지나지 않아 정상부 활엽수림지대로 올라선다. 대체로 길이 훤하지만 수풀이 우거지는 여름철이면 다소 고약하다.
통신사 중계용 철탑이 있는 정상은 좁지만 유일하게 초지대를 이룬 곳이다. 여기서 서쪽으로 삼나무와 활엽수 숲을 차례로 지나다가 북쪽의 굼부리 방향으로 길이 꺾인다. 내려서는 구간이 꽤 가파르고, 미끄럽다. 벽을 쌓은 물웅덩이와 굼부리의 농경지를 벗어나면 북쪽으로 넓은 지붕의 건물 두 채가 보이며, 건물을 지나면 날머리다.

우진제비오름과 한라산.

마르지 않는 우진샘을 찾아서

우진제비오름

가물어도 물이 마르지 않는다는 우진샘.

오름 표석과 우진제비오름.

오름 수첩

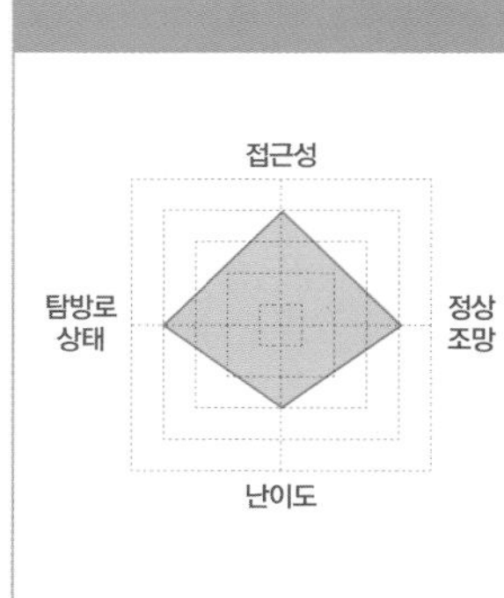

별칭 우전제비, 우진산牛鎭山

높이 해발고도 410.6m, 비고 126m

탐방 포인트 우진샘

탐방 소요시간 1시간

가까운 오름 세미오름, 것구리오름, 윗밤오름, 민오름, 거문오름

탐방 시 주의사항
계단이 많고, 살짝 가파르다.

주변 여행지 산굼부리, 세계자연유산센터(거문오름)

찾아가는 길

- 내비게이션에 '우진제비오름' 입력
- 제주버스터미널에서 성산항을 오가는 211번, 제주민속촌을 오가는 221번 버스가 '선흘2리입구' 정류장에 정차한다. 여기서 오름 들머리까지는 함덕초교 선인분교장을 돌아 2km 거리다.

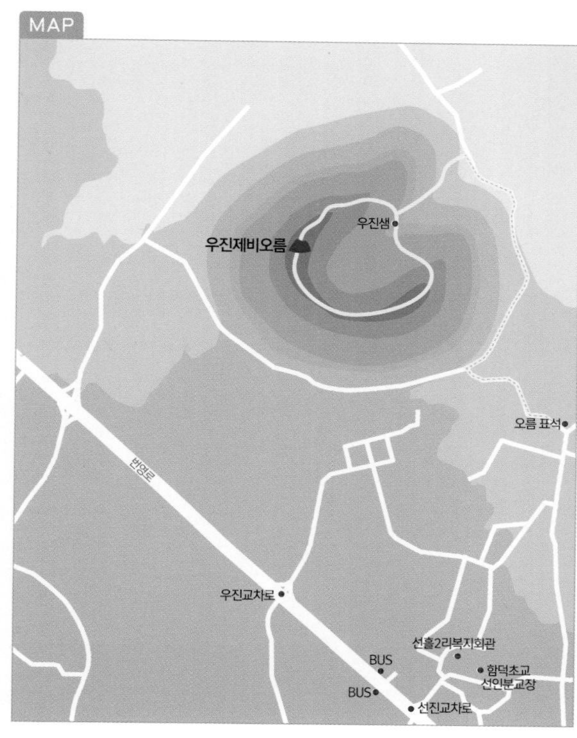

우진제비오름은 번영로가 지나는 조천읍 선흘2리의 함덕초등학교 선인분교장 북쪽에 우뚝 솟았다. 남쪽 번영로에서는 평평한 능선을 가진 원추형 산체 같지만 북쪽에서 보면 한라산으로부터 돌아앉은 채 북동쪽으로 굼부리가 벌어진 말굽형 오름이다. '우진제비'나 '우전제비'라는 수수께끼 같은 오름 이름의 유래에 대해서는 전해지는 바가 없다. 듬직한 산체를 가진 우진제비오름은 온 산이 숲으로 뒤덮였다. 남쪽 사면이 삼나무로 빼곡한 반면, 북쪽은 독특한 숲 분포를 보여준다. 말굽형으로 벌어진 양쪽 능선을 경계로 서향한 사면은 활엽수가, 반대쪽은 삼나무가 차지해 색감이 뚜렷이 구분된다.

내비게이션은 들머리에서 1km 떨어진 오름 표석으로 안내하니 유의할 것. 여기서 오름 자락까지 들어선 후에 오름을 왼쪽에 끼고 북서쪽으로 돌아가야 탐방안내도가 설치된 들머리가 나오기 때문이다. 탐방로는 서북쪽 능선을 타고 올라 화구벽을 따라 한 바퀴 도는 코스다. 탐방로 중간에서 굼부리 복판의 우진샘으로 길이 갈린다. 오르내리는 구간은 다소 가파른 계단길. 서북쪽 능선에 데크가 설치된 정상이 있으며, 윗밤오름과 알밤오름, 거문오름이 도드라지는 선흘과 구좌의 벌판이 내려다보인다. 경계석을 단단히 쌓은 원형의 웅덩이 두 개가 붙은 우진샘은 사철 물이 마르지 않아서 옛날 가뭄이 들 때면 선흘은 물론 멀리 덕천 사람들까지 와서 물을 떠갔다고 한다.

민오름과 한라산

환형 분화구 둘, 말굽형 분화구 하나

민오름(선흘리)

오름 수첩

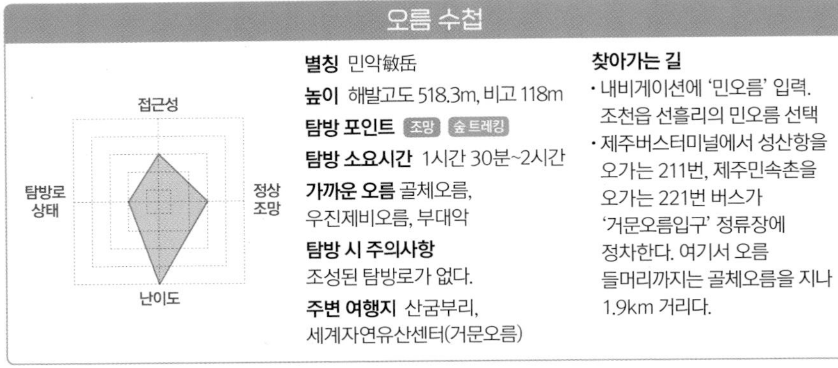

별칭 민악敏岳

높이 해발고도 518.3m, 비고 118m

탐방 포인트 조망 숲 트레킹

탐방 소요시간 1시간 30분~2시간

가까운 오름 골체오름, 우진제비오름, 부대악

탐방 시 주의사항
조성된 탐방로가 없다.

주변 여행지 산굼부리, 세계자연유산센터(거문오름)

찾아가는 길

- 내비게이션에 '민오름' 입력. 조천읍 선흘리의 민오름 선택
- 제주버스터미널에서 성산항을 오가는 211번, 제주민속촌을 오가는 221번 버스가 '거문오름입구' 정류장에 정차한다. 여기서 오름 들머리까지는 골체오름을 지나 1.9km 거리다.

수십 년 전만 해도 제주의 오름은 나무가 없이 초지로 덮인 민둥산인 경우가 대부분이었다. 그래서 특별한 전설이나 얽힌 이야기가 없는 경우 '민오름'이라 불렀다. 그래서 제주에는 곳곳에 '민오름'이 있다. 구좌읍 송당리와 제주시 오라동, 남원읍 수망리에 민오름이 있으며, 절물오름을 마주한 봉개동의 민오름도 있다. 그리고 이곳 조천읍 선흘리의 민오름까지 다섯 개나 된다. 현재 이 다섯 민오름의 특징은 이름이 무색할 만큼 울창한 숲으로 뒤덮였고, 기대와 달리 오르내리기가 만만찮으며, 대체로 조망이 옹색하다.

골체오름에서 들어서는 길 추천

선흘리 민오름은 높이 518m에 오름 자체만도 118m에 달하고 덩치마저 커서 일대에서 시선을 끈다. 가까이에 방애오름과 대천이오름이 있으나 작고, 일대가 초지대나 들판이어서 더 도드라지는 느낌이다. 굼부리 안과 동북 사면 일부는 활엽수가, 나머지 절반 이상은 해송과 삼나무가 뒤덮고 있다.

이 오름은 세 개의 굼부리를 가졌다. 정상 바로 서쪽에 커다란 원형의 굼부리가 있고, 그

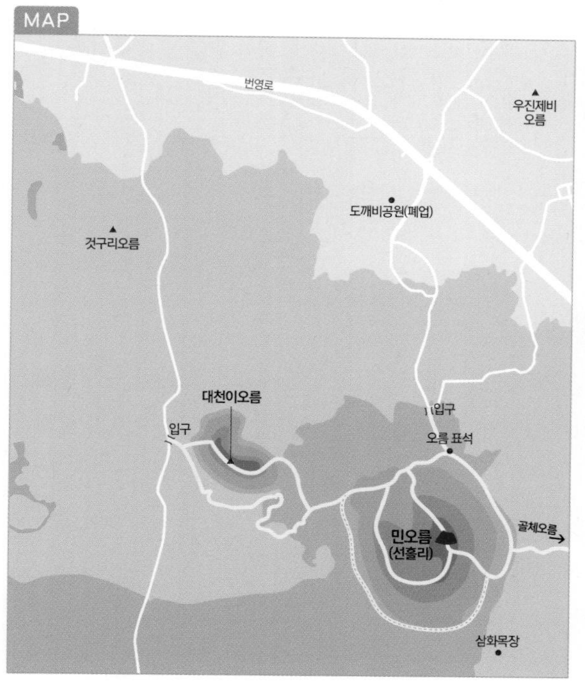

오름 동쪽 자락을 지나 북쪽으로 가면 들머리다.

동쪽 골체오름 입구에서 본 민오름.

남쪽에 작고 둥근 굼부리가, 중간 굼부리의 북서쪽에는 얕게 트인 말굽형 굼부리까지 가진 세 쌍둥이 화산체다. 그러나 숲이 울창해서 탐방로에서 확인할 수는 없다.

접근이 쉽지 않다. 승용차로는 번영로 우진교차로에서 남쪽으로 들어서서 조천읍공설묘지를 지나 오름 들머리까지 가면 된다. 동쪽의 골체오름 앞 농업용 물탱크 앞으로 들어서는 길도 있다. 오름 자락에 붙어서 북쪽으로 삼나무 둘레길을 따른다.

둔지봉에서 영주산까지 다 보여

탐방로는 정상에 이르기까지 선명하지만, 데크나 매트가 깔린 곳이 아니라서 오솔길을 놓치지 않도록 주의해야 한다. 초입부의 삼나무 숲을 지나면 본격적으로 오르막이 시작되면서 활엽수림으로 바뀐다. 정상부는 향이 짙은 상산나무가 많다. 산불감시초소가 있는 정상에서는 동쪽으로 조망이 트인다. 북동쪽 둔지봉부터 영주산까지 함지박에 담아놓은 듯 옹기종기 모인 오름 풍광이 장관이다.

정상을 지나 빼곡한 삼나무 숲을 만나는 곳에서 길은 숲 왼쪽으로 꺾여 내려선다. 가장 짧은 코스로, 가파른 탐방로가 오름 동남쪽의 둘레길로 이어진다. 굼부리를 한 바퀴 돌려면 여기서 오른쪽의 울창한 삼나무 숲으로 들어서야 한다. 초입은 길이 희미한데, 능선을 따른다는 느낌으로 걷다 보면 곧 길을 만난다. 민오름의 북서쪽 능선을 지나는 이 구간은 숲이 울창해 조망이 막히며, 쓰러진 나무가 길을 막기도 하지만 활엽수와 삼나무가 적절히 조화를 이룬 숲길의 정취를 만끽하기엔 그만이다. 15분쯤이면 굵은 삼나무로 빼곡한 말굽형 굼부리의 바닥에 닿고, 여기서 날머리가 금방이다.

정상부에 다다르면 향 짙은 상산나무가 많다.

산불감시초소가 있는 정상.

민오름 탐방로는 날것 그대로다.

민오름 상공에서 본 골체오름.
뒤는 부대·부소오름이다.

조용히 쉬어가기 좋은 벚나무 동산

골체오름

골체오름 들머리. 벚나무가 가득하다.

작지만 화구벽이 뚜렷하다.

오름 수첩

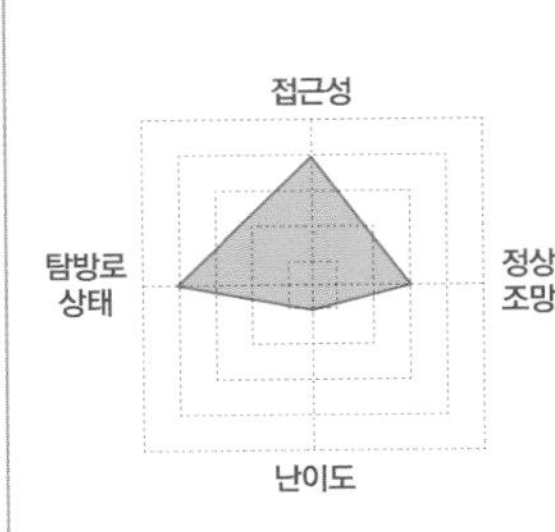

별칭 없음

높이 해발고도 확인 불가, 비고 30m

탐방 포인트 벚꽃 억새 야생화

탐방 소요시간 20분

가까운 오름 민오름, 부대악, 거문오름

탐방 시 주의사항 자외선차단제

주변 여행지 산굼부리, 세계자연유산센터(거문오름)

찾아가는 길

- 내비게이션에 '골체오름캠핑장' 입력
- 제주버스터미널에서 성산항을 오가는 211번, 제주민속촌을 오가는 221번 버스가 '거문오름입구' 정류장에 정차한다. 여기서 오름 들머리까지는 700m 거리다.

골체오름은 작고 아담하다. 거문오름 입구인 선화교차로에서 산굼부리 방향으로 이어진 도로를 사이에 두고 부대악을 마주한 채 있는 듯 없는 듯이 섰다. 하도 작고 존재감이 없어서 사람들은 이게 오름인지 모르고 스쳐 지나기 일쑤다. 그도 그럴 것이 제주도청이 발간한 오름자료집이나 국토지리정보원이 공개하는 전국의 산 높이 데이터, 심지어 김종철 선생의 《오름나그네》에도 등장하지 않는 오름이다.

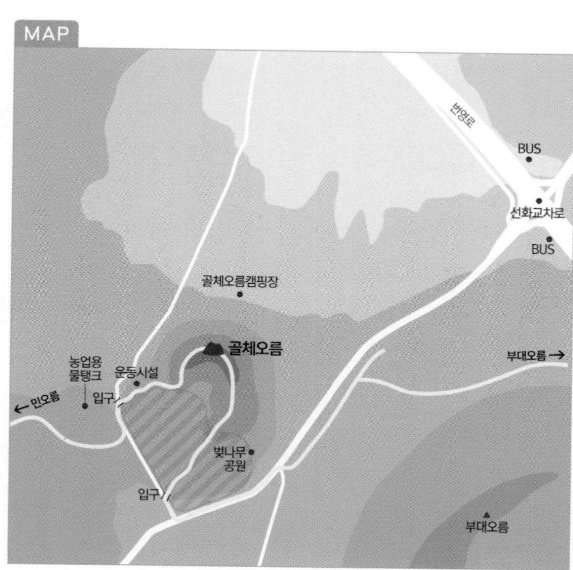

그러나 봄철, 오름 남쪽 자락 넓은 터의 벚나무가 꽃을 피우면 골체오름은 문전성시를 이룬다. 한 해 동안의 골체오름 방문객 대부분이 이 때 몰리는 것이다. 보잘 것 없던 오름은 시집가는 새색시 마냥 화사하기 이를 데 없고, 최고의 모델이 되어 카메라 플래시 세례를 받는다.

내려서는 길에 훤히 보이는 민오름.

사실 벚꽃이 아니어도 골체오름은 여간 멋진 게 아니다. 오르내리는 데 10여 분이면 족할 작은 덩치지만, 남서쪽으로 열린 작고 또렷한 굼부리를 가졌고, 엎어진 'U'자 형인 분화구 능선을 따라서 오솔길이 예쁘다. 가을이면 오름 등성이 가득 억새가 눈부시다.

오름 모양이 골체(삼태기)를 닮아서 이름이 붙었다. 작고 둥근 굼부리 안에는 산담 몇 기가 웃자란 수풀 사이로 보인다. 정상에는 오름에 어울리는 소박한 통나무 벤치 하나가 부대악과 거문오름, 우진제비오름을 마주하고 있다. 여느 오름처럼 대단한 풍광은 아니지만 들녘의 바람을 맞으며 앉아 휴식을 취하기에 이만큼 멋진 곳도 드물겠다.

1km 떨어진 웃바매기와 아랫바매기오름.

벵뒤굴 위에 솟은 밤알오름

웃바매기오름

오름 수첩

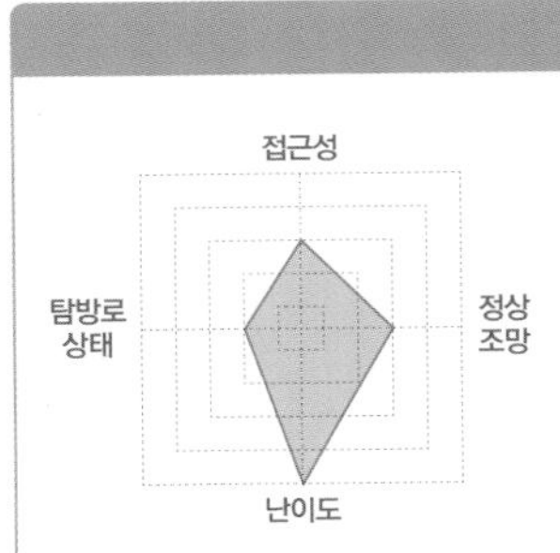

별칭 웃밤, 웃밤오름, 상율악上栗岳

높이 해발고도 416.8m, 비고 137m

탐방 포인트 벵뒤굴 선세미 정상 조망

탐방 소요시간 1시간 20분

가까운 오름 아랫바매기, 우진제비오름, 거문오름

탐방 시 주의사항 2인 이상 동행, 트레킹 복장, 길이 희미함

주변 여행지 산굼부리, 세계자연유산센터(거문오름)

찾아가는 길

- 내비게이션에 '웃바매기' 입력
- 조천만세동산에서 선흘리를 거쳐 거문오름을 오가는 704-2, 704-3번 버스가 '선흘목선동' 정류장에 정차한다. 여기서 오름 들머리까지는 1.2km 거리다.

중산간동로가 지나는 선흘리의 목선동교차로 바로 왼쪽에 알바매기오름이, 알바매기에서 남쪽으로 1km쯤 내려선 곳엔 웃바매기오름이 당당한 자태로 서 있다. 밤톨처럼 생겨서 각각 '웃밤', '알밤'이라는 이름을 가진 두 오름을 지역 주민들은 '바매기(웃바매기, 알바매기)'라고 부른다. 바매기의 정확한 유래는 알 수 없지만, '밤알을 밤애기(밤아기)로 표현한 게 바매기가 되지 않았을까'라는 게 통설이다.

분화구 아래의 '선새미' 샘

듬직한 산체와 어울리지 않게 이 두 오름은 조성된 탐방로가 없다. 희미한 오솔길을 따라 오르내려야 하는데, 다소 가파른 길은 곳곳에서 희미해지기도 한다. 그래서인지 찾는 이가 드물다. 그만큼 한적한, 날것 그대로의 오름 트레킹을 즐길 수 있다.

북동쪽으로 벌어진 말굽형 굼부리를 가진 웃바매기오름은 오름의 분화구 아래에서 '선새미'라는 샘이 솟아난다. 아무리 가물어도 마르는 법이 없다는 이 샘은 옛날 인근 주민들의 식수로 사용되었다는데, 지금은 들어서는 게 쉽지 않다. 오름의 서쪽 능선 또한 마찬가지여서 길이 없다.

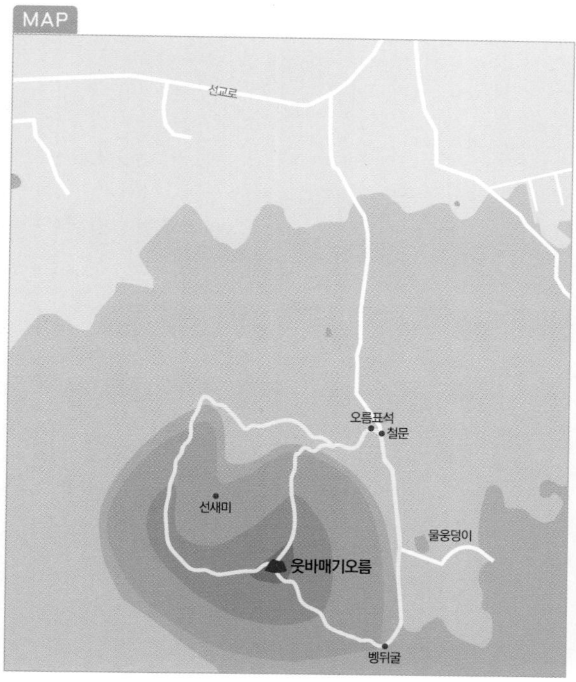

벵뒤굴 쪽 탐방로 초입.

서쪽 상공에서 본 웃바매기오름.

오름 동쪽 자락의 물웅덩이.

알바매기 남쪽을 지나는 도로에서 1km쯤 들어선 곳에 오름 표석이 있다. 여기서 오름의 동쪽 능선을 따라 길이 이어진다. 삼나무로 빼곡한 초입의 숲은 곧 활엽수로 바뀌며 환해진다. 길이 중간에 희미해지기도 하니 놓치지 않도록 주의해야 한다. 정상이 가까워지면서 숲 아래로 억새가 많이 보인다.

날머리에 만나는 물웅덩이

이정표나 벤치 같은 인공 시설이 없는 정상에서는 동쪽 송당리로 조망이 트인다. 둔지봉부터 돝오름, 다랑쉬, 높은오름, 체오름, 안돌·밧돌에 거슨세미, 민오름 등 구좌의 숱한 오름이 만든 멋진 풍광이 눈앞 가득 펼쳐진다. 오름 바로 앞의 거친 들판, 벵듸도 눈길을 끈다. 제주만이 가진 광활한 야생의 수풀지대가 오름 못잖은 감동으로 다가온다.

정상에서 올랐던 길을 되짚어 내려서는 게 가장 편하지만, 남동쪽 벵뒤굴 쪽으로 가면 더 다양한 오름의 모습을 만날 수 있다. 길은 여전히 희미하고, 솔잎이 수북하게 깔린 구간도 지난다. 천연기념물 제490호인 벵뒤굴은 정상에서 10분 남짓이면 닿는다. 다층 구조에 용암주석 같은 다양한 동굴지형이 잘 보존된 곳이라고 한다. 거미줄처럼 얽힌 미로형 동굴이 4.5km쯤 이어진다는데, 좁은 입구는 철문으로 막혀 있다.

벵뒤굴에서 오름 동쪽 자락을 따라 날머리까지 농장길이 이어진다. 길 중간에 오른쪽으로 제법 널따란 물웅덩이가 눈길을 끈다. 용암 위에 형성된 듯한 연못으로, 바람이 잠잠한 날이면 연못에 비친 반영이 환상적이겠다.

정상에서 동북쪽 능선을 따라 내려선다.

오름 남동쪽의 벵뒤굴.

숲의 심연을 이룬 거문오름.

어둠 속에서 피어오른 아름다움

거문오름

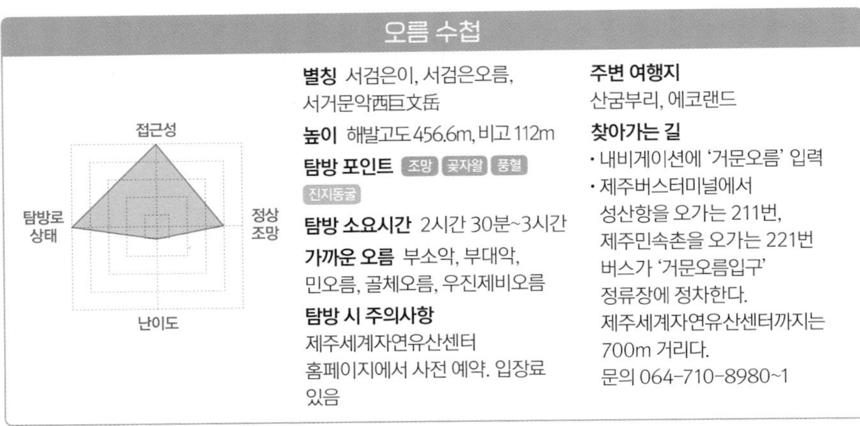

오름 수첩

별칭 서검은이, 서검은오름, 서거문악西巨文岳

높이 해발고도 456.6m, 비고 112m

탐방 포인트 조망 곶자왈 풍혈 진지동굴

탐방 소요시간 2시간 30분~3시간

가까운 오름 부소악, 부대악, 민오름, 골체오름, 우진제비오름

탐방 시 주의사항
제주세계자연유산센터 홈페이지에서 사전 예약. 입장료 있음

주변 여행지
산굼부리, 에코랜드

찾아가는 길
- 내비게이션에 '거문오름' 입력
- 제주버스터미널에서 성산항을 오가는 211번, 제주민속촌을 오가는 221번 버스가 '거문오름입구' 정류장에 정차한다. 제주세계자연유산센터까지는 700m 거리다. 문의 064-710-8980~1

우거진 숲은 낮에도 어둑어둑할 정도다.

제주 근대사의 아픔을 간직한 숲

만장굴, 김녕굴, 용천굴, 당처물동굴, 벵뒤굴 등을 포함하는 '거문오름용암동굴계'를 형성한 모체로 알려진 거문오름은 신비 그 자체다. 깊게 파인 굼부리 안에는 알오름이 솟았고, 북동쪽 화구벽이 트여 전체적으로는 말굽형이다. 그 모양이 파도의 너울처럼 역동적이어서 여느 오름과는 판이한 모양을 하고 있다. 독특한 형태만큼이나 이름도 다양했다. 옛날에는 분화구와 수직굴 일대의 형세가 방하나 방아와 비슷해서 '방하오름', '방하악(방하악)'이라 불렀다. 돌과 흙이 유난히 검고 음산한 기운을 풍겨서 '검은오름' 또는 '검은이오름'이라고도 했고, 동쪽에 있는 검은오름과 구분해 서쪽에 있다고 해서 '서검은오름' 또는 '서검은이오름'이라 부르기도 했다.

MAP

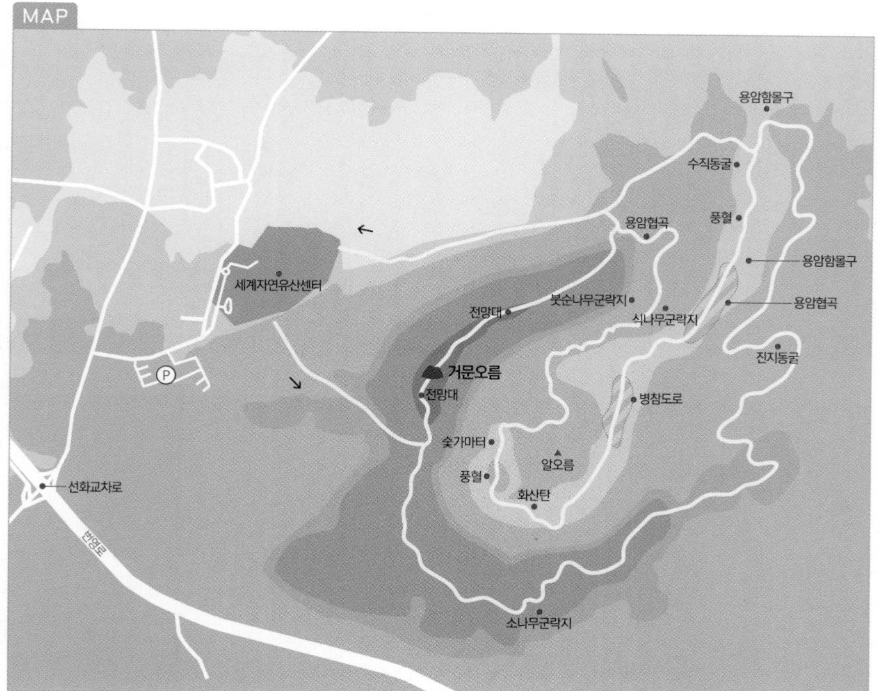

거문오름은 고통과 비극으로 점철되었던 제주 근대사를 상징하는 장소 중 하나로 손꼽힌다. 암울했던 일제강점기와 이어진 제주 4·3사건의 생채기가 오름에 고스란히 녹아들었다. 특히 태평양전쟁 당시 일본군이 제주도를 최후의 전쟁기지로 삼았던 생생한 역사 현장인 갱도진지 등 군사시설은 오늘날까지 오름의 생명력을 앗아가고 있다. 그런가 하면 4·3사건 때는 도피처로 이용되었다. 세상과 단절된 별천지 같던 거문오름 일대는 숯을 굽고 화전을 일구던 옛 사람들의 고된 삶의 터전이기도 했다. 화전으로 황폐화된 곳에 심은 삼나무가 지금은 울창한 숲을 이뤘다.

지루할 틈이 없는 신비로운 공간

탐방은 능선에 올랐다가 굼부리 안으로 내려서는 코스로 진행된다. 알오름을 중심으로 굼부리 안을 한 바퀴 도는 길은 제주의 모든 신비를 다 보여주겠다는 듯 놀라운 풍광으로 가득 차 있다. 몇 곳의 용암협곡과 지구 중심을 향해 꺼져 내릴 것 같은 용암함몰구, 화산탄, 풍혈을 비롯해 쳐다보기도 오싹한 35m 깊이의 수직 동굴과 일제강점기 때의 동굴진

거문오름 곳곳에서 만나는 숨골.

거문오름은 해설사의 설명을 귀담아 들어야 한다.

출발지점인
제주세계자연유산센터의 곡선형 지붕.

화전민들이 떠난 자리에 심어 가꾼 삼나무 숲.

운이 좋은 날 볼 수 있는 으름난초.

지들, 숯가마터와 전통 무덤까지 지루할 틈 없이 등장하는 볼거리들로 잘 만든 블록버스터의 클라이맥스 부분을 보는 듯하다. 생태탐방로 주변은 퀴즈 풀이라도 하려는 듯 예쁜 명찰을 달고 거푸 등장하는 난·온대식물이 눈을 즐겁게 한다. 대낮에도 어두컴컴할 정도로 울창한 숲은 풍혈로 인해 늘 서늘한 기운이 감돈다.

한라산, 성산일출봉과 함께 세계자연유산에 등재된 거문오름은 '제주세계자연유산센터' 홈페이지에서 사전 예약을 해야 탐방이 가능하다. 매주 화요일은 오름 보호를 위해 탐방이 제한된다. 탐방 시 전문 해설사가 동행하며 오름과 곶자왈의 지형, 식생에 대한 전문 해설을 들을 수 있으므로 자녀를 동반한 현장학습에 더없이 좋다. 착용이나 반입, 소지에 금지되는 품목도 많으니 탐방 전에 꼭 확인하도록 한다.

탄탄한 산체에 완벽한
'U'자형 굼부리를 가진 부대오름.

오롯한 말굽형 분화구

부대오름

오름 수첩

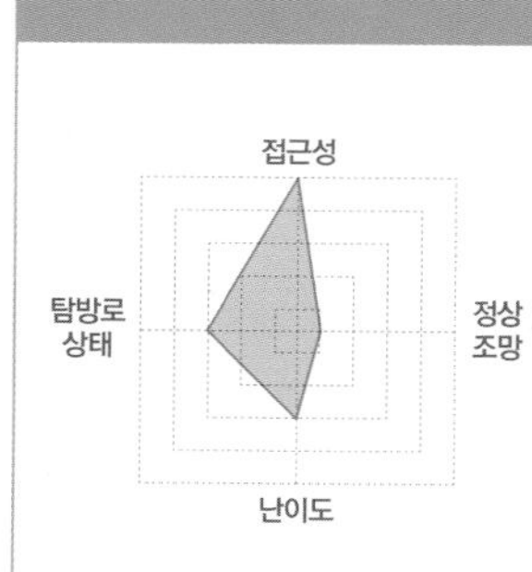

별칭 부대악扶大岳

높이 해발고도 468.8m, 비고 109m

탐방 포인트 숲 트레킹

탐방 소요시간 40분

가까운 오름 부소오름, 거문오름, 성불오름, 골체오름

탐방 시 주의사항
트레킹 복장, 2인 이상 동행

주변 여행지 성읍민속마을, 제주세계자연유산센터

찾아가는 길

- 내비게이션에 '말벗카페' 입력
- 제주버스터미널에서 성산항을 오가는 211번, 제주민속촌을 오가는 221번 버스가 '거문오름입구' 정류장에 정차한다. 여기서 성읍 방향으로 400m 직진.

번영로를 사이에 두고 거문오름과 마주하고 선 부대오름은 탄탄하고 듬직한 산체에 칼로 자른 듯 완벽한 모양의 'U'자형 굼부리를 가졌다. 북동쪽으로 트인 굼부리는 그 깊이가 250m쯤으로, 양쪽 능선이 높고 두툼한 벽을 만들어주어 안온한 느낌이다. 그래서일까, 일제강점기에 일본군이 주둔하기도 했고, 능선을 오르내리다 보면 그때 판 진지동굴도 확인할 수 있다. 지금은 오름을 끼고 승마체험을 할 수 있는 목장이 들어섰고, 한편엔 카페도 보인다.

유래를 알 수 없는 이름, 부대

동남쪽 가까이에 비슷한 덩치의 부소오름이 솟아 쌍둥이처럼 다정한 풍광을 이뤘다. 이름 때문에 둘 중 부대오름

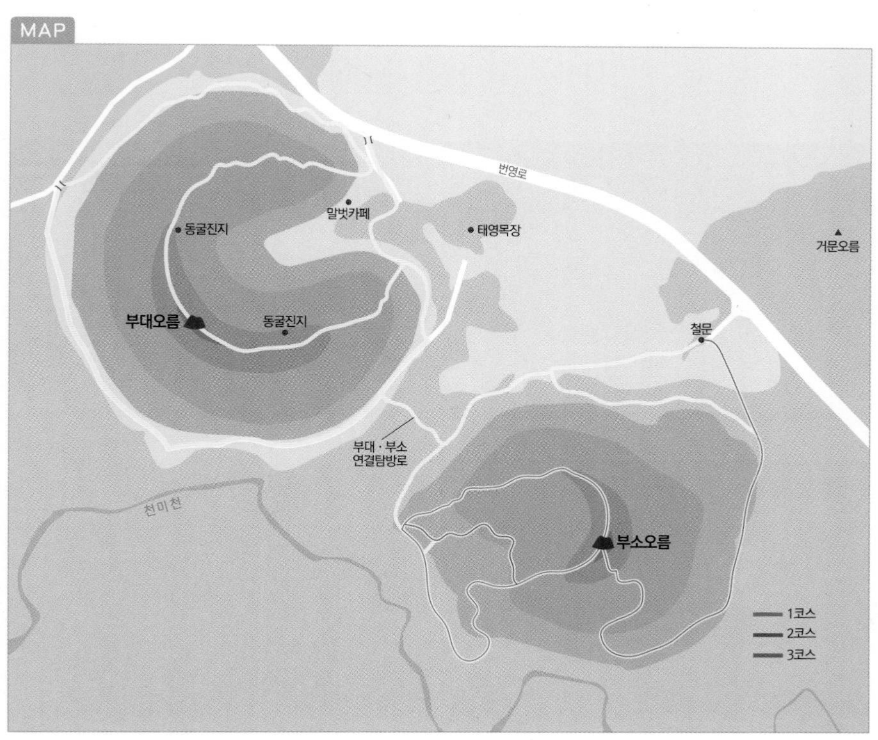

이 더 높을 것이라고 생각하지만 사실은 해발고도나 오름 자체의 높이에서 부소오름이 조금 더 높다. '부대', '부소'라는 이름에 대해서는 전해오는 이야기가 없다. 일제강점기에 이곳에 일본군 부대가 주둔했기에 '부대악部隊岳'이 되었다고 주장하는 이도 있으나, 훨씬 이전부터 '부대扶大'로 불려온 오름이다.

굼부리 안과 밖의 서쪽 사면은 활엽수가 무성하고, 동쪽 사면과 자락을 따라서는 해송과 삼나무가 빼곡하다. 그리고 남쪽 기슭으로는 천미천이 스쳐 지난다. 다양한 코스의 탐방로를 가진 부소오름과 달리 부대오름은 강직하게 생긴 외모처럼 탐방로도 단순하다. 한쪽 능선에서 출발해 정상부에 올랐다가 반대편으로 내려서는 게 전부다.

짙은 숲이 남기는 짙은 여운

오솔길을 따르는 부소오름과 달리 오르내리는 구간은 단단히 쌓은 통나무 계단이 이어지고, 능선에 닿아서는 친환경 야자매트가 깔려 길이 깔끔하다. 그러나 워낙 숲이 울창하고, 겨울이 아니고는 수국이나 모시풀 같은 게 웃자라서 길을 좁게 만들기도 한다. 능선에서 조망이 트이는 곳이 없고, 그 흔한 벤치도 없으며, 정상이 어디인지도 모르게 능선

부대오름 자락의 짙은 삼나무 숲.

탐방로를 따라 모시풀이 많이 자란다.

목장 입구에 해바라기가 활짝 폈다.

이 둥그스름한 모양으로 이어지기에 무작정 올랐다가 내려서는 게 이 오름의 유일한 탐방 스타일인 것은 아쉽다. 그래도 비교적 짧은 시간에 오르내릴 수 있고, 사방으로 빼곡한 신록의 숲 사이로 구불구불 이어진 길을 걷는 운치가 꽤나 좋다. 무엇보다 탐방하는 내내 해가 들지 않아서 짙푸른 숲을 즐기기에 더할 나위 없는 곳이다.

동남쪽 능선 탐방로.

대부분의 탐방객들은 이웃한 부소오름과 연계해 탐방한다. 두 오름은 마주 보는 가장 짧은 지점에서 서로 길이 연결된다. 2시간 남짓이면 충분하다. 제주의 오름꾼들은 부소오름에서 시작해 부대오름으로 내려선 후 골체오름, 민오름까지 이어가는 이가 많다. 더 길게는 대천이오름과 방애오름을 아우르기도 한다. 이 코스는 대여섯 시간은 족히 잡아야 한다.

동쪽 상공에서 본 부소오름

풋말을 놓아 길들이던 곳

부소오름

오름 수첩

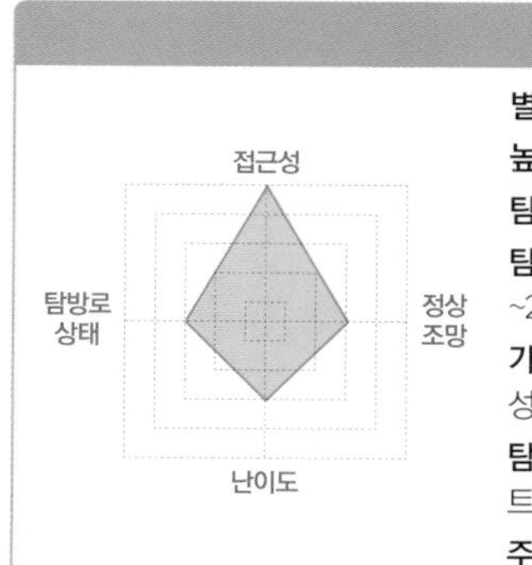

별칭 부소악扶小岳, 새몰메

높이 해발고도 469.2m, 비고 129m

탐방 포인트 숲 트레킹

탐방 소요시간 시간(1코스+2코스) ~2시간(1코스+3코스)

가까운 오름 부대오름, 거문오름, 성불오름, 골체오름

탐방 시 주의사항
트레킹 복장, 2인 이상 동행

주변 여행지 성읍민속마을, 제주세계자연유산센터

찾아가는 길

- 내비게이션에 '말벗카페' 입력. 카페 입구에서 성읍 방향으로 900m 직진 후 우회전
- 제주버스터미널에서 성산항을 오가는 211번, 제주민속촌을 오가는 221번 버스가 '거문오름입구' 정류장에 정차한다. 여기서 성읍 방향으로 1.25km 간 후 우회전

MAP p.91 참고 이토록 다정스러운 풍광이라니! 170m의 거리를 두고 서로 이웃한 부대오름과 부소오름은 생긴 모양과 덩치가 쌍둥이처럼 닮았다. 예쁘게 빚은 만두 모양을 한 채 부소오름은 남서쪽으로, 부대오름은 북동쪽으로 트인 말굽형 분화구를 가졌다. 이렇게 앉은 방향이 서로 달라도, 등을 돌린 것처럼 보이지 않고 뭔가 서로 끈끈히 이어져 있는 듯 보기가 좋다.

오름 진입로의 삼나무 숲.

원형 분화구 아래에 말굽형 분화구

거문오름 들머리인 선화교차로에서 성읍 방향으로 나란히 자리 잡은 두 오름 중 동쪽의 것이 부소오름이다. '새몰메'라고도 부른다. '몰'은 말의 제주어로, '새몰'은 아직 길들여지지 않은 풋말을 가리킨다. 달리 '생몰'이라고도 한다. 즉, 풋말을 놓아 먹이면서 길을 들이던 곳이 부소오름 일대였다는 것. 이웃한 부대오름의 굼부리가 바로 앞에 거문오름이 바투 서 있어 답답한 느낌인 것과 달리 부소오름 굼부리는 남서쪽으로 완만하게 흘러내려서 넓은 초원을 만들었다. 부소오름 굼부리는 모양이 좀 특이하다. 상단부는 얕은 원형의 굼

진입로에서 본 부소오름.

부리가, 그 아래는 말굽형 굼부리가 희미한 경계로 이어진다. 그러니까 굼부리 벽의 한쪽이 아예 터져나간 게 아니라 원형을 남긴 채 용암이 넘치듯이 흘러간 모양새다. 부대오름도 마찬가지지만 오름의 안팎 모두 서향한 면은 활엽수가, 동향한 면은 침엽수가 집중 분포한다.

세 가지 코스를 적절히 조합해 탐방

오름 북쪽 번영로와 이어진 곳에 도로를 닦다 만 듯한 넓고 반듯한 공간이 들머리다. 주차도 이곳에 하면 된다. 철문을 지나 울창한 삼나무 숲을 빠져나오면 오름 둘레길을 만나고, 곧 들머리의 탐방로 안내도가 보인다. 부소오름은 세 가지 코스의 탐방로를 가졌다. 굼부리 능선을 따라 오

1코스 시작지점의 산담.

서북 능선 아래를 돌아가는 2코스의 편백나무 구간.

굼부리 능선 바깥은 활엽수가, 안쪽은 소나무가 무성하다.

2코스가 지나는 분화구 안은 활엽수가 많다.

르내리는 1코스와 굼부리 중간을 가로지르는 2코스, 정상에서 동쪽 산등성이를 따라 내려선 후 둘레길을 이용해 돌아오는 가장 긴 3코스까지. 상황에 따라 이 세 구간을 적절히 조합하는 식으로 동선을 짜면 된다.

가장 애용되는 코스는 서북능선을 따라 정상까지 간 후 남동능선을 타고 내려서는 중간에 굼부리를 가로질러 돌아오는 길로, 1, 2코스를 적절히 조합한 것이다. 멋진 솔숲과 굼부리 안의 아름다운 활엽수를 모두 만날 수 있다. 정상에서 3코스로 들어서면 해송과 삼나무, 편백나무가 울창한 숲길이 날머리까지 이어져 삼림욕에 최적이다.

탐방로는 인공시설 없이 좁은 오솔길 그대로지만 가시덤불이나 수풀이 없어 쾌적하다. 바닥에 솔잎이 깔린 곳이 대부분이어서 오르내릴 때 미끄러짐에 주의해야 한다. 보통은 부대오름과 함께 묶어서 탐방을 한다. 진입로 중간에서 부대오름으로 길이 이어진다.

허리께를 넘는 산죽 사이로
길을 만들어 두었다.

굼부리 안의 산죽 정원 산책하기

까끄래기오름

까끄래기오름과 굼부리.

오름 진입로.

오름 수첩

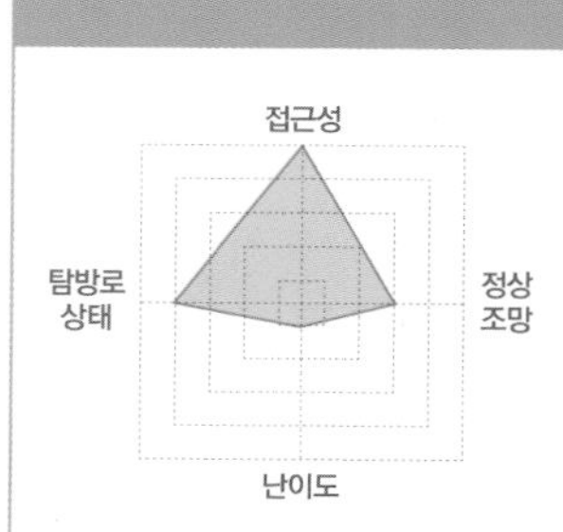

별칭 까그래기, 끄끄레기

높이 해발고도 429m, 비고 49m

탐방 포인트 굼부리 산죽밭 산책

탐방 소요시간 30분

가까운 오름 산굼부리, 부대오름, 부소오름, 민오름(선흘리)

탐방 시 주의사항 긴팔과 긴소매 의류, 자외선차단제

찾아가는 길

- 내비게이션에 '까끄래기오름(버스정류장)' 입력
- 제주버스터미널에서 성산항을 오가는 212번, 표선의 제주민속촌을 오가는 222번 버스가 '까끄래기오름' 정류장에 정차한다. 오름 들머리까지는 550m 거리다.

포장도가 끝나는 지점에서 오르는 샛길.

산굼부리 동쪽에 부록처럼 붙은 오름이다. 지도를 펴 보면 산굼부리의 축소판처럼 보인다. 오름의 북·동쪽과 서쪽 사면 일부가 삼나무로 빼곡하고, 굼부리 안을 포함한 나머지는 활엽수와 관목, 초지대다. 오름 이름에 대해서는 알려진 설명이 없다.

까끄래기오름은 산체와 굼부리가 모두 동그랗다. 밋밋한 화구 능선의 북쪽이 정상이고, 상대적으로 낮은 남쪽으로 얕은 골짜기가 패어 있다. 끊어질 듯 이어지는 이 작은 개울은 들판을 가로질러 동쪽의 천미천에 가 닿는다. 초지대를 이룬 둥근 굼부리 안에 놀랍게도 산죽이 무성하다. 어른 허리께를 넘는 산죽 사이로 길을 조성해 두어 마치 오름 정원을 산책하는 느낌이다. 가을이면 굼부리 둘레로 억새가 피어나 멋진 풍광을 연출한다.

오름 북쪽으로 비자림로가 지나기에 접근이 쉽다. 진입로의 포장도가 끝나는 곳 왼쪽에 차량 한두 대를 주차할 수 있는 공간이 있고, 거기서 바로 오르는 샛길도 보인다. 오름 자체의 높이가 49m에 불과해 정서쪽 들머리에서 능선까지는 2~3분이면 닿는다. 500m 남짓인 굼부리 둘레는 건너편이 훤히 보일 정도여서 정겹다. 초지대를 이룬 북쪽 정상에 산불감시초소가 있고, 거기서 남쪽으로 비스듬히 기운 굼부리 둘레를 따라 탐방로가 이어진다. 인공이 가미되지 않은 오솔길이어서 걷는 느낌이 좋다. 워낙 낮은 오름이어서 주변 조망이 시원스럽지 못하지만 한라산이 훤하고, 산책하듯 돌아보는 굼부리 한 바퀴가 부담 없이 기분 좋다.

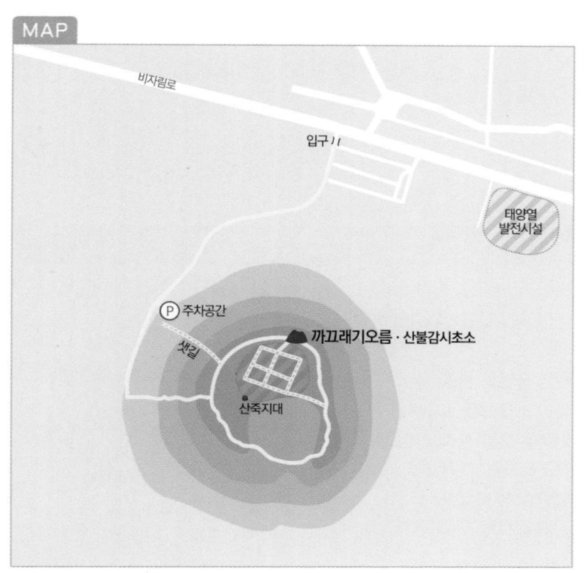

바농오름은 두 개의 분화구를 가졌다.

제주 동쪽 첫 오름

바농오름

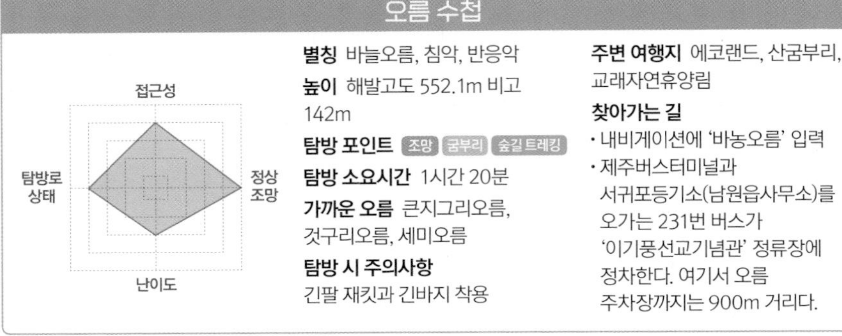

오름 수첩

별칭 바늘오름, 침악, 반응악

높이 해발고도 552.1m 비고 142m

탐방 포인트 조망 굼부리 숲길 트레킹

탐방 소요시간 1시간 20분

가까운 오름 큰지그리오름, 것구리오름, 세미오름

탐방 시 주의사항
긴팔 재킷과 긴바지 착용

주변 여행지 에코랜드, 산굼부리, 교래자연휴양림

찾아가는 길

- 내비게이션에 '바농오름' 입력
- 제주버스터미널과 서귀포등기소(남원읍사무소)를 오가는 231번 버스가 '이기풍선교기념관' 정류장에 정차한다. 여기서 오름 주차장까지는 900m 거리다.

MAP

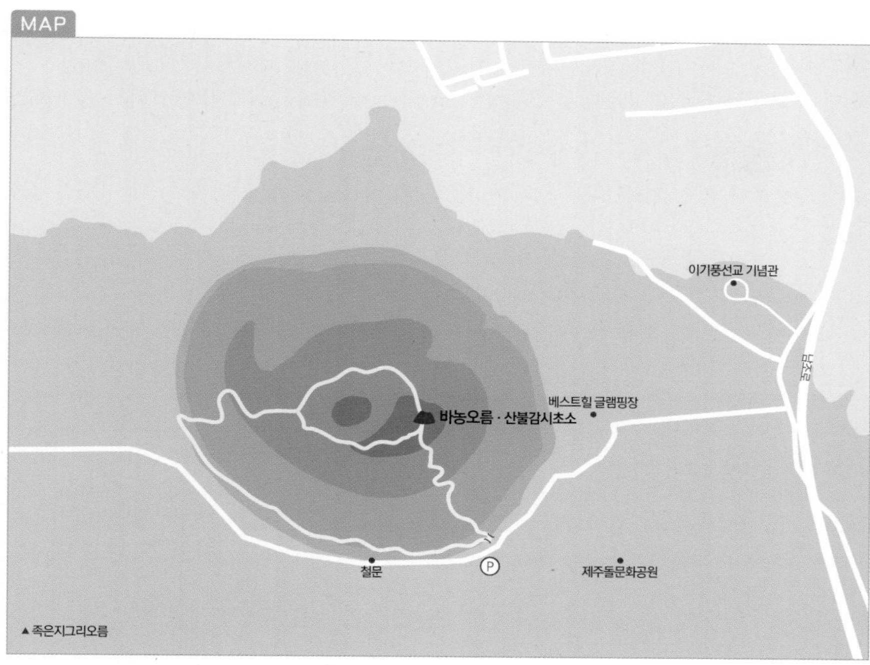

'바농'이라니, 참 특이한 이름이다. 얼핏 클로드 베리 감독의 영화 〈마농의 샘〉이 연상되는 오묘한 이름을 가진 이 오름은 옛 제주시의 동쪽을 경계 짓던 봉개동을 벗어나면 만나는 동부 제주의 첫 오름이다. '바농'이란 바늘을 뜻하는 제주어다. 오름에 어찌 바늘이라는 무서운 이름이 붙었을까? 한자로는 '반응악盤凝岳' 또는 '침산針山', '침악針岳'이라 표기한다는데, '바농'의 소리를 살려 붙인 이름이 반응이니 모두 같은 의미다. 오름에 가시덤불이 유난히 많아서 그렇게 불렸다는 이야기가 전해온다.

말굽형 굼부리가 하나 더 있다

큰지그리오름 상공에서 본 족은지그리오름과 바농오름.

바농오름은 교래곶자왈을 품은 큰지그리오름 북쪽에 있다. 그 자락은 제주돌문화공원의 뒷담에 닿아 있다. 오름의 아래쪽부터 중턱까지는 삼나무와 편백나무가 빼곡하다가 능선이 가까워질 즈음 소나무가 군락을 이루는 수목의 분포는 여느 오름과 비슷하다. 바농오름엔 세 개 코스의 탐방로가 마련되어 있다. 들머리에서 오름 둘레를 따라 반 바퀴쯤 도는 제3코스(총 길이 1472m)와 출발지에서 굼부리 능선까지 이어지는 오름길인 제1코스(308m), 그리고 화구벽을 한 바퀴 도는 제2코스(576m)까지. 무척 단순한 탐방로다. 제1코스를 따라 능선에 올랐다가 굼부리를 한 바퀴 돌아 다시 내려서는 게 보통이다.

정상에는 깊이가 25m쯤 되는 우묵한 굼부리가 있다. 길은 이곳을 중심으로 화구벽을 따라 한 바퀴 도는 코스다. 탐방로에서는 이 굼부리만 보이지만 사실 북서쪽에 말굽형 분화구 하나가 숨어 있다. 정상의 굼부리와 등을 맞대고 있지만 탐방로에서는 확인할 수가 없다.

산맥처럼 이어지는 오름들

사람들이 자주 찾는 곳은 아니어서 능선 둘레길은 풀이 무성하다. 그래도 길이 또렷해 걷는 데 어려움은 없다. 그리 크지 않은 굼부리 안에도 풀과 관목이 가득하다. 능선 둘레길을 걷다보면 곳곳에서 조망이 트이며 제주 중산간의 묵직한 풍광을 감상할 수 있다. 정상의 전망대에서 보면 한라산에서 바농오름에 이르기까지 여러 오름이 중첩된 모습을 확인할 수 있다. 지도에서 짚어보면 흙붉은오름과 돌오름, 어후오름, 불칸디오름, 쌀손장오

삼나무와 편백나무로 빼곡한 바농오름 탐방로 초입.

둘레길이 포함된 3코스.

들어서는 길의 베스트힐 글램핑장에서 본 바농오름.

오름 정상엔 억새가 많아 가을이면 더욱 멋들어진다.

리, 물장오리, 태역장오리, 개월이오름, 절물오름, 민오름, 지그리오름, 족은지그리오름까지 열두 개나 된다. 개월이오름 위쪽은 모두 한라산국립공원 안에 있어서 드나들 수가 없는 오름이다. 이 외에도 송당리의 숱한 오름이 조망된다.

바농오름과 큰지그리오름 사이에 여인의 눈썹을 닮은 족은지그리오름이 있다. 함께 탐방하기에 딱 좋은 곳인데, 오름을 포함한 주변 땅이 사유지 목장이라서 방역문제로 출입을 통제하고 있어서 아쉽다.

1코스
308m
3코스
736m
3코스
736m

정상 전망대에서 본 제주 동부의 오름들.

교래곶자왈은 영화 〈아바타〉에 등장하는 외계행성 '판도라' 같다.

들새가 가는 길, 노루가 가는 길

큰지그리오름(교래곶자왈)

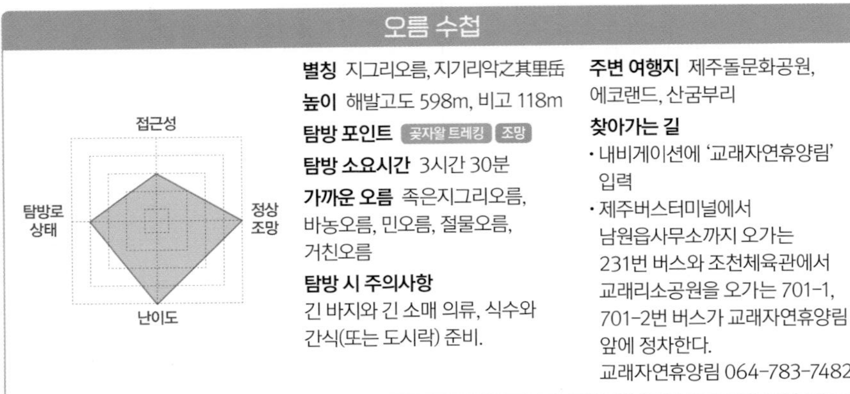

오름 수첩

별칭 지그리오름, 지기리악之其里岳

높이 해발고도 598m, 비고 118m

탐방 포인트 곶자왈 트레킹 조망

탐방 소요시간 3시간 30분

가까운 오름 족은지그리오름, 바농오름, 민오름, 절물오름, 거친오름

탐방 시 주의사항
긴 바지와 긴 소매 의류, 식수와 간식(또는 도시락) 준비.

주변 여행지 제주돌문화공원, 에코랜드, 산굼부리

찾아가는 길

- 내비게이션에 '교래자연휴양림' 입력
- 제주버스터미널에서 남원읍사무소까지 오가는 231번 버스와 조천체육관에서 교래리소공원을 오가는 701-1, 701-2번 버스가 교래자연휴양림 앞에 정차한다.
  교래자연휴양림 064-783-7482

'곶자왈'은 숲을 뜻하는 '곶'과 수풀이 우거진 곳을 일컫는 '자왈'을 합쳐 만든 제주방언으로, 나무와 덩굴식물, 화산암 등이 뒤섞이며 수풀을 이룬 곳을 말한다. 곶자왈은 열대 북방한계 식물과 한대 남방한계 식물이 어우러진 생태계의 보고로 숨 쉬는 땅, '제주의 허파'다. 곶자왈 지대는 제주 곳곳에 흩어져 있는데, 교래곶자왈은 제주시 조천읍 교래리의 교래자연휴양림과 절물자연휴양림 사이의 숲을 말한다.

초지길.

왕복 7km, 만만치 않다

늡서리오름과 큰지그리오름, 민오름을 포함하는 이 숲은 태고의 제주를 만날 수 있는 보배 같은 길이다. 큰지그리오름 입구에 닿기까지 이어지는 숲길은 제주만이 가진 신비로운 생태구조, '곶자왈'이 어떤 곳인지를 남김없이 확인할 수 있다. 크게 힘든 구간은 없지만 왕복 7km로 오름을 찾아가는 거리치고는 긴 편이며, 작은 오르내림이 반복되기에 트레킹에 적당한 복장과 신발을 갖추는 게 좋다.

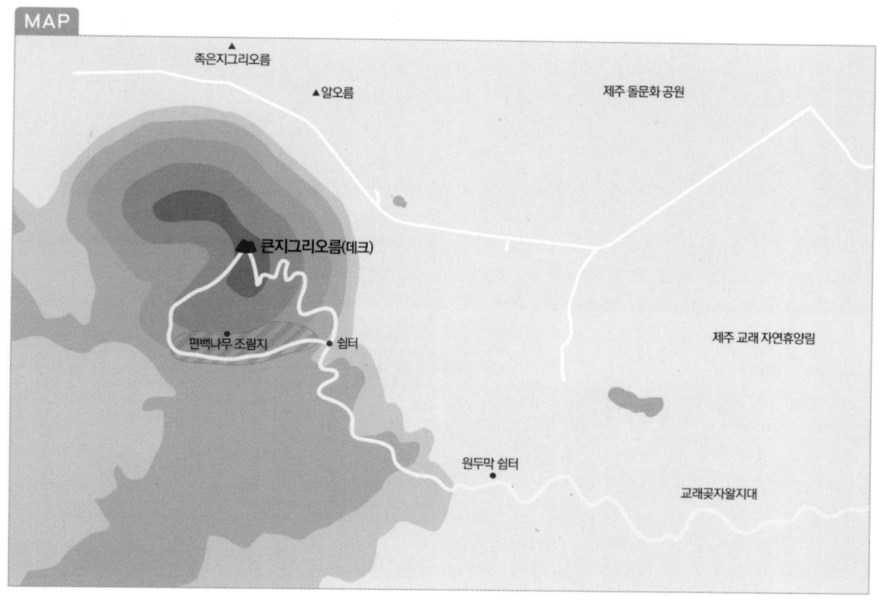

초지길

오름관찰로의 모든 이정표는 큰지그리오름을 가리킨다.

자판기가 있는 입구의 쉼터.

초지대 입구의 원두막 쉼터.

휴양림매표소를 지나 들어서면 곧 생태관찰로 입구가 보인다. 길은 곧 두 갈래로 나뉜다. 왼쪽은 큰지그리오름까지 이어지는 3.5km의 오름관찰로, 오른쪽은 1.5km의 생태관찰로다. 포장되지 않은 숲속 오솔길은 줄이나 목책 같은 인공시설 없이 점점이 이어진 이끼 덮인 돌이 길 안내를 한다. '숨 쉬는 생명의 땅'답게 숲은 생기로 가득하다. 이끼로 옷 입은 나무와 돌, 콩짜개난과 각종 덩굴식물이 휘감고 오른 숲은 거대한 아열대 온실에 든 것 같다. 길섶에서 마주치는 모든 이파리들이 보석처럼 반짝인다. 숯

교래곶자왈의 돌담길.

중간에 만난 숯가마터.

큰지그리오름과 한라산.

큰지그리오름에서 만난 등심붓꽃.

가마터가 보이고, 곳곳에 설치된 작은 반원형의 야외교실은 쉬어가기 안성맞춤이다. 5월 말에 이곳을 찾는다면 새하얀 때죽나무 꽃이 길과 숲을 도배하듯 덮고 있어서 발 디딜 곳을 찾지 못하는 장관을 마주할 수 있다.

발아래로 펼쳐진 숲의 바다

보기만 해도 기분 좋은 숲을 걸으며 신록으로 샤워를 하다 보면 어느새 갈림길을 만난다. 왼쪽은 숲길, 오른쪽은 초지길이다. 목장의 초지를 통과하는 초지길은 들어서지 않는 게 좋다. 야생진드기에 의한 바이러스 감염 위험이 있어서다. 숲길은 곧 편백나무 조림지로 바뀐다. 바람도 통하지 않을 정도로 편백나무가 빼곡한 사이로 평상 서너 개가 놓여 있다. 오름꾼들이 쉬며 식사도 하는 공간이다. 여기서 오름 정상까지는 600m 거리. 편백숲을 비스듬히 가로지른 후 지그재그로 오른다. 넓은 사각형 전망 데크가 놓인 정상에서는 이웃한 바농오름과 우진제비, 부대·부소악 등 제주 동부의 숱한 오름이 조망된다. 무엇보다 발아래로 펼쳐진 교래곶자왈의 울창한 숲이 시선을 사로잡는다. 보는 것만으로도 힐링인 숲의 바다다.

큰지그리오름은 남서쪽으로 트인 말굽형 굼부리를 가졌지만 탐방로에서는 확인할 길이 없다. 북쪽 바농오름과의 사이엔 초승달 모양의 분화구를 품은 족은지그리오름이 큰지그리오름과는 반대 방향으로 돌아앉았다. 꼬리 부분에 작은 알오름도 품은 족은지그리오름은 사유지로 탐방로가 없다. 내려설 때는 전망대 옆으로 난 길을 따라 아까의 평상 쉼터까지 온 후 왔던 길을 되짚어 나오면 된다.

숲속을 뒤덮은 때죽나무 꽃잎.

양치식물인 '관중'의 중심에 모인 때죽나무 꽃잎.

물찻오름과 한라산.

메마른 마음 적시는 숲

사려니숲길과 물찻오름

오름 수첩

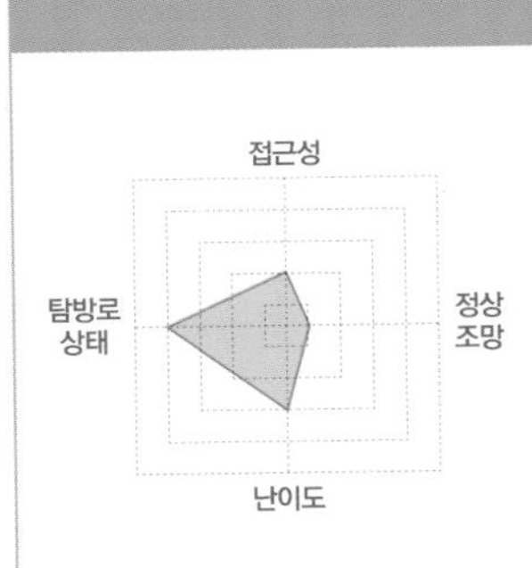

별칭 검은오름, 흑악黑岳

높이 해발고도 717.2m, 비고 167m

탐방 포인트 사려니 숲길 걷기 화구호

탐방 소요시간 1 시간(사려니숲길 포함하면 4시간 이상)

가까운 오름 붉은오름, 절물오름, 물영아리오름

탐방 시 주의사항
1년 1회 열리는 '사려니에코힐링 체험' 행사기간에만 출입이 가능

주변 여행지 붉은오름자연휴양림, 렛츠런팜 제주목장

찾아가는 길

- 내비게이션에 '사려니숲길' 입력
- 제주버스터미널에서 231번, 232번, 제주공항에서 131번, 132번 급행을 이용해 남조로의 '붉은오름' 정류장에 내리면 된다. 비자림로 입구로 가려면 제주버스터미널에서 212번, 222번, 232번 버스를 이용한다.

신록에 갇힌 풍경 속을 걷는 탐방객들.

나무가 되고 싶어 걸어본 빼곡한 삼나무 숲.

유네스코가 지정한 제주 생물권보전지역인 사려니숲길은 절물오름 남쪽 비자림로에서 물찻오름을 지나 표선면 지경 남조로의 붉은오름까지 한라산 동쪽 원시림을 관통하며 이어지는 해발고도 500~600m대에 위치한 10km의 숲길이다. 걷는 동안 수령 90년이 넘은 삼나무를 비롯해 수많은 종류의 식생을 관찰할 수 있다. 전형적인 온대림으로 졸참나무, 서어나무가 많고, 산딸나무, 때죽나무, 단풍나무, 편백나무 등이 뒤섞인 숲의 바다가 펼쳐진다. '사려니'는 '솔안이' 또는 '살안이'라고 불리는데, 여기서 '살' 또는 '솔'은 신성한 곳이나 신령스러운 곳을 가리킬 때 사용된다. 즉 사려니는 '신성한 곳'이라는 뜻이다. 이 신령한 숲은 더 비밀스러운 물찻오름을 품고 있다.

MAP

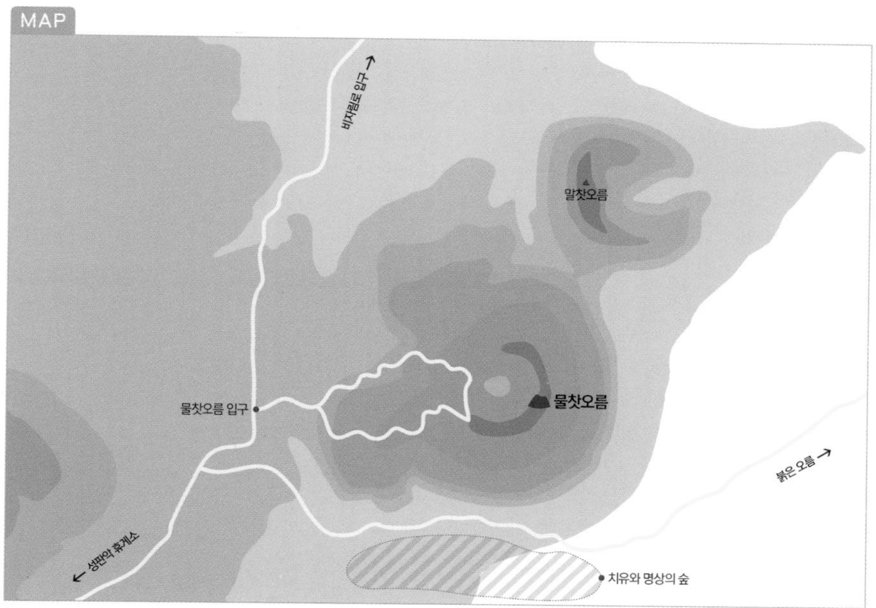

이토록 눈부신 신록의 값은 얼마일까.

숲의 바다를 지나는 넓고 완만한 길

사려니숲길은 제주의 그 어떤 숲길보다 길이 넓다. 온 가족이 나란히 어깨를 맞대고 걸어도 넉넉할 정도다. 오르내림이 거의 없어 어린아이들과 함께 걷기에도 좋다. 실제 유모차를 끌고 산책을 하는 이도 자주 보인다. 교래곶자왈의 좁은 오솔길이 그 아름다운 원시림에 맞춤한 길이었던 것처럼 사려니숲길의 넓고 평탄한 길도 이 광활하고 짙은 숲에 더없이 잘 어울린다. 그래서 일상의 모든 긴장의 끈을 남김없이 풀고 울창한 주변의 숲마저 의식 않고 유유자적하며 '놀멍 쉬멍' 걷기에 좋다. 입구 쪽에 적힌 도종환 시인의 시처럼 인생을 살면서 사막 모래언덕을 넘었구나 싶은 날, 용암처럼 끓어오르는 것들을 주체하기 어려운 날, 마음도 건천이 된 지 오래인 날, 내 말을 가만히 웃으며 들어주는 이와 오래오래 걷고 싶은 길이다.

푸르고 푸른 향이 짙게 밸 것 같다.

자, 들어서 보자. 숲의 품으로!

숲길을 걷다가 만나는 '새왓내'.

사실 사려니숲길을 관통하는 넓은 길은 20년쯤 전까지만 해도 차량 통행이 이뤄지던 곳이다. 2009년부터 차량의 출입을 막고 본격적인 탐방로를 조성해 국제트레킹대회를 치르면서 현재 제주를 대표하는 명품 숲길로 사랑받고 있다.

일 년에 딱 한 번 열리는 탐방로

조천읍과 남원읍, 표선면의 경계선상에 솟은 물찻오름은 사려니숲길의 중간쯤에서 탐방로가 연결된다. 붉은오름 쪽 입구에서 5.2km, 비자림로 입구에서 4.8km 들어선 지점이다. 표석이 선 곳에서 700m쯤 오르면 굼부리 전망대에 닿는다. 이후 화구벽을 따라 150m 진행한 후 내려서는 코스다. 정상의 굼부리에 물이 고여 있고, 낭떠러지를 이

사려니숲길은 삶의 쉼터다.

붉은오름 쪽에서 들어서는 길의 삼나무 숲.

사려니숲길은 숲 속의 숨구멍이다.

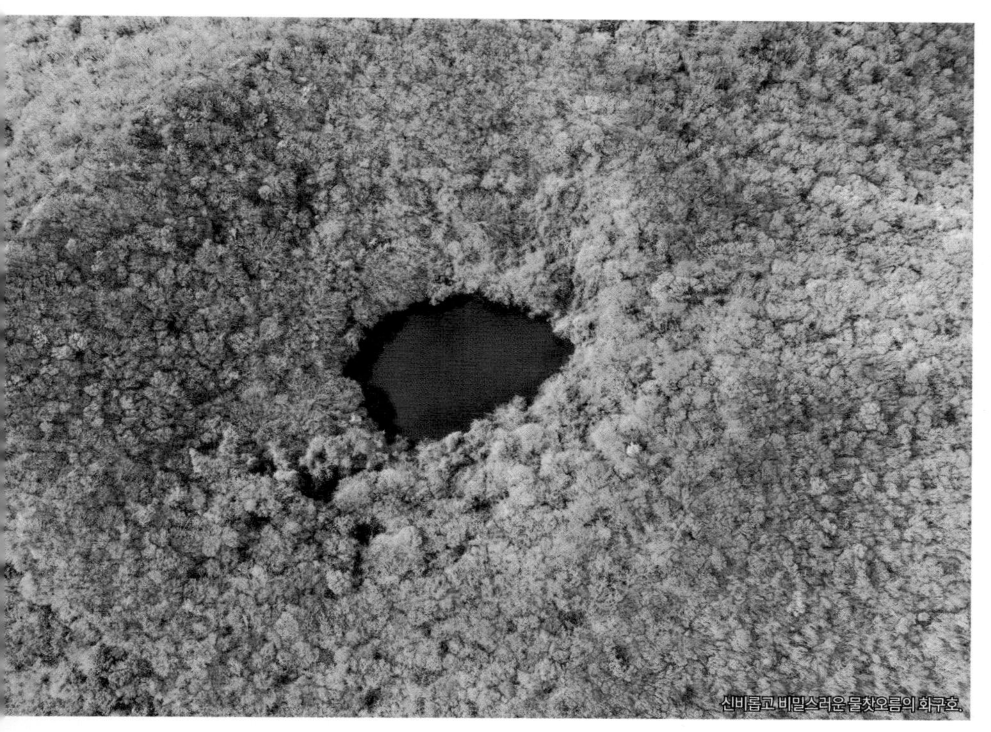

신비롭고 비밀스러운 물찻오름의 화구호.

룬 오름 둘레가 '잣城'과 같다고 해서 '물찻'이라는 이름이 붙었다. 옛날엔 숲으로 뒤덮인 오름이 검게 보여서 '검은오름'이라고 불렀다. 오름 자락에서 표고 농사를 짓던 사람이 풀어놓았다는 붕어를 비롯해 개구리, 물뱀 등이 다양한 습지식물과 함께 건강한 생태계를 이루고 있다.

현재 물찻오름은 훼손 방지를 위해 출입을 제한하고 있다. 1년에 딱 한 번, 제주도와 한라일보가 공동 주관하는 '사려니에코힐링체험' 행사기간(통상 5월 중)에만 한시적으로 길이 열리니 탐방이 무척 까다로운 오름인 셈이다. 그것도 사전 예약을 해야 출입이 가능하다. 행사 일정이 잡히면 한라일보와 한국관광공사 홈페이지를 통해 공지된다.

하늘에서 본 샷갓오름의 남쪽.

김녕 바다를 한눈에 담다

샷갓오름

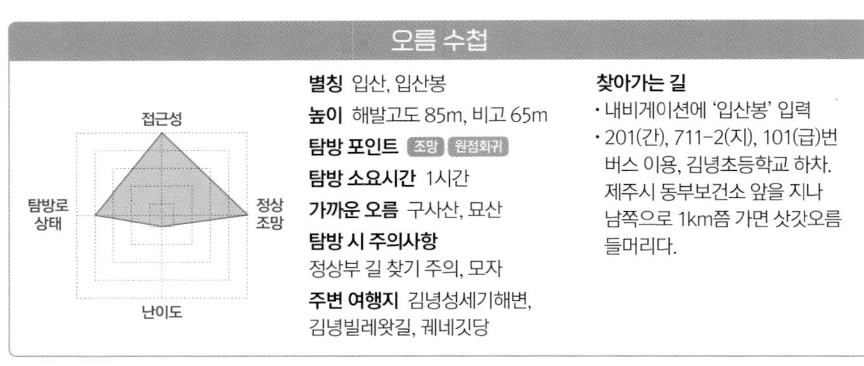

오름 수첩

별칭 입산, 입산봉

높이 해발고도 85m, 비고 65m

탐방 포인트 조망 원점회귀

탐방 소요시간 1시간

가까운 오름 구사산, 묘산

탐방 시 주의사항
정상부 길 찾기 주의, 모자

주변 여행지 김녕성세기해변, 김녕빌레왓길, 궤네깃당

찾아가는 길

- 내비게이션에 '입산봉' 입력
- 201(간), 711-2(지), 101(급)번 버스 이용, 김녕초등학교 하차. 제주시 동부보건소 앞을 지나 남쪽으로 1km쯤 가면 샷갓오름 들머리다.

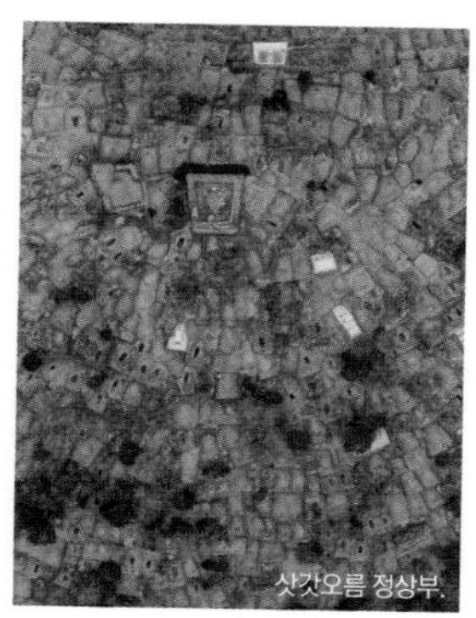
삿갓오름 정상부.

죽음과 삶이 하나되는 땅

오름은 제주 사람들에게 삶의 터전이자 망자의 고향이다. 제주시 구좌읍 김녕리의 삿갓오름은 이 점을 가장 잘 확인할 수 있는 곳이다. 오름이라기보다는 하나의 거대한 공동묘지라고 해야 할 정도로 오름 사면을 따라 무덤이 빈틈없이 들어찼다. 하도 밀도가 높다 보니 산담 모양을 제대로 갖추지 못한 무덤도 수두룩하다. 봉분만 서로 다닥다닥 붙은 꼴. 도무지 무덤을 피해서는 오름을 오를 수 없을 지경이니, 보고도 놀랄 따름이다. 옛날엔 무덤 하나의 면적이 네 평을 넘을 수 없다는 읍장의 경고문이 붙었다고 한다.

해발 85m에 불과하고 낮은 산인 삿갓오름은 안에 둥근 굼부리가 패어 있고, 산의 전체 모양이 삿갓을 닮아서 그리 불린다. 한자로는 입산笠山이라고 쓴다. 달리 입산봉笠山峰이라고도 부른다. 조선시대에 이 오름에 봉수대가 있었기 때문이다. 삿갓오름에서 봉수대가 있던 봉우리를 '망동산'이라 불렀다.

MAP

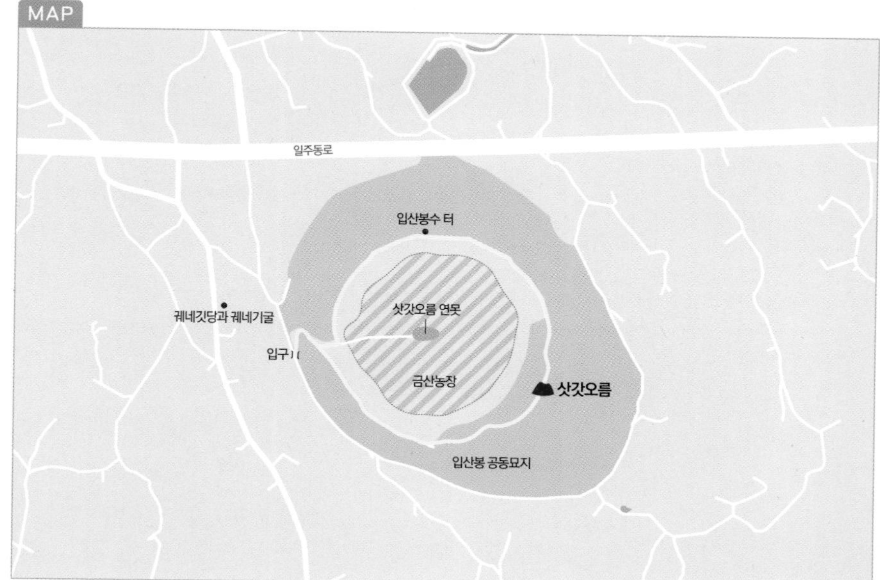

김녕농협 농산물 저온저장고 건너편, 궤네깃당을 마주 보는 곳에 입산봉 들머리가 있다. 빼곡한 무덤 사이로 난 길은 굼부리 안의 금산농장으로 이어진다. 농장 대문에서 양쪽 화구벽을 따라 오르면 된다. 길은 선명하다가 정상이 가까워지면서 빼곡한 무덤 사이에서 사라진다. 딱히 구분된 탐방로가 있는 게 아니어서 능선을 따른다는 마음으로 길을 찾으면 된다.

바다 바라보이는 오름 정원에서

들머리 반대편, 그러니까 동쪽이 정상이다. 산담이 두텁고 무덤 앞에 방풍림처럼 나무를 심어둔 제법 번듯하고 커다란 무덤 하나가 정상부를 차지하고 있다. 사방으로 조망이 훤한데, 특히 에메랄드빛 바다 빛깔이 눈부신 김녕해수욕장이 도드라진다.

삿갓오름의 정상부 굼부리는 2만 평쯤 돼 보인다. 분화구 가운데에 100평 넓이의 연못이 있어 신비롭다. 수십 년 전에는 이 연못을 이용해 논농사도 지었다고 한다. 화구벽에 올라서 내려다보면 밭뙈기가 한가운데 연못을 중심으로 방사형으로 퍼져 있어서 잘 가꾼

하늘에서 본 삿갓오름

상에서 본 김녕항과 김녕리.

궤네깃당과 궤네기굴.

삿갓오름 들머리.

정원처럼 보인다.

땅속에 누운 망자끼리 서로 손이 닿을 만큼 가까이 붙은 무덤들이 살가워 보인다. 살아서도 저리 다정했을까? 여러 관계로 얽히고설키며 아귀다툼하듯 산 이도 있을 테고, 이름도 얼굴도 모르게 남으로 살았던 이도 많을 게다. 주인으로 또는 평생을 종으로 산 이, 남자와 여자, 어린이와 노인…. 아웅다웅하며 다양한 형태의 삶을 질기게 살았겠으나 지금은 모두 한 평씩 차지하고 누워 사이좋고 평온해 보인다.

삿갓오름을 내려서기 전에 자꾸만 내 삶의 방식을 되짚어 보게 된다. 어느 시인의 말처럼 연탄재 함부로 발로 차서는 안 될, 차가운 심장으로 살지는 않았나 싶어서 발길이 무겁다.

돝오름에서 본 둔지오름.

상상 이상의 놀라운 풍광

둔지오름

오름 수첩

별칭 둔지봉, 둔지악

높이 해발고도 282.2m, 비고 152m

탐방 포인트 제주 동부 조망 산담

탐방 소요시간 40분

가까운 오름 돝오름, 다랑쉬오름, 어대오름

탐방 시 주의사항 자외선차단제, 트레킹 복장(스틱), 식수

찾아가는 길

- 내비게이션에 '둔지오름' 입력
- 제주공항에서 제주버스터미널을 지나 송당리를 포함한 제주 동부를 두루 거치는 810-1번 버스가 '둔지오름' 정류장에 정차한다.

눈 덮인 송당리 들녘.

송당리에서 비자림로를 따라 평대리로 가다가 돝오름을 지나 왼쪽으로 보이는 오름이다. 한동리와 행원리, 월정리의 너른 들녘을 배경으로 피라미드처럼 솟은 둔지오름은 주변에 이렇다 할 오름이 없어서 더 도드라진다. 굼부리 안쪽 사면은 제주 오름 중에서 견줄 곳이 없을 정도로 가팔라서 거의 흘러내린 수준이다.

오름 앞의 수많은 구릉

'왕따'를 당한 듯 뚝 떨어져 홀로 솟은 둔지오름은 무척 이색적인 곳이다. 먼저 오름을 포위하듯 두른 사방의 무덤이 눈길을 끈다. 특히 동쪽과 남쪽은 온통 산담으로 빼곡하다. 이는 둔지오름 자락이 예로부터 묘를 쓰기에 명당으로 소문이 났기 때문으로, 멀리서도 이곳에 고인을 묻고자 애를 썼다고 한다. 원뿔 모양으로 뾰족하게 솟은 둔지오름은 남서

MAP

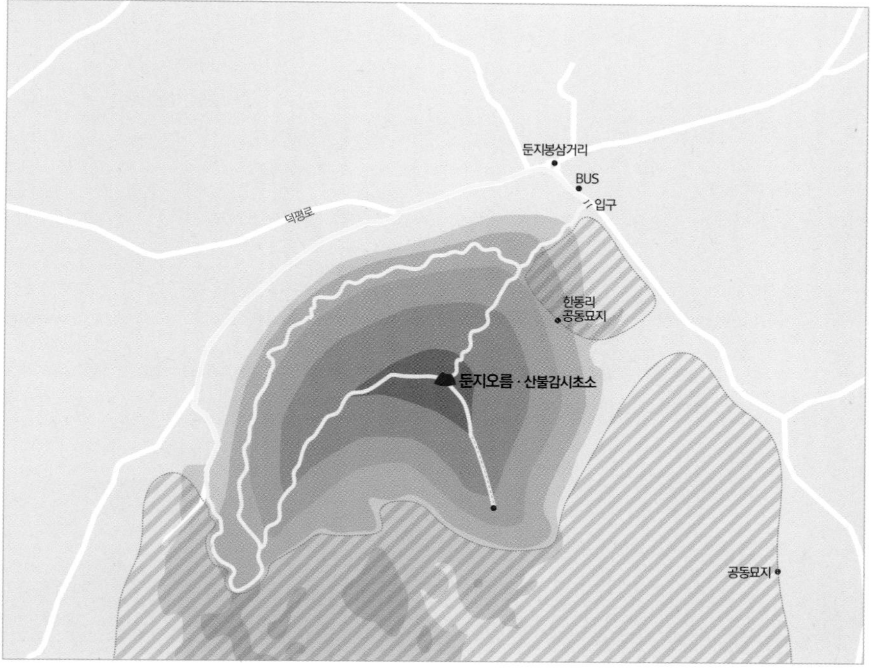

둔지봉삼거리
BUS
입구
덕평로
한동리
공동묘지
둔지오름 · 산불감시초소
공동묘지

쪽으로 열린 말굽형 굼부리를 가졌다. 그런데 굼부리가 터져나간 방면으로 수많은 구릉이 펼쳐진 것을 볼 수 있다. 이는 분출한 용암이 무너진 산체와 뒤섞이며 흘러가다가 퇴적한 것이라고 한다. 즉, 둔지오름의 분신 같은 것들이다. 오름 이름도 이 풍광으로 인해 붙은 것이다. '평지보다 좀 더 높은 곳'을 일컫는 제주어가 '둔지'로, 알오름보다 작은 이 구릉들을 품었기 때문이다.

탐방로는 북동쪽 사면과 서쪽 능선을 따라 나 있다. 한동리공동묘지 안쪽에서 정상까지 이어지는, 직선에 가까운 길은 코가 땅에 닿을 듯 비탈의 연속이다. 오름 자체가 152m로 높은 축에 들고, 산체도 가팔라서다. 결코 쉽지 않은 코스다.

둔지오름 화구와 구릉에 들어선 산담들.

중간에 억새지대도 나온다.

서쪽 능선 상에서 보이는 오름들.

서쪽 능선을 내려서서 본 둔지오름.

내려설 때는 서쪽 능선

거의 직선으로 나 있는 탐방로.

가까이에 이렇다 할 명소가 없고, 이처럼 가파르기까지 하니 둔지오름은 여느 오름에 비해 찾는 이가 드물다. 그러나 오르기만 하면 놀라운 풍광을 만날 수 있다. 북동쪽 평대해변과 월정리해수욕장 쪽으로 거침없이 뻗어간 들판이 가슴을 뻥 뚫어주고, 남서쪽으로 다랑쉬와 손지오름, 돝오름, 백약이, 높은오름, 민오름, 거슨세미, 안돌·밧돌을 지나 체오름에 이르기까지, 우뚝우뚝 솟은 동부의 오름들이 장엄하기까지 하다. 숨차게 오른 고생에 비해 차고 넘치는 보상이다. 산불감시초소 옆 평상에 앉아 이 풍광에 빠져드는 시간이 행복하기 그지없다.

하산은 올랐던 길로 다시 내려서지 말고 오름 서쪽 능선을 따르는 게 좋다. 소나무와 억새가 어우러지는 이 길이 좀 더 순하고, 풍광도 다채롭다. 또 산담으로 뒤덮인 구릉들도 가까이에서 살펴볼 수 있다. 능선을 내려선 후 오른쪽의 무덤 사이를 지나면 콘크리트 포장도가 오름 북쪽의 덕평로까지 이어진다.

북쪽 상공에서 본 돝오름과
송당리의 오름들.

비자림을 굽어보다

돝오름

오름 수첩

별칭 돗오름, 비지오름, 저악

높이 해발고도 284.2m
비고 129m

탐방 포인트 조망 굼부리 비자림 조망

탐방 소요시간 1시간 20분

가까운 오름 다랑쉬오름,
아끈다랑쉬오름, 안친오름

탐방 시 주의사항
여름철 웃자란 수풀 주의
(긴소매와 긴바지 차림)

주변 여행지 비자림

찾아가는 길
- 내비게이션에 '돝오름' 입력
- 오름 앞의 '세송로'는 버스가 다니지 않는다.

오름 모양이 돼지를 닮아 돼지의 옛말인 '돝'을 붙여 '돝오름'이라 부른다. 한자로는 '돼지 저猪'를 써서 저악猪岳이라고 표기한다. 멧돼지가 자주 출몰해서 붙었다는 이야기도 전해온다. 오름공화국 송당리에서도 변방에 위치한 오름으로, 유명한 비자림의 바로 뒷산이다. 그래서 정상에서 조망하는 숲의 바다, 비자림 풍광이 압권이다.

수십 년 전에는 이 오름도 풀밭오름이었다는데, 지금은 정상부를 빼면 울창한 숲으로 뒤덮였다. 아래쪽은 삼나무가 오름을 둘러싸고 있고, 위쪽은 소나무가 차지했다. 오름 자체의 높이는 129m고, 정상부엔 깊이 45m의 굼부리가 있다. 그러나 화구 둘레가 1km로 꽤 넓은 편이어서 굼부리는 펑퍼짐한 구덩이쯤으로 보인다.

여름철 돝오름 능선엔 산딸기가 많다.

MAP

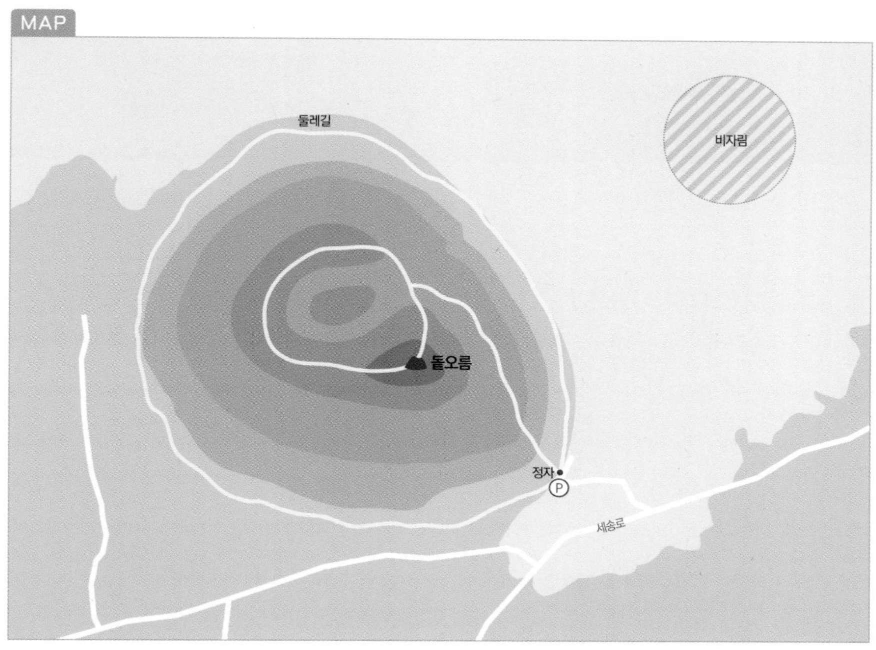

정상부 능선에 붙기 직전 뒤돌아 본 풍광.
탐방로 주변은 삼나무로 빼곡하다.
비자림 상공에서 본 돝오름 분화구.

제주 동북부 조망이 시원한 정상

탐방로는 폐타이어와 천연 야자매트, 로프 등으로 깔끔하게 조성되었다. 다만 여름철엔 웃자란 수풀로 인해 길이 좁고 사나워지기도 한다. 남동쪽 들머리에서 시작되는 탐방로는 울창한 삼나무 숲을 비스듬히 가로질러 화구벽이 가장 낮은 동쪽 능선으로 오른다. 여기서 정상은 왼쪽이다. 정상에 서면 북쪽으로 가파른 화구벽만 남은 둔지봉이 가깝고, 동남쪽으론 가까운 다랑쉬오름부터 용눈이, 손지, 높은오름이 훤하다. 서쪽으로 숱한 오름을 품은 한라산 조망도 막힘이 없다.

굼부리 능선을 한 바퀴 돌며 탐방로가 이어지는데, 서식지를 점점 넓혀가는 소나무 때문에 시야가 막히는 곳이 많다. 능선이 낮아지는 동쪽에 이르러서야 다랑쉬오름과 지미봉 등이 보인다. 내려서는 길에 보는 비자림이 장관이다. 숲에 들면 오히려 숲을 볼 수 없는 법, 돌오름은 비자림을 조망할 수 있는 최고의 장소다. 이 때문에 돌오름을 '비자오름'이라고도 부른다. 여기서 비자림은 제주의 숲이 펼친 바다 같다. 빈틈없이 뒤덮인 초록의 땅, 저 숲에 500~800년 수령을 자랑하는 비자나무 2,800그루가 온갖 희귀한 난초와 함께 건강한 숲을 이루며 산다.

'사방이 물바다, 돌바다인 제주에서 무슨 틈을 얻어 이리 대밀림을 이루었는지 놀랍다'고 한 노산 이은상의 말처럼, 비자림은 볼수록 대단한 느낌이다. 비자나무는 우리나라에서 자라는 나무 중 가장 비싼 몸값을 자랑한다. 옛날엔 비자나무의 열매를 볶아 가루를 만들어 구충제로 사용했고, 목재는 향이 좋고 탄력이 뛰어나 귀한 대접을 받았다. 특히 비자나무 바둑판은 최상으로 친다. 조선시대엔 비자 열매가 섬의 진상품이었는데, 그 수량이 많아 제주도민들이 애를 먹었다는 기록도 전한다. 제주가 겪은 근대사의 그 모진 세월에도 어찌 살아남았을까 생각하니 더 귀하게 다가온다.

오름 들머리엔
거대한 돌로 쌓은 계단이 있다.

정상에서 다랑쉬오름 뒤로 지미봉과 우도까지 보인다.

탐방로에서 본 천년의 숲, 비자림.

키다리와 난장이 같은 다랑쉬와 아끈다랑쉬.

들꽃 흐드러진 오름 여왕의 품

다랑쉬오름

여름날의 다랑쉬오름 분화구.

겨울날 용눈이에서 본 다랑쉬와 아끈다랑쉬오름.

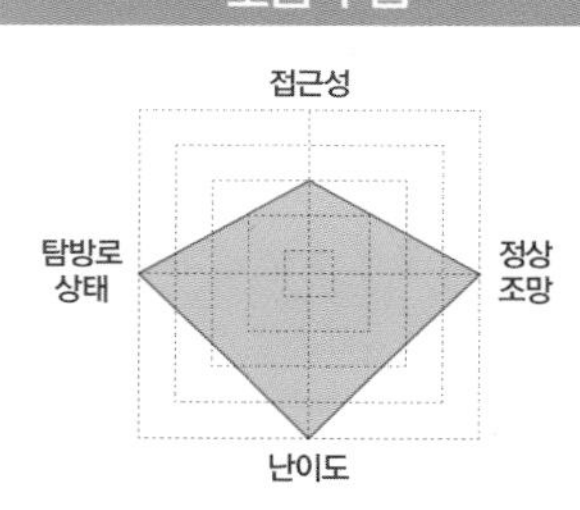

별칭 월랑봉, 오름의 여왕

높이 해발고도 382.4m 비고 227m

탐방 포인트 동부 오름 조망 굼부리 다랑쉬굴과 아끈다랑쉬 연계

탐방 소요시간 최소 2시간

가까운 오름
돝오름, 용눈이오름, 손지오름

탐방 시 주의사항 식수, 편안한 복장

주변 여행지 비자림, 해녀박물관

찾아가는 길

- 내비게이션에 '다랑쉬오름' 입력
- 제주시와 서귀포시를 오가는 810-2번을 이용해 다랑쉬오름 정류소에 내린 후 1.3km 걸어야 한다. 오름 입구에 주차장과 탐방안내소, 화장실이 있다.

다랑쉬오름은 지척에 있는 용눈이오름과 함께 오름 답사 1번지로 통한다. 지질과 지형학적인 가치가 매우 높고 경관과 생태적 특성이 빼어나 제주 오름의 중요성을 알리는 데 적합해 오름의 랜드마크로 뽑혔으며, '오름의 여왕'으로도 불린다. 오름 입구에서 정상부 능선까지는 가파른 사면을 가로지른 지그재그형 탐방로를 따라 20분쯤 걸리고, 1.5km가 넘는 원형의 굼부리 둘레를 한 바퀴 도는 데도 30분이 필요하다. 그래서 다랑쉬오름 탐방은 최소 2시간은 잡아야 한다. 부록처럼 붙어 있는 아끈다랑쉬오름과 4·3유적지인 다랑쉬마을 터, 다랑쉬굴까지 다녀오려면 반나절로도 부족하다.

올라본 자만 알 수 있는 쾌감

들머리의 삼나무숲만 벗어나면 시야가 트이며 풍광이 시원스럽다. 동쪽으로 두산봉과 성산일출봉, 지미봉, 우도가 어우러져 멋지고, 조금씩 오를 때마다 제 모습을 드러내는 아끈다랑쉬도 재밌다. 오르막이 끝나는 곳에 널찍한 나무 데크가 있어서 주변을 조망하며 쉬

MAP

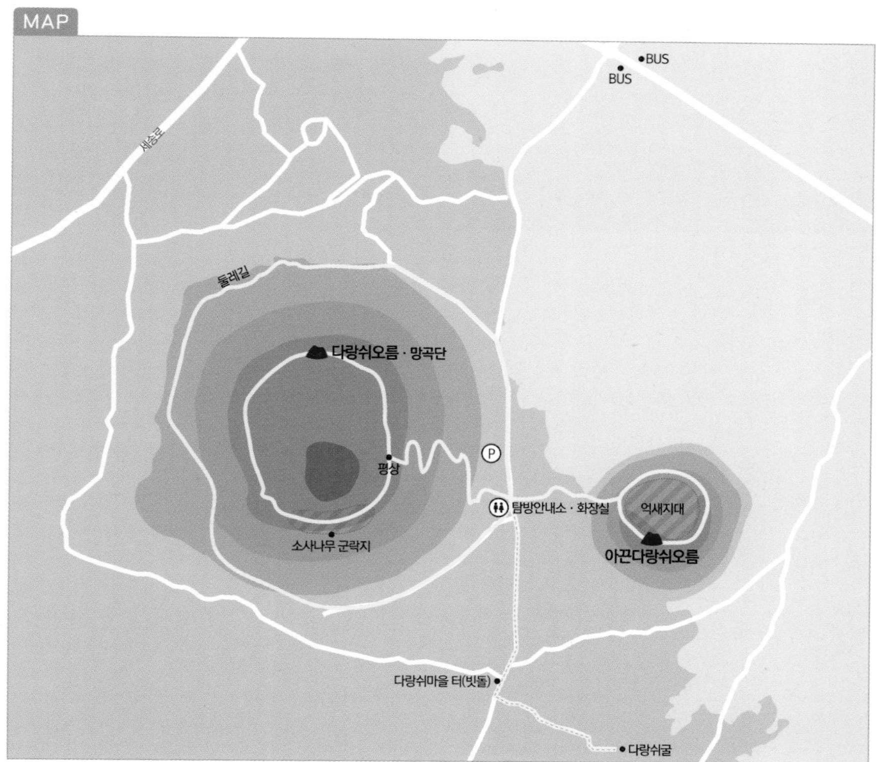

오르막 중간의 쉼터.

다랑쉬마을 터의 빗돌.

능선 삼거리의 데크.

벵뒤에 있는 다랑쉬굴.

기에 좋다. 여기서 양쪽 어디로 가도 좋다. 오른쪽이 가파르고 정상이 가깝다. 왼쪽은 굼부리를 거의 한 바퀴 돌아 정상에 닿는다. 길이 완만하고 다랑쉬 능선에 뿌리내린 한국 특산식물인 소사나무 군락지도 만난다.

다랑쉬오름 능선에 자라는 소사나무.

우뚝 솟은 오름은 자체로 훌륭한 전망대다. 둥근 오름 능선을 걷는 동안 숨이 멎을 듯 아름다운 제주 풍광이 파노라마처럼 이어진다. 멀리 지미봉과 우도, 성산일출봉부터 두산봉, 은월봉, 용눈이와 손지, 동검은이, 백약이, 좌보미, 높은오름 등 제주 동부의 거의 모든 오름이 가늠된다. 사철 푸른 숲 비자림과 그 뒤의 돝오름도 훤히 내려다보인다.

달을 닮은 굼부리

다랑쉬오름 굼부리는 깊고 거대하다. 그리고 하늘을 향해 뻥 뚫려 있어 보는 이를 압도한다. 굼부리 깊이는 115m로 한라산 백록담(108m)보다 더 깊다. 까마득한 굼부리 바

서쪽 분화구능선.

닥은 옛날 다랑쉬마을 주민들이 콩이나 수수, 피 등의 농사를 지었던 밭으로, 가끔 노루가 풀을 뜯는 모습도 볼 수 있다.

오름은 점점 사라져가는 자생식물의 보고로 그 가치를 주목받고 있는데, 다랑쉬오름엔 250종이 넘는 목·초본류가 서식하는 것으로 알려졌다. 해발고도 382m인 다랑쉬오름은 굼부리 능선과 사면을 따라 나무가 많지만 초지대도

북서쪽 둔지오름이 보이는 풍광.

아끈다랑쉬와 다랑쉬오름.

하늘에서 본 다랑쉬오름.

넓다. 오름 아랫자락을 따라서는 삼나무와 벚나무, 해송이 뒤섞인 숲이 무성하고, 탐방로와 정상부 초지대엔 세복수초와 각시붓꽃, 새끼노루귀, 산자고, 층층이꽃, 솔체, 절굿대, 당잔대, 박새, 한라꽃향유, 한라돌쩌귀, 야고 등 아름다운 우리 꽃들이 철 따라 피고 진다.

다랑쉬오름 정상엔 돌로 쌓은 나지막한 단이 있다. 조선조의 이름난 효자였던 홍달한洪達漢이 1720년에 숙종 임금이 돌아가시자 이곳에 올라와 단을 쌓고 분향하며 국왕의 승하를 슬퍼해 마지않던 망곡望哭의 자리라고 한다. '다랑쉬'라는 이름의 유래에 대해서는 여러 설이 있으나 산봉우리의 분화구가 마치 달처럼 둥글어서 그리 불려오고 있다는 주변 마을 사람들의 설명이 가장 설득력 있어 보인다. 한자 이름이 '월랑봉月郎峰'인 것도 그렇다.

만발한 무꽃 너머의 아끈다랑쉬.

작은 오름, 큰 감동

아끈다랑쉬오름

오름 수첩

별칭 소월랑봉

높이 해발고도 198m, 비고 58m

탐방 포인트 다랑쉬 조망 억새 사진

탐방 소요시간 30분~1시간

가까운 오름 다랑쉬오름, 손지오름, 용눈이오름

탐방 시 주의사항
억새 보호(탐방로만 이용)

주변 여행지 비자림, 해녀박물관

찾아가는 길

- 내비게이션에 '다랑쉬오름' 입력
- 제주시와 서귀포시를 오가는 810-2번을 이용해 다랑쉬오름 정류소에 내린 후 1.3km쯤 걸어야 한다. 오름 입구에 주차장과 탐방안내소, 화장실이 있다.

하늘에서 본 아끈다랑쉬.

정상의 무덤 한 기.

MAP p.129 참고 다랑쉬오름을 마주한 동쪽에 가운데를 살짝 누른 찐빵 같은 모양의 아끈다랑쉬오름이 있다. '아끈'은 버금가는 것, 둘째 것이라는 뜻의 제주말로, '작은다랑쉬', '새끼다랑쉬'쯤으로 생각하면 된다. 다랑쉬오름에서 훤히 내려다보이는 아끈다랑쉬오름은 굼부리 전체를 억새가 뒤덮고 있다. 억새가 절정인 10월 말에서 11월 초면 외국 관광객도 많이 찾을 만큼 북적인다.

후박나무 한 그루에 무덤도 하나

다랑쉬오름 입구에서 반대편으로 200m쯤 들어선 후 서쪽 사면을 따라 오른다. 오르막이 꽤 가파르고 미끄럽지만 높지 않아서 금세 능선에 닿는다. 후박나무 한 그루가 반기는 능선 삼거리에서 양쪽으로 길이 나뉜다. 보통은 정상이 가까운 오른쪽으로 방향을 잡아 굼부리를 한 바퀴 돈다. 정상엔 세화리를 바라보며 들어앉은 무덤 한 기가 넓은 은빛 억새밭을 지키고 있다. 가운데가 둥글게 파인 아끈다랑쉬는 전체적으로 워낙 평평하고 부드러운 형태여서 다랑쉬에서 보면 옛날 여인네들이 짐을 머리에 일 때 받치는 똬리를 닮았다. 설문대할망이 치마로 흙을 나르면서 한 줌씩 떨어뜨린 게 오름이 되었다는데, 아끈다랑쉬는 떨어뜨리다가 만 듯 자그마하다. 둘레가 600m쯤에 굼부리 깊이는 고작 10m 남짓으로 작고 아담한 별세계를 방문한 느낌이다. 화구는 온통 억새로 뒤덮여 가을이면 이만한 장관이 없고, 능선을 걷다가 바라보는 다랑쉬오름도 멋지다.

아끈다랑쉬의 억새밭 너머에 솟은 다랑쉬오름.

밭떼기와 초지대가 섞인 안친오름.

들과 밭이 이루는 눈부신 곡선

안친오름

안친오름의 초지대. 왼쪽이 돝오름과 다랑쉬다.

가을무의 어린 잎으로 가득한 밭.

오름 수첩

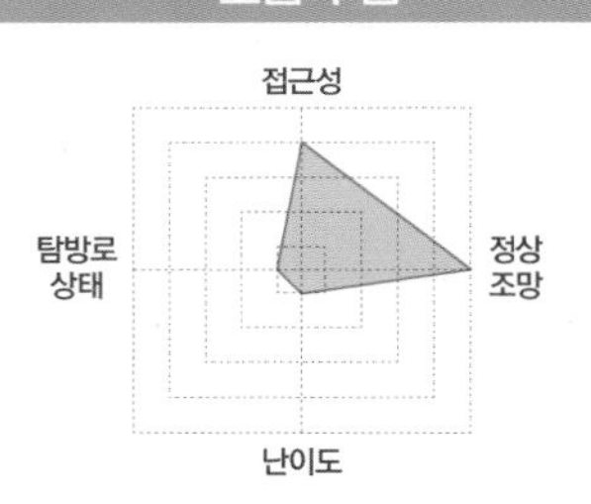

별칭 아진오름, 좌악座岳, 좌치악座置岳

높이 해발고도 192m, 비고 22m

탐방 포인트 조망 산책 초지언덕

탐방 소요시간 30분

가까운 오름 당오름, 돝오름, 높은오름

탐방 시 주의사항 농작물과 철조망 주의

주변 여행지 송당나무, 송당본향당

찾아가는 길

• 내비게이션에 '송당나무' 입력 송당나무에서 서쪽으로 190m 간 후 우회전

• 제주버스터미널에서 해녀박물관을 오가는 260번, 김녕리와 해녀박물관을 오가는 711-1번 버스가 '알진오름입구' 정류장에 정차한다. 여기서 동쪽으로 300m 간 후 좌회전한다.

송당리는 오름 트레킹의 성지다. 송당본향당을 품은 당오름이 중심을 이룬 가운데 거슨세미와 안돌·밧돌, 돝오름에 아부, 높은오름, 다랑쉬, 아끈다랑쉬, 손지, 용눈이오름 등 내로라하는 오름이 사방으로 꽃잎처럼 펼쳐지기 때문이다. 안친오름은 송당리 북쪽에 붙어 있다. 오름은 무척 작다. 오름이라기보다 언덕에 가깝다. 해발고도 192m, 둘레 924m다. '아진오름', '좌악座岳', '좌치악座置岳', '아친악雅親岳' 등 여러 가지 이름으로 불리는데, 모두 두 다리를 벌리고 앉아 있는 사람을 닮았다는 뜻이다. '안친'은 '앉히다'에 해당하는 제주어 '안치다'에서 왔다. 오름 모양이 나지막하게 앉힌 솥과 같다고도 한다.

오름의 반은 밭뙈기고, 반은 몇 기의 무덤이 들어선 초지대며, 그 사이에 북쪽으로 작고 밋밋한 말굽형 굼부리를 품었다. 남서쪽은 무와 당근 같은 채소를 심는 밭이다. 밭의 가장 높은 곳이 이 오름의 정상이다. 초지와 밭이 펼쳐놓은 곡선이 환상적이어서 보는 것만으로도 눈이 정화되는 느낌이다. 부드러운 구릉을 따라 채소들이 푸른 하늘과 어우러지며 장관이고, 둔지봉과 돝오름, 다랑쉬, 손지, 높은오름은 고개를 삐쭉 내밀어 이곳을 쳐다보는 듯하다. 제대로 탐방로가 조성된 곳이 아니기에 한두 곳에서 철조망을 타넘어야 하지만 탁 트인 초지대를 걷는 재미가 압권이다.

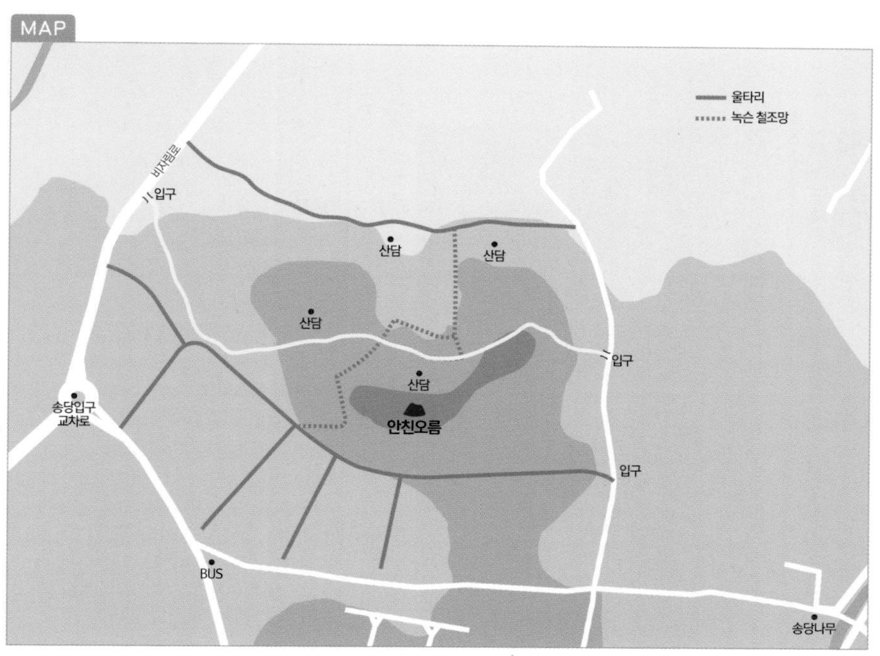

오른쪽 아래 벚꽃이 핀 곳에 송당본향당이 있다.

신당을 지키며 사철 푸르다

당오름(송당리)

송당본향당의 당제 모습.

숲 그늘이 좋은 오름 둘레길.

오름 수첩

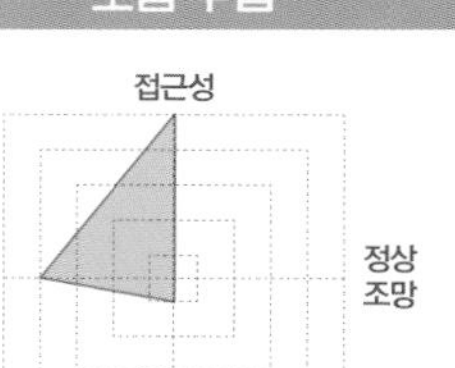

별칭 당악堂岳

높이 해발고도 274.1m 비고 69m

탐방 포인트 송당본향당 산책 숲 트레킹

탐방 소요시간 30분

가까운 오름 안친오름, 높은오름, 안돌·밧돌오름

탐방 시 주의사항
긴소매와 긴바지 의류 착용

주변 여행지 송당나무, 비자림

찾아가는 길
- 내비게이션에 '송당본향당' 입력
- 제주버스터미널에서 성산항을 오가는 211번과 212번 버스가 '삼남내' 정류장에 정차한다. 정류장에서 오름 들머리까지는 250m 거리다.

오름 정상부.

크고 작은 오름이 스무 개나 산재한 구좌읍 중산간의 송당리는 제주에서 오름의 밀집도가 가장 높다. 그리고 제주섬 무속신앙의 본고장이기도 하다. 마을 이름부터 신을 모시는 당堂과 관련되었고, 마을이 기대어 터를 잡은 오름도 당오름이다. 송당리의 당오름은 해발 274m에 오름 자체의 높이가 69m에 불과해, 내로라하는 오름이 한가득인 이곳에서 별 주목을 받지 못한다. 그러나 북서쪽 기슭에 '제주신당지원조 송당본향당濟州神堂之元祖 松堂本鄕堂'이라는 예사롭지 않은 이름의 신당을 품었다.

송당사거리의 남서쪽에 있는 당오름은 북서쪽으로 침식된 말굽형 굼부리를 품었다. 삼나무와 소나무로 빼곡한 숲을 따라 둘레길과 정상 탐방로가 조성되어 주민들이 산책을 겸해 자주 찾는 곳이다. 송당보건소 맞은편 골목으로 들어서서 당내를 건너면 넓은 주차장이 나오고, 곧바로 둘레길이 시작된다. 오른쪽으로 100m 남짓 가면 송당본향당이고, 정상으로 가려면 왼쪽으로 60m쯤 간 곳에서 오른쪽 숲으로 갈라지는 길을 따르면 된다. 입구에 작은 이정표가 서 있다.

낮고 작은 오름이지만 길이 생각보다 당차고, 대낮에도 어둑할 만큼 짙은 숲으로 인해 깊은 산중을 찾은 느낌마저 든다. 가끔 새소리, 바람소리만 들려올 뿐, 온 숲이 고요하고 한적하다. 조망이 트이는 곳이 없지만 탐방 거리가 짧고 숲의 기운으로 충만한 길이라 걷는 기분이 산뜻하다.

MAP

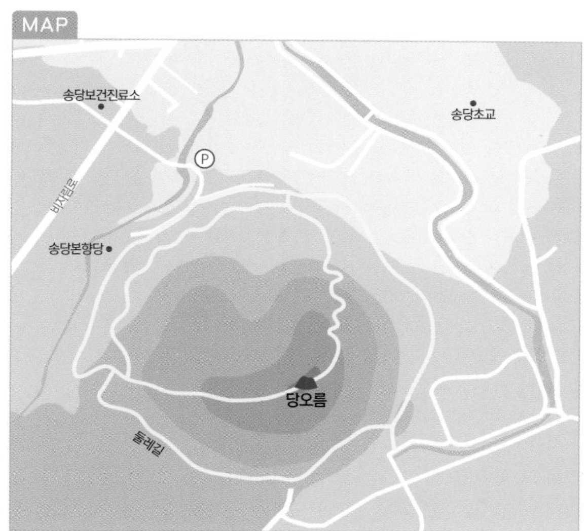

애완견과 함께 산책하는 이도 많다.

체오름 쪽에서 본 밧돌·안돌오름.

초지대 오름을 걷는 즐거움

안돌오름과 밧돌오름

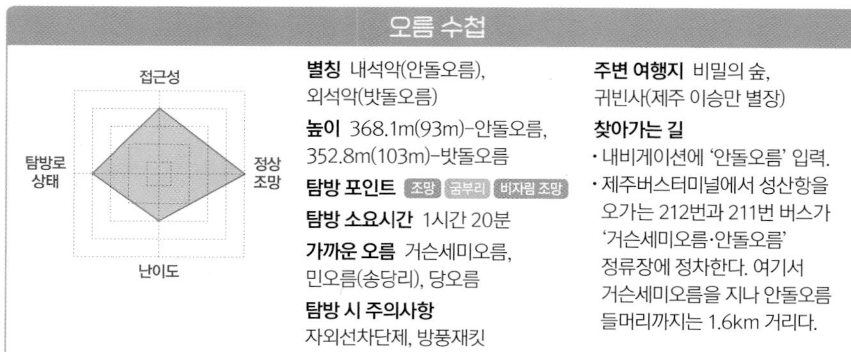

오름 수첩

별칭 내석악(안돌오름), 외석악(밧돌오름)

높이 368.1m(93m)-안돌오름, 352.8m(103m)-밧돌오름

탐방 포인트 조망 굼부리 비자림 조망

탐방 소요시간 1시간 20분

가까운 오름 거슨세미오름, 민오름(송당리), 당오름

탐방 시 주의사항
자외선차단제, 방풍재킷

주변 여행지 비밀의 숲, 귀빈사(제주 이승만 별장)

찾아가는 길
- 내비게이션에 '안돌오름' 입력.
- 제주버스터미널에서 성산항을 오가는 212번과 211번 버스가 '거슨세미오름·안돌오름' 정류장에 정차한다. 여기서 거슨세미오름을 지나 안돌오름 들머리까지는 1.6km 거리다.

두 오름 사이를 지나는 삼나무 울타리.

앞뒤로 딱 붙어 있는 안돌오름과 밧돌오름은 대천교차로에서 비자림로를 따라 송당리로 들어서는 길목을 지키며 섰다. 송당목장 북쪽의 거슨세미오름과 체오름 사이에 끼인 듯 자리한 두 오름은 사이로 삼나무 울타리와 낡은 철조망이 지날 뿐, 서로 닮은꼴인 형제오름이다. 덩치는 물론, 큰 나무 없이 풀밭으로 덮인 외형도 판박이다. 또 두 오름 모두 동북쪽으로 열린 굼부리를 가졌으며, 굼부리 안에만 숲이 우거진 것도 공통점이다. 하늘에서 보면 'U'자 두 개를 아래위로 붙여 놓은 모양이다.

MAP

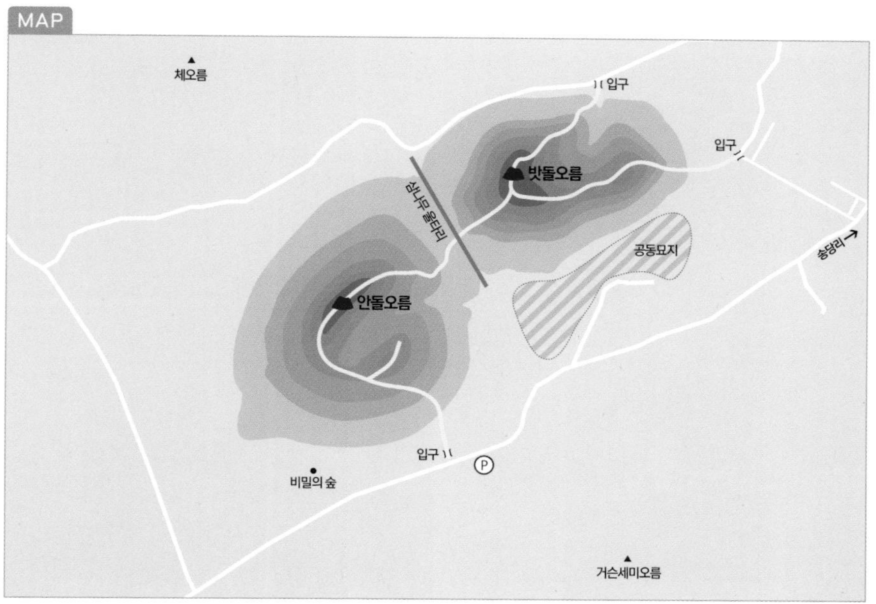

제주를 대표하는 풀밭 오름

오름에 돌이 박혀 있어서 '돌오름石岳'이라 불렀다지만 동쪽의 밧돌오름에만 바위가 있을 뿐, 안돌오름은 풀밭 능선이다. 지금은 두 오름이 각각의 이름으로 불린다. 남서쪽, 그러니까 거슨세미에 가까운 게 안쪽에 들어앉아 있어서 안돌오름內石岳, 북동쪽에 위치한 게 그 바깥쪽에 나앉아서 밧돌오름外石岳이다. 송당리에서 볼 때 마을에 가까운 쪽이 밧돌이다.

어느 오름을 먼저 올라도 무방하지만 주차공간이 가까운 안돌오름에서 밧돌오름 쪽으로 가는 게 무난하다. 최근 SNS를 타고 널리 알려진 '비밀의 숲'이 안돌오름 서남쪽 자락이다. 여기에서 동쪽으로 조금만 들어서면 안돌오름 들머리다.

작은 팻말이 보이는 울타리를 지나 들어서면 곧 서쪽 사면을 가로질러 정상인 북서쪽 능선으로 길이 굽어 돈다. 능선이 부드럽고 예뻐서 걷는 기분이 나는 이곳은 사방의 조망이 트여 한라산까지 훤하고, 북쪽으로 건너보이는 체오름과의 사이에 빼곡한 삼나무 숲도 장관이다. 정상의 소박한 벤치는 백만 불짜리다. 한라산과 오름과 들판이 어우러진 제주 풍광을 감상하기에 이만한 곳도 없다.

풀밭 사이로 난 오솔길이 밧돌오름까지 이어진다.

안돌오름 능선에서 본 한라산과 오름들.

밧돌오름과 체오름 앞의 밭뙈기.

안돌오름의 초지대 오름길.

밧돌오름을 오르다가 뒤돌아 본 안돌오름.

거슨세미오름과 안돌·밧돌오름. 사이의 네모난 숲이 '비밀의 숲'이다.

한라산이 훤한 안돌오름 정상의 벤치.

시원한 조망이 펼쳐지는 능선

능선의 동쪽 끝에 서면 건너편 밧돌오름과 어우러진 주변 풍광에 감탄이 터져 나온다. 삼나무 울타리가 둘러쳐진 아래까지 내려섰다가 다시 오르는 오솔길이 별세상 같다. 밧돌오름 사면을 따라 소들이 지나간 길이 지형도의 등고선처럼 독특한 풍광을 보여준다. 그 뒤로 높은오름과 동검은이오름, 다랑쉬, 돝오름, 둔지봉이 툭툭 튀어 올라 조망이 즐겁다. 밧돌오름은 길이 꽤 가파르다. 그러나 사면 곳곳에 돌이 박힌 초지대 모습이 낯설면서도 쾌적해 걷는 기분이 참 좋다. 정상부에 몇 개의 산담이 있고 찔레 덤불이 뒤덮은 동굴도 눈에 띈다. 밧돌오름도 가운데 말굽형 굼부리를 사이에 두고 두 개의 능선이 동쪽으로 뻗어 있다. 여전히 가없이 펼쳐지는 제주 동부 풍광에 넋이 나갈 지경이다. 두 능선 모두 부드러운 풀밭이지만 굼부리의 골짜기에 숲이 짙다. 이 골짜기 상단부에 '돌오름물'이라는 샘이 있다는데, 능선에서는 보이지 않는다.

두 능선 중 아무 곳을 따라 내려서도 되지만 남쪽 능선이 좀 더 편하다. 목장지대를 지나 주택단지로 터를 닦아놓은 곳을 지나면 송당리에서 '비밀의 숲'으로 이어지는 콘크리트 포장도로가 나온다.

안돌오름에서 본 밧돌오름과 제주 동부.

밧돌오름 남쪽사면의 산담들. 담장을 공유했다.

거슨세미오름 동사면.
저 숲속으로 둘레길이 지난다.

거꾸로 흐르는 샘

거슨세미오름

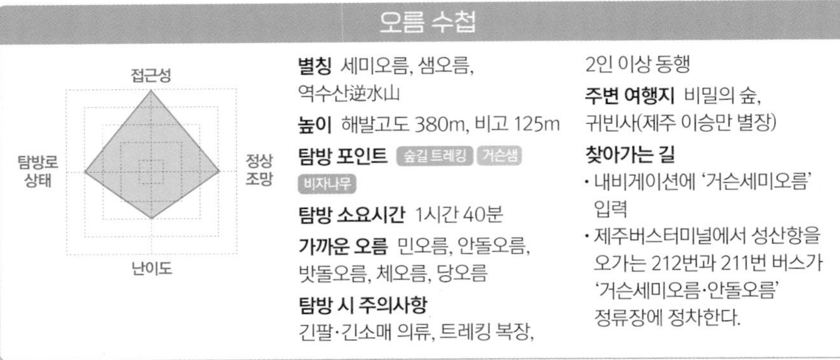

오름 수첩

별칭 세미오름, 샘오름, 역수산逆水山

높이 해발고도 380m, 비고 125m

탐방 포인트 숲길 트레킹 거슨샘 비자나무

탐방 소요시간 1시간 40분

가까운 오름 민오름, 안돌오름, 밧돌오름, 체오름, 당오름

탐방 시 주의사항
긴팔·긴소매 의류, 트레킹 복장, 2인 이상 동행

주변 여행지 비밀의 숲, 귀빈사(제주 이승만 별장)

찾아가는 길
- 내비게이션에 '거슨세미오름' 입력
- 제주버스터미널에서 성산항을 오가는 212번과 211번 버스가 '거슨세미오름·안돌오름' 정류장에 정차한다.

오름 중에 정상에 호수를 가진 오름은 사라오름과 물장오리, 물영아리, 금오름 등 열 손가락에 꼽힌다. 그리고 말굽형 굼부리 안에서 샘이 솟아나는 오름도 흔치 않다. 안세미오름과 성불오름, 밧돌오름, 정물오름 같은 게 여기에 속한다. 이러한 샘 오름 중에서 샘이 흐르는 방향이 일반적으로 지대가 낮은 바다가 아니라 거꾸로 흐르는 게 몇 있다. 화구벽이 무너진 방향이 한라산 쪽이기 때문인데, 제주시 아라동의 산간에 솟은 삼의악과 송당리의 거슨세미오름이 그렇다.

송당리의 문지기 오름

거슨세미오름은 송당과 대천을 잇는 비자림로의 송당목장 정문 맞은편에 있다. 서쪽으로 트인 굼부리를 가진 이

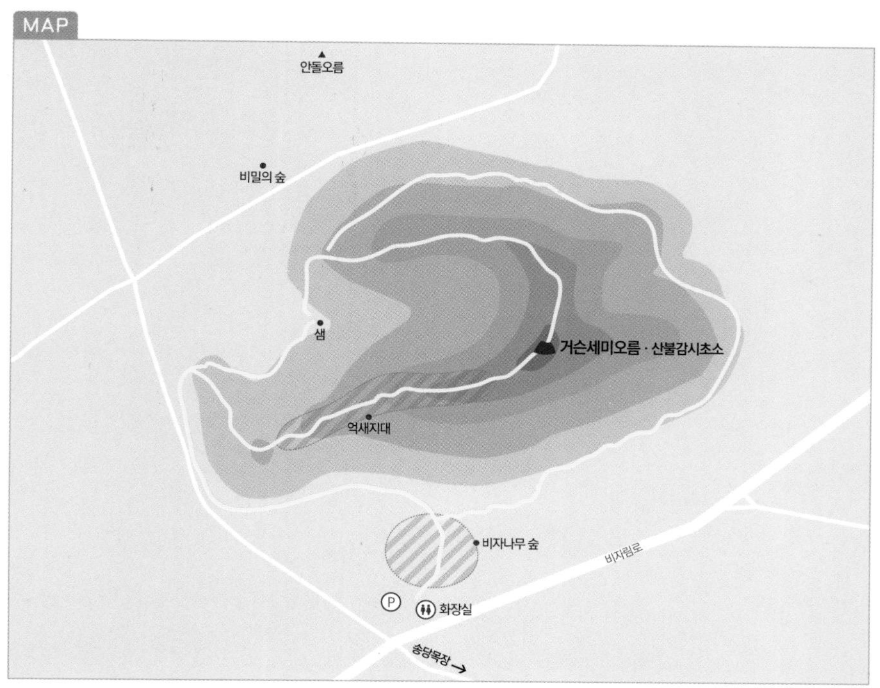

능선에서 본 거슨세미의 굼부리.

능선을 따라 억새가 무성하다.

북쪽 능선을 따라 내려서는 길.

오름은 샘 앞으로 널찍한 밭이 조성되었고, 산체의 대부분은 샘의 동쪽에만 남아 있다. 북쪽으로는 안돌오름과 밧돌오름, 체오름이 겹쳐지고, 남쪽 송당목장의 춰오름, 민오름까지 다섯 오름이 줄을 지어 송당리의 '오름왕국'으로 들어서는 길목을 성벽처럼 지키고 섰다. 마주한 거슨세미와 춰오름 사이로 그 유명한 비자림로 삼나무 숲길이 지난다.

'거슨세미'라는 요상한 이름은 이 오름이 가진 샘의 지형 때문에 붙었다. 오름에서 솟은 물이 바다가 아닌 한라산 쪽으로 흘러서 '방향을 거슬러 흐른다'는 의미다. 제주에서 몇 안 되는 역천逆泉이다. 물론 지형 때문이지 물줄기 자체가 역류하는 것은 아니다.

송당목장 정문 건너편의 깨끗한 화장실을 갖춘 널찍한 주차장이 들머리다. 이곳에서 동쪽의 비자나무 조림지를 지나 오름 자락을 따라 북쪽으로 삼나무 숲 사이로 길이 나 있다. 샘 앞의 너른 밭뙈기를 만난 길은 다시 오른쪽으로 방향을 꺾어 서쪽으로 비스듬히 기운 능선을 따라 정상으로 향한다. 능선엔 억새지대가 많아 가을이면 장관을 연출한다. 산불감시초소가 있는 정상에 서면 송당리 일대의 오름이 멋지게 펼쳐진다.

숨어 있는 둘레길의 매력

정상에서 북쪽 능선을 따라 내려선 후 굼부리 안의 샘을 둘러본 후 출발지로 돌아오면 된다. 덩치가 크지 않고 가파르지도 않아서 오르내리는 게 금방이다. 이 코스가 일반적인 탐방로지만, 거슨세미는 더 멋진 길을 감추고 있다. 굼부리가 열린 반대편, 오름의 동쪽 산허리를 따라 조성된 둘레길이다. 해가 들지 않는 이 구간은 제주 숲이 주는 온갖 싱그러움과 푸름, 즐거움으로 가득한 보석 같은 곳이다. 산수국을 비롯한 야생화가 길을 환하게 만들고, 청미래와 다래, 으름덩굴이 뒤덮여 곶자왈 못지않은 풍광이 펼쳐진다. 오름을 거의 한 바퀴 돈 후에는 북쪽 화구 능선을 만나며, 정상이나 분화구 안의 샘 쪽으로 탐방을 이어갈 수 있다.

거슨세미와 비자림로 그리고 한라산.

분화구 안의 샘.

굼부리를 제외한 전체가 숲에 덮였다.

사방 조망이 좋은 초지대 능선

민오름(송당리)

오름 서쪽 자락에 있는 귀빈사.

남쪽 능선 끝에서 보이는 아부오름과 높은오름.

오름 수첩

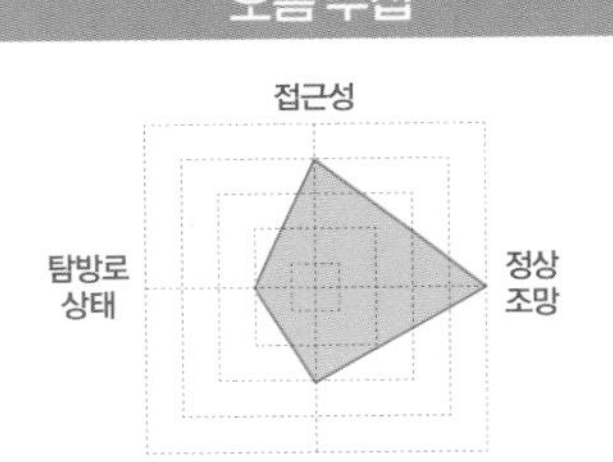

별칭 민악民岳

높이 해발고도 362m, 비고 102m

탐방 포인트 조망 송당목장길 귀빈사

탐방 소요시간 1시간 30분

가까운 오름 칡오름, 안돌오름, 밧돌오름, 거슨세미오름, 당오름

탐방 시 주의사항 긴팔·긴소매 의류, 트레킹 복장, 2인 이상 동행

주변 여행지 비밀의 숲, 송당본향당

찾아가는 길

- 내비게이션에 '송당목장' 입력. 목장 건너편의 주차장 이용
- 제주버스터미널에서 성산항을 오가는 212번과 211번 버스가 '거슨세미오름·안돌오름' 정류장에 정차한다. 목장 입구가 가깝다.

송당목장 한가운데 솟은 민오름은 전체적으로 둥근 모양이며, 정상부에 말굽형 굼부리를 가졌다. 수십 년 전까지는 산체의 대부분이 초지대 민오름이었다는데, 지금은 5부 능선 아래로는 삼나무가 빙 둘러 빼곡하고, 그 위로는 굼부리에 닿기까지 소나무가 무성하다. 동북쪽으로 열린 'U'자 모양의 화구벽 능선은 억새가 차지했고, 굼부리 안은 산담을 제외하고는 소나무와 덤불이 뒤엉켰다.

목장 입구에서 삼나무 숲이 도열한 목장길을 따라 700m쯤 직진하면 왼쪽으로 초대 대통령 이승만이 별장으로 사용하던 '귀빈사'가 보인다. 귀빈사 입구 왼쪽의 희미한 오솔길이 들머리다. 사면이 가파른 편이지만 10분쯤이면 능선에 닿는다. 양쪽으로 벌어진 능선을 따라 억새가 많고, 그 사이로 길이 비교적 또렷하다. 능선 어디서라도 한라산과 주변 오름이 잘 보인다. 남쪽 능선 끝에 서면 움푹 꺼진 굼부리를 가진 아부오름이 가깝고, 그 뒤로 높은오름이 우뚝한 송당리 일대가 훤하다. 여기서 화구가 열린 동북 사면으로 내려설 수 있지만 길은 곧 사라진다. 동북 사면엔 복수초와 노루귀, 산자고, 개별꽃 같은 들꽃이 많다. 길은 양쪽 능선 끝에서 희미하게 이어지다가 사라지기에 올랐던 길로 내려서야 한다.

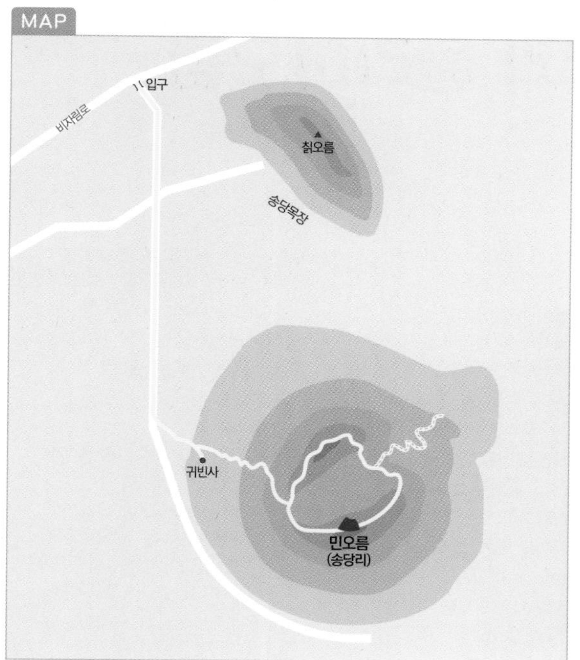

현재 민오름은 송당목장의 방역 문제로 출입할 수 없다. 하절기(5~10월)에 한해 매주 화·목요일 오후에 귀빈사 관람만 가능하다.

굼부리가 열린 동쪽 습지대의 복수초 군락.

비치미에서 본 성불오름과 한라산.

사방 조망이 빼어난 꿩오름

비치미오름과 돌리미오름

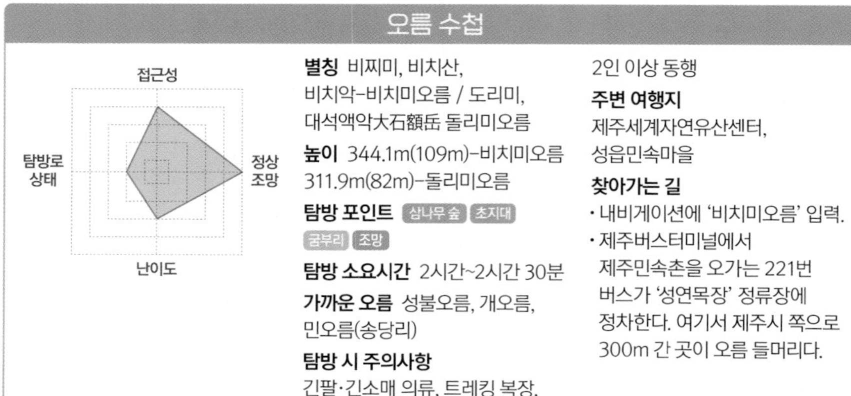

오름 수첩

별칭 비찌미, 비치산, 비치악–비치미오름 / 도리미, 대석액악大石額岳 돌리미오름

높이 344.1m(109m)–비치미오름 311.9m(82m)–돌리미오름

탐방 포인트 삼나무 숲 초지대 굼부리 조망

탐방 소요시간 2시간~2시간 30분

가까운 오름 성불오름, 개오름, 민오름(송당리)

탐방 시 주의사항
긴팔·긴소매 의류, 트레킹 복장, 2인 이상 동행

주변 여행지
제주세계자연유산센터, 성읍민속마을

찾아가는 길
- 내비게이션에 '비치미오름' 입력.
- 제주버스터미널에서 제주민속촌을 오가는 221번 버스가 '성연목장' 정류장에 정차한다. 여기서 제주시 쪽으로 300m 간 곳이 오름 들머리다.

꿩이 나는 모양을 하고 있어서 '비치악飛雉岳', '비치산飛雉山'이라 불렸으며, '비치미', '비치메', '비찌미' 등은 속칭으로 지금은 '비치미오름'으로 통한다. 동쪽으로 열린 말굽형 굼부리를 가졌는데, 열린 두 능선이 무척 길게 뻗어 있어서 전체 모양이 영판 말굽자석이다. 옛날엔 전체적으로 초지대였으나 지금은 오름의 아랫부분엔 삼나무가 빼곡하고, 위쪽으로 갈수록 소나무가 많다. 개오름과 가깝지만 길은 이어지지 않는다.

수크령이 눈부신 가을

번영로에서 성불오름 건너 비치미오름 쪽으로 난 좁은 길이 들머리다. 이정표도 보인다. 곧 천미천을 만나고, 건너편으로 푸른 숲에 덮인 비치미오름이 둥그스름하게 펼쳐진다. 목장 울타리가 끝나는 곳에서 비치미오름 탐방이 시

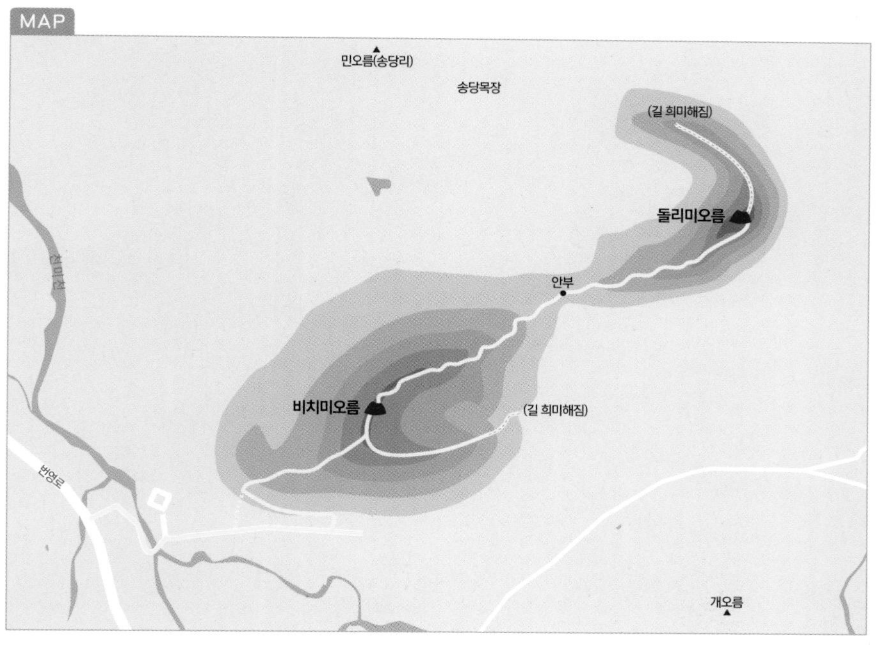

작된다. 잣성을 넘어 빼곡한 삼나무숲 사이를 헤집는 좁고 희미한 길을 따른다. 중간에서 길이 희미해지기도 하나 서쪽으로 가다 보면 사면으로 치고 오르는 탐방로를 만난다.

억새와 띠, 수크령이 뒤섞인 능선은 걷기 좋고 조망도 확 트인다. 주변 목장의 소들이 예까지 오르내리며 풀을 뜯는 듯, 곳곳에 배설물이 많다. 성불오름 너머로 존재감을 드러낸 한라산의 포스가 대단해서 눈길을 뗄 수가 없다. 그 왼쪽으론 따라비오름과 대록산 사이로 풍력발전기가 가득한 갑마장이 펼쳐지고, 오른쪽으론 오름이 숲을 이룬 송당리가 아름답다. 굼부리가 터진 동북쪽은 백약이, 좌보미, 문석이, 동검은이, 높은, 다랑쉬오름 등이 어우러진 풍광이 환상적이다. 짙은 숲에 덮인 개오름이 손에 닿을 것 같고, 그 뒤로 영주산이 성읍저수지에 제 얼굴을 비추며 서 있다.

양지바른 곳의 무덤이 오름에 난 창窓 같다. 초지대와 잡목 속에서 이제는 오름의 한 풍광이 된 무덤과 주변 풍광이 무척이나 제주다워 능선에 앉아서 한참을 머문다. 가을의 비치미는 꽃향유와 쑥부쟁이, 쏨바위, 민들레, 당잔대 같은 들꽃들이 아름답고 수크령도 눈부시다.

비치미와 돌리미오름. 오른쪽 위는 개오름.

비치미오름 초지대에서 만난 실잔대.

돌리미오름으로 가는 초지대 오솔길.

비치미 뒤에 숨은 돌리미

비치미오름의 북동쪽 능선이 돌리미오름과 맞닿아 있다. 서쪽으로 굼부리가 트인 돌리미는 완만한 화구벽이 둥그렇게 돌려져 있어서 '도리미' 또는 '돌린미'라고도 부른다. 돌리미오름은 따로 독립된 탐방로가 없으며, 비치미오름의 서북쪽 능선을 따라 안부로 내려섰다가 정상을 다녀오는 정도다.

비치미에서 돌리미로 내려서는 능선엔 어린 소나무가 가득하고, 소가 다니며 땅이 파인 흔적이 뚜렷하다. 그 흔적에 오솔길이 묻혀서 내려서다 보면 길을 잃기 십상이다. 전체적인 방향을 놓치지 않도록 애써야 한다. 안부에서 돌리미오름 정상을 다녀오는 데는 30분 남짓 걸린다. 가파르지 않아서 쉬엄쉬엄 걷기 좋다.

돌리미오름 정상에서 본 비치미와 한라산.

개오름에서 본 성불오름과 한라산.

암자는 사라지고 샘만 졸졸졸

성불오름

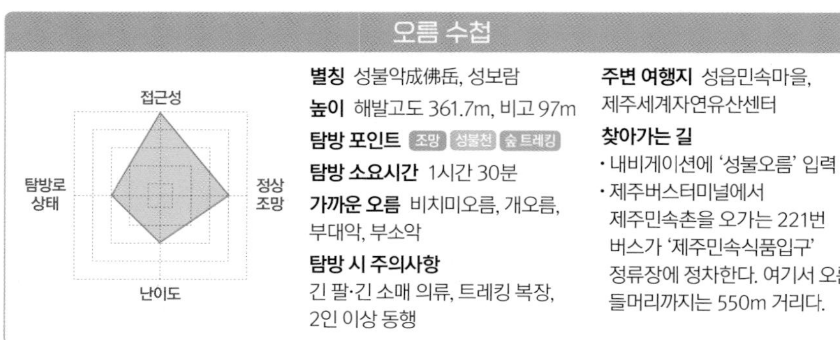

오름 수첩

별칭 성불악成佛岳, 성보람

높이 해발고도 361.7m, 비고 97m

탐방 포인트 조망 성불천 숲 트레킹

탐방 소요시간 1시간 30분

가까운 오름 비치미오름, 개오름, 부대악, 부소악

탐방 시 주의사항
긴 팔·긴 소매 의류, 트레킹 복장, 2인 이상 동행

주변 여행지 성읍민속마을, 제주세계자연유산센터

찾아가는 길
- 내비게이션에 '성불오름' 입력
- 제주버스터미널에서 제주민속촌을 오가는 221번 버스가 '제주민속식품입구' 정류장에 정차한다. 여기서 오름 들머리까지는 550m 거리다.

성불오름은 번영로를 사이에 두고 비치미오름과 마주하고 있다. 들판 가운데 이 오름만 우뚝 솟아 있어서 주변에서 눈에 잘 띄는 오름으로, 보는 방향에 따라 조금씩 다른 모양을 보여준다. 번영로에서 보면 남북으로 두 봉우리를 가진 듯하고, 다른 방향에서는 원추형이다. 해발고도 362m에 오름 자체의 높이는 97m로, 양쪽으로 두터운 능선을 이룬 말굽형 굼부리를 가졌다.

성읍리 주민들의 식수원이던 성불천

이름과 관련해서는 두 가지 이야기가 전해온다. 옛날, 이 산중에 있었다는 성불암成佛庵에서 연유했다는 것과 정상의 바위가 멀리서 볼 때 중이 염불하는 모양이어서 성불암成佛岩이라 불렀고, 그래서 성불오름이라고 했다는 것. 긴 세월에 묻힌 암자는 위치조차 찾기 어렵고, 초지였을 때 잘 보이던 바위도 지금은 무성한 숲에 가려져 있어 정상에 오

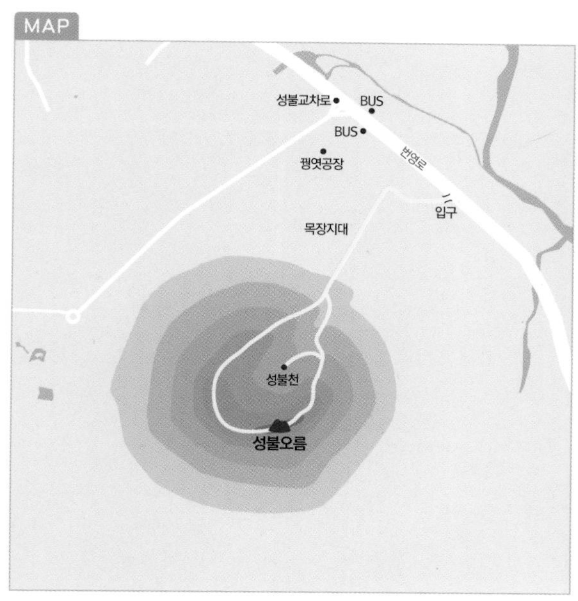

정상부 능선에는 폐타이어 매트가 깔렸다.

르고서야 겨우 가늠할 수 있을 뿐이다. 정상의 이 바위에 치성을 올리면 아들을 낳는다는 속설이 있어서 지금도 가끔 찾는 이가 있다고 한다.

성불오름은 산중턱에 '성불천'이라 불리던 샘이 있어서 예로부터 귀히 대접 받던 곳이다. 옛 정의현성旌義縣城에 샘이 없어서 15리쯤 떨어진 이곳의 물을 길어서 식수로 썼다고 하니 일대 주민들에게는 목숨만큼 귀한 것이었을 테다.

번영로에서 목장 사이로 난 길을 따라 400m쯤 들어서면 탐방안내도가 보인다. 여기서 오른쪽(북쪽) 능선을 따라 올랐다가 정상을 거쳐 왼쪽 능선을 타고 내려서는 동선이 애용된다.

상공에서 본 성불오름.

내려서는 길 중간에서 샘으로 길이 갈린다.

초입의 계단길.

덩굴식물이 타고 오른 소나무가 많다.

벤치가 있는 성불오름 정상.

오르내릴 때 살짝 가팔라

오르내리는 구간은 살짝 가파르고, 비라도 내린 후라면 꽤 미끄럽다. 정상부 한두 곳을 제외하면 구간 전체가 삼나무와 편백나무, 소나무로 이뤄진 울창한 숲에 뒤덮였다. 찾는 이들이 드문 곳이라서 침목 모양의 통나무 계단과 폐타이어로 짠 매트가 번갈아 나타나는 탐방로는 묵은 티가 역력하다. 경관 안내도와 벤치 두 개가 설치된 정상에서 동남쪽으로 조망이 트인다. 비치미오름부터 개오름, 동검은이·백약이·좌보미오름, 모구악, 영주산, 모지오름, 따라비오름, 대록산, 소록산이 한눈에 들어오는 풍광이어서 시원스럽다.

정상부 남쪽 능선의 바위 아래에 동굴이 숨어 있다는데, 숲이 우거져 확인할 길이 없다. 내려서던 탐방로 중간쯤에서 왼쪽으로 길이 갈린다. 굼부리 깊은 곳에 숨은 성불천으로 가는 길이다. 굼부리 안은 생각보다 골이 깊고, 주변으로 활엽수와 덤불이 우거져 밀림을 연상케 한다. 반듯하게 돌을 쌓아 만든 오각형의 우물은 이용하는 이가 없어서 덤불이 뒤덮었다. 위쪽에 구유처럼 생긴 작은 웅덩이가 하나 더 있다. 맑고 깨끗한 물이 두 웅덩이에 가득하다. 샘에서 날머리까지는 10분이 채 안 걸린다.

하늘에서 본 아부오름과 한라산

아, 이토록 커다란 분화구라니

아부오름

오름 수첩

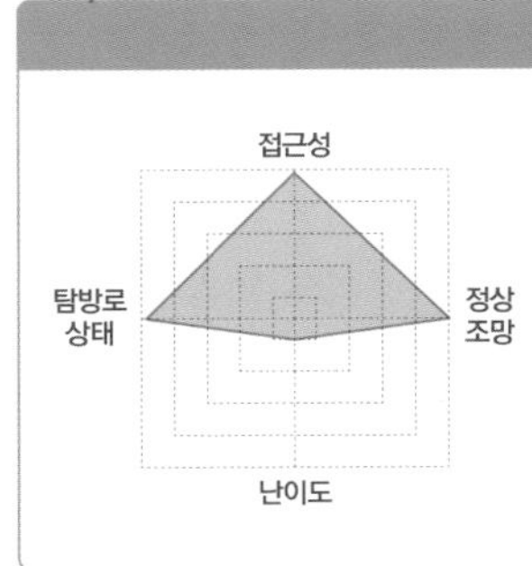

별칭 앞오름, 아부악亞父岳, 전악前岳

높이 해발고도 301.4m, 비고 51m

탐방 포인트 조망 산책 사진

탐방 소요시간 1시간

가까운 오름 높은오름, 거슨새미오름, 안돌·밧돌오름, 백약이오름

탐방 시 주의사항
초지대에 앉지 말 것.

주변 여행지
안돌오름 비밀의 숲, 비자림

찾아가는 길
- 내비게이션에 '아부오름' 입력
- 대천환승정류장과 제주공항을 오가는 810-2번 버스가 아부오름 앞에 정차한다.

'이게 오름이냐 싶게 시시해 보이던 것이 등성마루에 올라서는 순간 경이의 탄성으로 일변한다. 눈이 휘둥그레지는 원형 대분화구가 거기 숨겨져 있는 것이다. 숨겨져 있다기보다 오름 전체가 분화구로 이루어졌다는 표현이 알맞다. 안팎으로 잔디를 입혀놓은 고대 로마의 원형투기장을 방불케 한다.'

– 김종철의 《오름나그네》 중에서.

오름 화구벽에서 본 한라산.

MAP

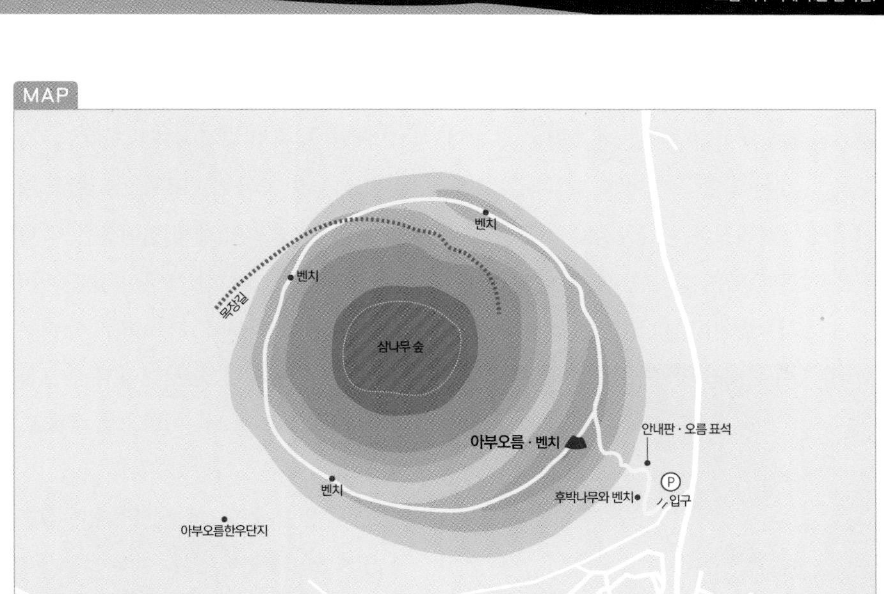

오름 화구벽에서 본 한라산.

영화의 무대는 어느새 울창한 숲이 되어

주차장에서 보이는 모양은 별스러울 게 없다. 야트막하고 낮아서 등성이까지 5분이면 충분하다. 그런데 단숨에 오른 그 걸음은 아부오름이 펼쳐놓은 경이로운 풍광으로 인해 정신마저 아찔해진다. 아부오름을 처음 오른 이라면 누구라도 그 자리에서 얼어붙은 채 탄성을 지르게 되는 것이다. 실로 어마어마한 굼부리가 그곳에 있다. 산 모양이 움푹 파여 있어 마치 어른이 믿음직하게 앉아 있는 모습과 같다고 해서 '아부악亞父岳'이라 불렀다는 이야기가 전해온다. 송당마을과 당오름 남쪽에 있어서 '앞오름'이라고도 불렀고, 한자로는 '전악前岳'이라 표기한다.

북서쪽 능선에는 소나무가 무성하다.

아부오름은 1999년, 배우 이정재와 심은하, 명계남이 출연한 영화 〈이재수의 난〉을 촬영한 곳으로 유명세를 탔다. '신축민란'

능선 곳곳에서 만나는 벤치.

풀을 뜯다가 올라오는 소 떼.

들머리의 후박나무와 벤치.

이 정식 명칭인 '이재수의 난'은 서구 열강이 호시탐탐 이 땅을 넘보던 1901년, 제국주의를 등에 업고 막강한 힘을 행사하던 천주교도의 행패에 맞서 제주 토박이 민중의 분노가 터져 나온 사건이다. 굼부리 바닥의 둥근 삼나무 울타리는 영화 촬영을 위해 일부러 심은 것으로, 20년쯤이 지난 지금은 울창한 숲을 이뤘다.

심플한 탐방로, 압도적인 감동

아부오름의 탐방로는 무척 단순한 모양이다. 주차장에서 능선에 오른 후 높낮이가 심하지 않고 도넛처럼 생긴 긴 능선을 따라 한 바퀴 돌아내리면 그만이다. 그러나 그 감동은 단순한 게 아니다. 굼부리의 지름은 156m인 로마 콜로세움보다 훨씬 긴 500m쯤이고, 능선을 한 바퀴 도는 거리가 2km에 달하니 압도적이다. 굼부리 바닥은 오름 바깥의 목장지대보다 더 낮다. 주차장에서 오름 능선까지가 51m인데 능선에서 화구 바닥까지는 78m다.

옛날엔 오름 대부분이 풀밭이었다는데 일부러 심은 삼나무와 상수리나무, 소나무, 보리수

평지 같은 화구벽 능선을 걷는 탐방객.

등이 뒤덮이며 지금은 굼부리의 능선 절반쯤을 제외하면 모두 숲으로 빼곡하다. 능선엔 솜양지꽃을 비롯해 풀솜나물, 꽃향유, 쥐손이풀, 제비꽃 등 여느 오름에서 볼 수 있는 우리 들꽃이 피고 진다.

가을날, 오름에서 자주 보이는 꽃향유.

굼부리를 한 바퀴 도는 동안 서쪽으로 멀리 한라산이 멋있고, 높은오름과 동검은이오름, 문석이오름, 백약이오름, 거슨세미오름, 밧돌오름, 안돌오름, 체오름, 당오름 등 송당리의 내로라하는 오름들이 파노라마로 펼쳐지며 눈을 즐겁게 한다. 30분쯤이면 굼부리를 한 바퀴 돌아 능선 출발지로 돌아올 수 있지만 사진도 찍으며 급할 것이 없는 걸음이어서 탐방 시간은 마냥 길어진다.

주차장에서 능선까지는 금방이다.

동쪽에서 본 높은오름과 한라산.

송당리에서 가장 우뚝한

높은오름

오름 수첩

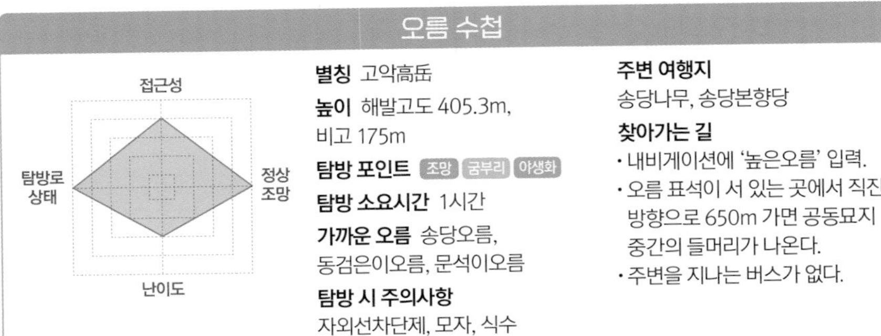

별칭 고악高岳

높이 해발고도 405.3m, 비고 175m

탐방 포인트 조망 굼부리 야생화

탐방 소요시간 1시간

가까운 오름 송당오름, 동검은이오름, 문석이오름

탐방 시 주의사항
자외선차단제, 모자, 식수

주변 여행지
송당나무, 송당본향당

찾아가는 길
- 내비게이션에 '높은오름' 입력.
- 오름 표석이 서 있는 곳에서 직진 방향으로 650m 가면 공동묘지 중간의 들머리가 나온다.
- 주변을 지나는 버스가 없다.

높은오름은 이름에서부터 맹주다운 기운을 대놓고 풍긴다. 제주에서 오름이 몰려 있는 구좌읍 송당리에서도 가장 높아서 이런 이름이 붙었다. 과연 우뚝한 자태를 가졌다. 겉보기엔 삼각뿔 모양이어서 뭍에서 흔히 볼 수 있는 산의 느낌도 준다.

오름의 원형을 잘 보여주는 곳

일대에서 유일하게 고도가 400m를 넘어서 주위의 숱한 오름보다 도드라진다. 오름 자체의 높이도 175m로 높은 축에 들고, 근처의 다랑쉬오름과 함께 제주 오름의 원형을 잘 간직한 곳으로 꼽힌다. 단단하고 거대한 뿔처럼 솟았기에 사면이 가파른 편이다. 30년쯤 전만 하더라도 오름 전체가 온통 풀밭이었다는데, 지금은 나무로 덮여가고 있다.

정상엔 둘레가 500m나 되는 우묵한 원형 굼부리가 밋밋한 세 개의 봉우리에 둘러싸인 채 멋진 자태를 뽐낸다. 다랑쉬나 산굼부리처럼 위압적이지 않고 아늑한 풀밭 느낌의 굼부리다. 능선에서 내려다보면 앞마당처럼 편안하다.

일대에서 우뚝 솟다 보니 정상부 능선에서 사방으로 조망이 시원스레 펼쳐진다. 바로 앞

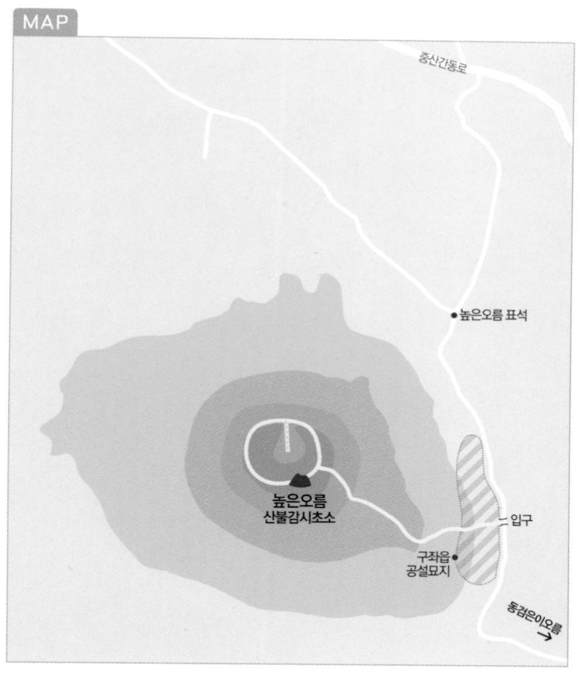

공동묘지를 벗어나며 계단이 시작된다.

의 동검은이오름과 문석이오름이 손바닥처럼 훤하고, 동부 오름 중 가장 당당한 모습을 보여주는 다랑쉬오름과 송당리의 허다한 오름을 조망하기엔 단연 최고의 명당이다. 동쪽 끝 멀리 깍두기 머리를 한 성산일출봉과 한라산도 잘 보인다.

정상의 산불감시초소.

아담하고 예쁜 분화구

탐방로는 무척 단순하다. 구좌읍 공설묘지 사이로 난 콘크리트 포장도로를 따라 탐방이 시작된다. 공설묘지를 벗어나면 계단길이 이어진다. 중간쯤에 숨 돌리며 쉬어가라고 얼마간의 평지도 나온다. 거기서 정상부 능선까지 다시 오르막 구간인데, 살짝 가파르다. 그러나 주변으로 가없이

굼부리 안의 초지대 꽃밭.

높은오름의 멋진 굼부리.

굼부리 능선은 온통 초지대여서 사방의 조망이 좋다.

펼쳐지는 제주 풍광이 아름다워서 감탄하다 보면 어느새 정상부 능선이다.

산불감시초소가 있는 정상이 왼쪽으로 가깝다. 놀랍게도 감시초소 바로 뒤에 무덤 한 기가 눈길을 끈다. 어찌 이 높은 곳까지 올라와 고인을 묻었을까! 하긴 이만한 명당이 또 없을 듯하다. 능선을 따라 이어지는 탐방로는 어디라고 콕 짚기 힘들 만큼 최고의 풍광이 펼쳐진다. 제주 동쪽의 거의 모든 오름이 시야를 가득 채우는 것이다. 하나하나 짚어가며 걷는 재미가 비할 데가 없다.

능선의 가장 낮은 곳인 동북쪽에서 얕고 우묵한 초지대를 이룬 굼부리 안으로 들어설 수 있다. 화구 안은 철따라 온갖 꽃이 흐드러져 천상의 화원을 방불케 한다. 높은오름은 '피뿌리풀'의 서식지로 유명하다. 더덕처럼 생긴 굵은 뿌리의 색이 핏빛처럼 붉어서 이런 무서운 이름이 붙었는데, 수십 개의 작은 꽃이 모인 꽃송이는 아주 신비롭고 예쁘다. 그러나 무분별한 남획으로 지금은 눈을 씻고 찾아도 보이지 않는다.

동쪽에서 본 동검은이오름.

구좌, 성산, 표선에 걸친 보석 같은 오름

동검은이오름

오름 수첩

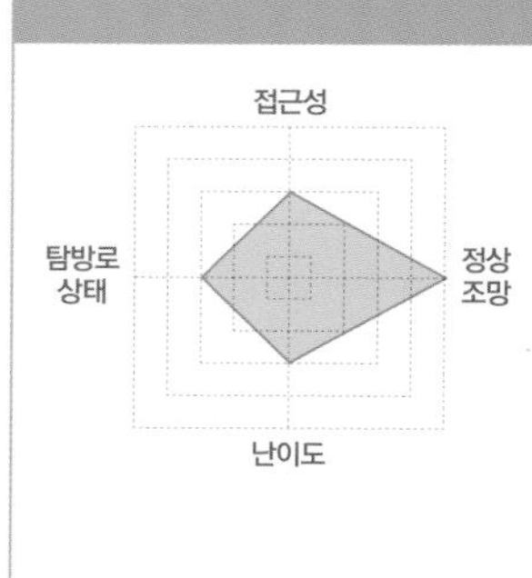

별칭 거미오름, 동검은오름, 동거문악

높이 해발고도 340m, 비고 115m

탐방 포인트 조망 굼부리 야생화

탐방 소요시간 1시간 30분~2시간

가까운 오름 높은오름, 문석이오름, 백약이, 좌보미오름

탐방 시 주의사항
목장 쪽 길찾기 주의

주변 여행지
청초밭, 제주자연생태공원, 비자림

찾아가는 길

- 내비게이션에 '높은오름' 입력. 높은오름 들머리에서 700m쯤 더 들어간다.
- 제주시 버스터미널에서 성산항을 오가는 211, 212번 간선버스와 대천환승정류장에서 고성환승정류장을 오가는 721-2번 지선버스가 '백약이오름' 정류장에 정차한다. 정류장에서 문석이오름 방향으로 1km쯤 떨어져 있다.

동검은이오름의 풍광은 유일무이하다. 오름 사면이 둥글고 층층으로 언덕진 지형이 사방으로 뻗어간 모습이 거미집을 닮았다고 해서 옛사람들이 '거미오름'이라고 이름 붙였을 만큼 독특하다. '검은오름'이라고도 불렀는데, 송당리 서쪽에도 있는 검은오름을 '서검은오름', 이 오름을 '동검은오름'이라 구별했다. 서검은오름은 현재 세계자연유산에도 등재된 '거문오름'이다.

동검은오름은 구좌읍, 성산읍, 표선면의 경계를 이룬다. 보통 '동검은이오름'이라 부르며, 한자로는 '동거문악東巨文岳', '동거문악東巨門岳', '동거문이악東巨門伊岳' 또는 거미 주자를 쓴 '주악蛛岳'이라고도 표기한다.

푸른 초원 위, 그림 같은 오솔길

동검은이오름은 세 개의 굼부리를 가졌다. 무덤 하나가 들어설 만한 얕은 게 있는가 하면 정상 능선이 품은 굼부리

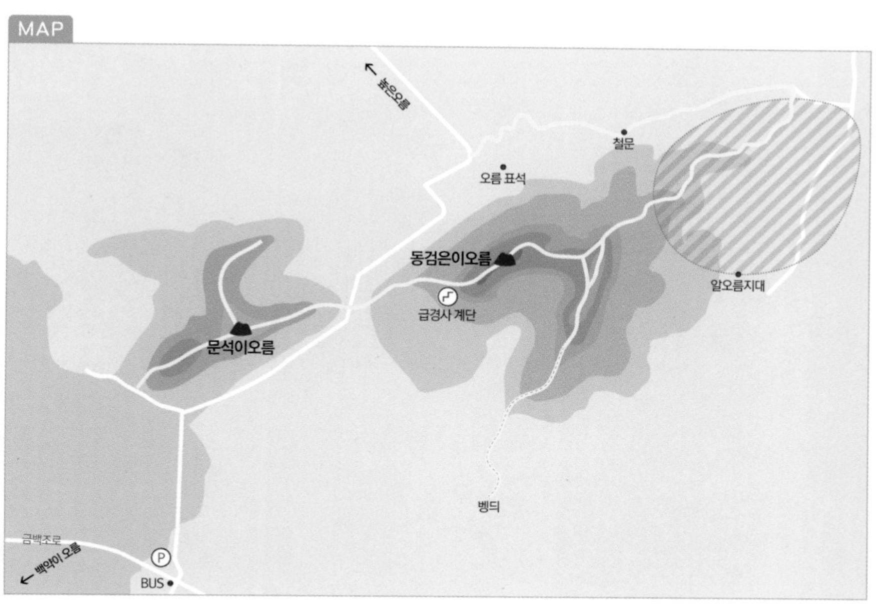

백악이 쪽 하늘에서 본 동검은이오름.

동쪽 화구벽에서 본 정상부 초지대.

황소가 풀을 뜯는 알오름.

는 아찔할 만큼 깊다. 또 동북쪽으로는 부드러운 초지대를 이룬 알오름이 여럿이다. 그 초지대 알오름을 따라 수십 마리의 소가 한가로이 풀을 뜯는 목가적인 풍광은 동검은이의 상징이다.

오름 들머리는 두 곳이다. 문석이오름과 이어지는 고개에서 오르거나 높은오름 방향의 표석이 서 있는 곳에서 동쪽으로 0.7km 들어선 목장의 초지대에서 알오름 사이의 탐방로를 따라 오르는 것이다. 문석이오름 쪽은 무척 가파르다. 높은오름 쪽이 순하고 풍광도 좋다.

표석 앞에서 동쪽으로 난 길 따라 400m쯤 들어서면 목장의 철문을 만난다. 대부분 열려 있지만 잠겼더라도 요령껏 통과하면 된다. 곧 목장의 방목지인 알오름이 나온다. 겨울이 아니면 늘 소 떼를 볼 수 있다. 미국 드라마 〈초원의 집〉을 연상케 하는 부드러운 풀밭 능선이 다랑쉬와 아끈다랑쉬, 손지, 용눈이, 돝오름 등을 배경 삼고 펼쳐진 풍광이 무척 이

백약이에서 본 눈 덮인 동검은이.

국적이다.

소들이 몰려다니는 풀밭 능선 사이로 탐방로가 이어진다. 길 자체가 아름답고, 한참 오르다가 뒤돌아보면 오름과 밭의 경계가 아리송한 푸른 제주가 아득히 펼쳐진다. 잠시 후 닿은 정상부 능선. 작은 굼부리 같기도 한 몇 개의 작은 구릉이 이어간 끝에 건너편으로 정상 화구벽이 우뚝하고, 그 사이 남쪽으로 트인 굼부리 너머로 백약이와 좌보미, 월랑지, 궁대오름이 얼굴을 내민다.

동쪽 화구벽과 정상인 서쪽 화구벽 사이의 초지를 이룬 작은 구덩이마다 무덤이 하나씩 들어섰다. 이 초지는 제비꽃과 양지꽃, 무릇, 쑥부쟁이 등 봄부터 가을까지 온갖 우리 꽃이 피고지는 천상의 화원이다.

정상부 능선은 양쪽이 매우 가팔라 칼날 능선을 이룬다. 바람이 심할 때는 주의해야 하는 곳이다. 조망은 최고여서 북쪽으로 높은오름을 시작으로 송당리의 여러 오름이 훤하고, 백약이 너머 한라산의 품에 안긴 숱한 오름도 가늠된다.

문석이 방향으로 내려서는 길이 꽤 가파르다. 이 길로 오른다면 적잖이 고생스럽겠다. 내림길 왼쪽으로도 커다란 굼부리가 보인다. 그 뒤로 부드럽게 누운 구릉 같은 문석이오름이 펼쳐지고, 건너편의 백약이오름도 손에 잡힐 듯 가깝다.

문석이오름 쪽으로 이어진 가파른 계단.

북동쪽 상공에서 본 손지오름.

제주 동쪽 억새 트레킹 1번지

손지오름

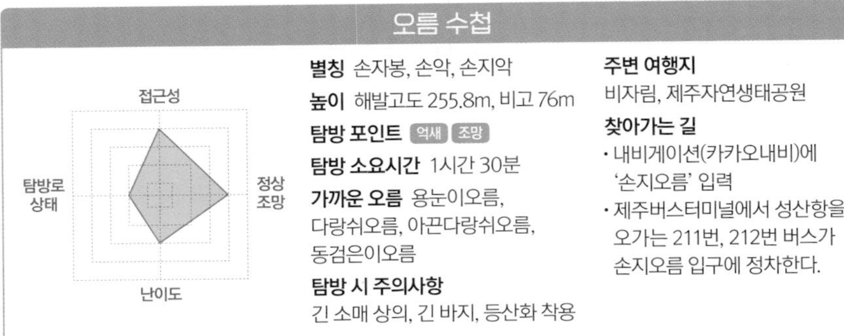

오름 수첩

별칭 손자봉, 손악, 손지악

높이 해발고도 255.8m, 비고 76m

탐방 포인트 억새 조망

탐방 소요시간 1시간 30분

가까운 오름 용눈이오름, 다랑쉬오름, 아끈다랑쉬오름, 동검은이오름

탐방 시 주의사항
긴 소매 상의, 긴 바지, 등산화 착용

주변 여행지
비자림, 제주자연생태공원

찾아가는 길
- 내비게이션(카카오내비)에 '손지오름' 입력
- 제주버스터미널에서 성산항을 오가는 211번, 212번 버스가 손지오름 입구에 정차한다.

억새는 여러 지역에서 자라지만 제주도만큼 억새가 잘 어울리는 곳을 나는 본 적이 없다. 특히 부드러운 능선이 많은 제주의 오름은 억새와 찰떡궁합이다. 봄날의 붉은 동백과 샛노란 유채, 여름날 파스텔톤 수국이 제주의 컬러를 대표했다면 가을은 누가 뭐래도 억새와 단풍이 그 자리를 채운다. 은빛으로 반짝이는 억새의 춤사위는 제주의 가을을 설레게 한다.

한라산을 닮은 한라산의 손자

1,000m대 봉우리 일곱 개를 품은 고산평원 영남알프스와 경남 창녕의 화왕산, 전남 장흥의 천관산, 경기도 포천의 명성산과 강원도 정선의 민둥산 등 전국에서 내로라하는 억새 명소가 수두룩하지만 제주도야말로 가을이면 섬 전체가 억새로 뒤덮인다. 검고 붉은 화산토에 뿌리를 내린 제주 억새에 바람이 불어 억새꽃이 피면 비로소 제주의 가을이 시작된다. 그리고 그 억새꽃은 벵듸로, 오름으로 번

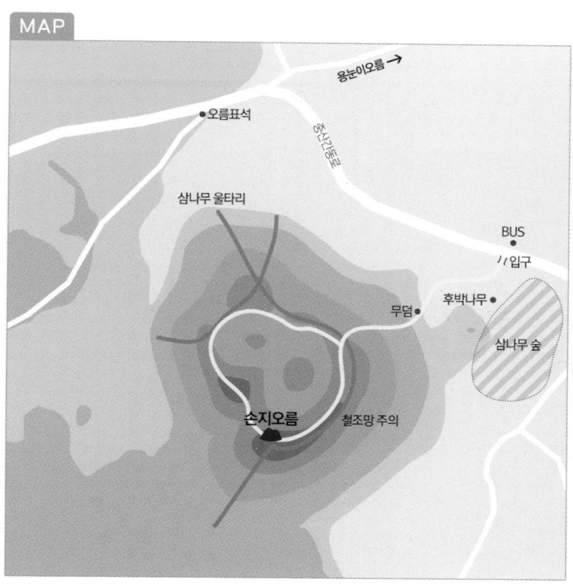

삼나무 울타리와 철조망.

손지오름(맨 앞)과 용눈이오름, 다랑쉬오름이 펼쳐진 풍광.

억새 만발한 가을날의 손지오름.

겨울철, 억새를 베어 낸 오름 사면.

여름날 초록에 덮인 손지오름 사면.

져가며 가을은 절정으로 치닫는다.

제주 서쪽의 새별오름과 차귀도, 동쪽의 따라비오름과 아끈다랑쉬오름은 손꼽히는 억새 명소다. 사실 가을이면 제주 어디서라도 억새가 장관이다. 도로를 달리다 보면 억새 때문에 차를 세우는 일이 비일비재하다. 손지오름은 제주 억새의 본거지쯤 되는 곳이다. 가을이면 오름 전체가 억새꽃으로 은빛에 휩싸인다.

그 외형이 한라산을 닮아 한라산의 손자(제주어로 '손지') 같다고 해서 이런 이름이 붙었다는데, 아무리 봐도 한라산 느낌은 들지 않는다. 한자로는 손자봉孫子峰, 손악孫岳, 손지악孫枝岳 등으로 적는다.

은하수를 품은 오름

손지오름의 대부분은 억새가 뒤덮고 있고, 동쪽 능선과 북쪽 사면에 걸쳐 억새지대 사이로 삼나무가 울타리처럼 줄지어 늘어섰다. 다랑쉬오름에 올라 손지오름을 보면 그 풍광

서쪽 능선에서 본 한라산과 높은오름, 동검은이오름.

이 X자 모양 장식의 펜던트나 구소련 국기의 낫과 망치 문양을 떠올리게 한다.

길은 무척 단순하다. 완만한 사면을 따라 능선까지 오른 후 분화구를 한 바퀴 돌아내려서는 코스다. 그런데, 탐방로가 마련된 오름이 아니어서 앞선 사람이 지났던 길을 되짚어가야 한다. 찾는 이가 많은 가을엔 길이 훤하지만 봄부터 여름이 다 지날 때까지는 풀숲을 헤쳐야 한다. 억새 사이 곳곳에 가시덤불이 있어서 긴바지는 필수고 윗옷도 긴 소매가 좋다. 또 사면을 올라 분화구 안으로 들어설 때 삼나무 조림지를 통과해야 하는데, 그곳에 녹슨 철조망이 있으니 주의해야 한다.

손지오름 사면의 무덤.

가을철, 손지오름을 찾은 오름꾼들.

억새 만발한 가을날의, 손지오름.

들머리에서 능선을 향해 오르다가 뒤돌아서면 용눈이와 다랑쉬, 아끈다랑쉬오름이 펼쳐진 환상적인 풍광이 눈에 들어온다. 그 사이 종달리의 지미봉도 인상적이다. 화구벽을 따라 도는 길은 완만한 세 개의 봉우리를 지난다. 봉우리마다 더없이 좋은 전망대여서 송당리의 여러 오름을 멋지게 감상할 수 있다. 연이어지지만 높이가 조금씩 다른 세 개의 구덩이는 온통 억새 천지다. 바람이라도 불면 이곳은 은하수처럼 환상의 공간이 된다. 서쪽 능선에서는 동검은이오름과 알오름들, 높은오름이 잘 보인다.

손지오름에서 본 용눈이오름.

오름 첫 도전이라면 이곳에서

용눈이오름

늦가을의 용눈이와 다랑쉬.

오름 수첩

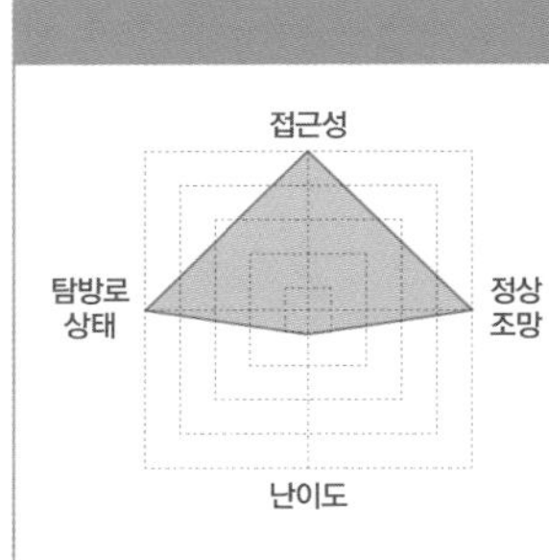

별칭 용와악龍臥岳

높이 해발고도 247.8m, 비고 88m

탐방 포인트 억새 조망 굼부리 산책

탐방 소요시간 40분

가까운 오름 손지오름, 다랑쉬오름, 아끈다랑쉬오름

탐방 시 주의사항
자외선차단제, 모자

주변 여행지 비자림, 섭지코지

찾아가는 길

- 내비게이션에 '용눈이오름' 입력
- 주변 지역을 운행하는 버스가 없다.
- 제주국제공항에서 출발해 구좌읍 중산간 일대를 한 바퀴 도는 810-2번 버스가 오름 앞 정류장에 정차한다.

최근 제주를 찾는 이들의 여행 일정에서 오름 한두 개는 꼭 포함된다. 용눈이오름은 이 '한두 개'의 오름 리스트에 가장 자주 이름을 올리는 곳으로, 오름의 입문코스로 통한다. 때문에 오름이라기보다 '인기 관광지'에 가까운 느낌이다.

네 개의 웅덩이를 가진 용눈이오름 굼부리.

용이 들고난 자리

용이 누운 형태 또는 용이 누웠던 자리 같아서 '용눈이'라는 이름이 붙었다는 설이 전한다. 한자로는 '용와악龍臥岳' 또는 '용와봉龍臥峰'으로 표기한다. 오름은 용이 누웠던 흔적이라 여겨질 만큼 형태가 복잡하다. 남북으로 비스듬히 기울어진 용눈이오름은 전체적으로 풀밭이다. 북동쪽 정상을 포함한 세 개의 봉우리가 마주 본 가운데, 그 안에 완만한 구덩이 네 개가 이어진 동서로 길쭉한 굼부리가 들어앉았다. 주 화산체를 중심으로 서쪽에 원형으로 오목하게 파인 앙증맞은 굼부리를 가진 알오름과 북동쪽에 원추형 알오름 몇 개가 널브러지듯 이어지며 다양한 종류의 화구를 가진 복합형 화산체 모양을 하고 있다. 여기에다 오름 기슭으로 용암류와 함께 흘러내린 토사가 쌓인 부드러운 굴곡의 언덕이 이어

MAP

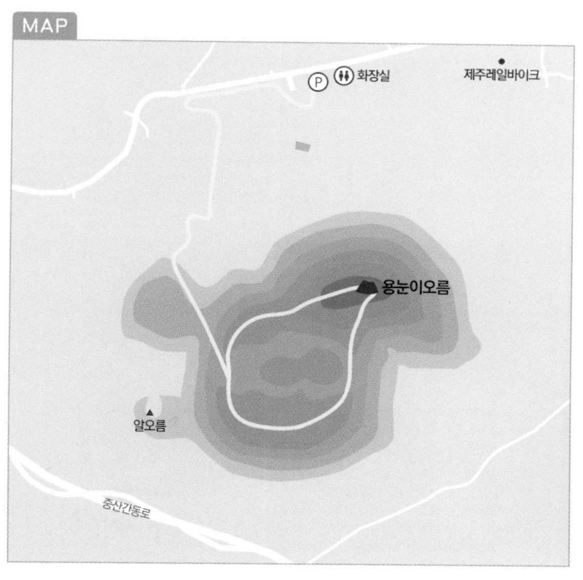

소들이 한가롭게 풀을 뜯는 용눈이오름.

진다.

이처럼 표면의 들고남은 파도치듯 역동적이지만 전체적으로 완만한 초지대여서 걷는 즐거움과 탁 트인 조망이 제주 오름 중 최고로 꼽힌다. 모든 능선은 전체적으로 한없이 부드럽게 이어진다. 그리고 이 선들이 겹쳐지며 만들어내는 풍광이 아름답고 마음을 편하게 만든다.

아이와 손잡고 걷기에 최상

오름이 도로와 붙어 있어서 주차장에 차를 세우고 바로 오를 수 있고, 정상까지는 천천히 걸어도 20분이면 닿는다. 오름을 한 바퀴 둘러보는 데도 20분이면 넉넉하다. 때문

용눈이의 부드러운 굼부리 능선.

눈 쌓인 산담과 용눈이오름.

에 아이와 함께 올라도 부담이 없다. 새벽이면 일출을 감상하려는 이들이 즐겨 찾기도 한다.

무엇보다 사방 조망이 빼어나다. 오르내리는 내내 하늘에 걸어둔 선녀의 치맛자락 같은 다랑쉬오름과 가운데를 살짝 눌러놓은 찐빵 같은 아끈다랑쉬오름의 멋진 자태가 시선을 끈다. 오름 능선에 서면 가을 억새가 장관인 손지(손자)오름과 동거문오름, 높은오름 등 송당리의 숱한 오름이 켜켜이 쌓인 모습이 장관이다. 동쪽으로는 은월봉, 두산봉, 지미봉이 겹쳐진 뒤로 우도가 긴 꼬리를 드리우며 바다 위에 떠 있고, 그 옆으로 떡시루를 엎어놓은 것 같은 실루엣의 성산일출봉이 대체불가한 자태로 시선을 끈다.

용눈이오름은 자락에 있는 목장의 방목지다. 그래서 탐방로에서 자주 풀을 뜯는 말과 소를 만나기도 하고, 그 배설물이 탐방로에 지뢰처럼 떨어져 있기에 걸음을 주의해야 한다. 그리고 진드기의 위험도 있어서 초지대에 함부로 앉지 않는 게 좋다.

남쪽 전망데크와 종달리 벌판.

우도봉과 성산일출봉을 한눈에

지미오름

오름 수첩

접근성 / 정상 조망 / 난이도 / 탐방로 상태

별칭 지미봉, 땅끝, 종달봉

높이 해발고도 165.8m, 비고 160m

탐방 포인트

우도와 성산일출봉 조망 / 제주올레 21코스

탐방 소요시간 1시간~1시간 30분

가까운 오름 두산봉, 식산봉, 성산일출봉

탐방 시 주의사항 가파른 탐방로

주변 여행지 하도리 철새도래지, 오조포구, 성산일출봉, 별방진

찾아가는 길

- 내비게이션에 '지미봉' 입력
- 서귀포버스터미널에서 일주동로를 따라 제주버스터미널을 오가는 201번 일반간선버스가 종달장로교회 앞에 정차한다. 종달해변 쪽으로 1km쯤 들어선 왼쪽에 들머리가 있다.

대부분의 오름은 제주를 감상하는 최고의 장소다. 제주 동쪽 끝의 지미오름은 그중 으뜸이다. 정상이 해발 165.8m에 불과하나 바닷가에 위치하고, 주변에 이렇다 할 다른 오름이 없어 꽤 우뚝하고 당당한 산세다. 굼부리가 터진 북쪽은 비교적 완만하고, 다른 쪽은 모두 가파르다. 전체적으로 숲에 덮였으며 해송이 많다. 탐방로는 가파른 남동쪽 사면을 따라 정상까지 거의 직선으로 나 있어서 꽤 숨차게 올라야 한다. 주차장에서 정상까지는 30분쯤 걸린다. 탐방로를 따라 제주올레 21코스가 지난다.

땅끝에 외떨어진 오름

오름이 제주의 동쪽 끝부분에 있어서 '지미地尾'라는 이름이 붙었다고 한다. 옛날, 서쪽의 한경면 두모리를 섬의 머리 또는 제주목濟州牧의 머리라 하고, 반대쪽 끝인 이 오름을 땅끝이라 했다는 것이다. 예로부터 '지미산山', '지미악岳'이라 표기했고, 조선 초 오름 꼭대기에

MAP

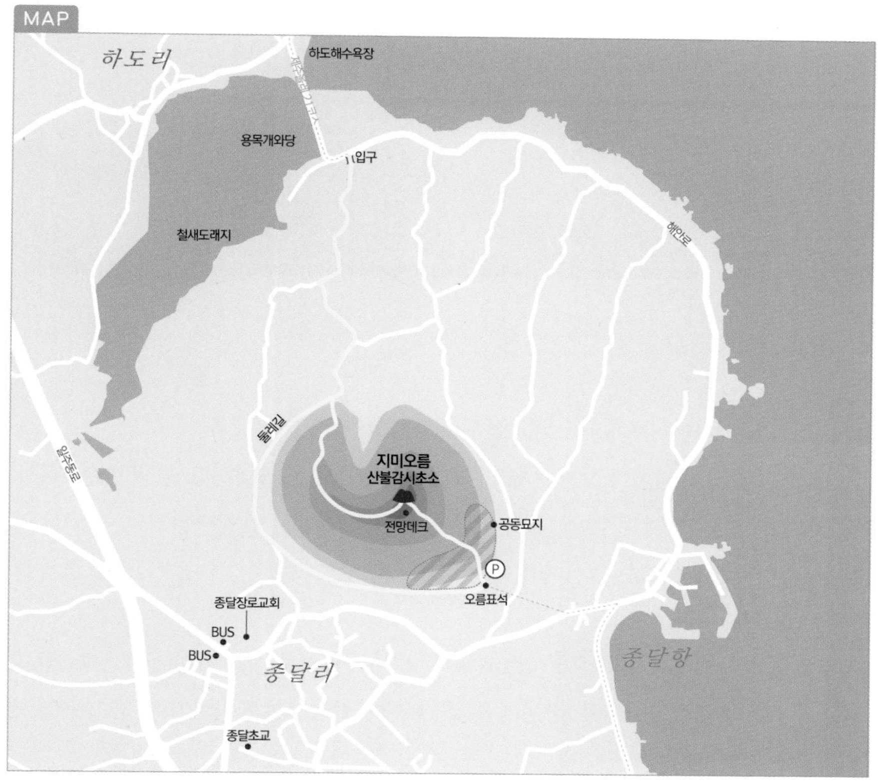

정상에서 본 종달리와 성산포구

봉수대를 설치하면서 '지미망望', '지미봉烽'이 추가되었다.

탐방로엔 침목과 폐타이어로 만든 매트가 깔려 있어서 길이 쾌적하다. 길 주변으로 무덤이 자주 보이고, 억새와 동백나무도 나타난다. 중간에 몇 개의 벤치가 있어서 쉬어가기도 좋다. 꽤 가파른 탐방로는 정상까지 거의 직선으로 뻗었다. 숨이 차지만 그만큼 빨리 오를 수 있다.

오름 꼭대기는 옛 봉수대의 흔적이 뚜렷하다. 북서로 왕가봉수, 남동으로 성산봉수와 교신을 주고받았다는 지미봉수 터 위엔 현재 나무 데크 전망대가 설치되어 있고, 그 앞엔 산불감시초소가 옛 봉수대를 대신한다. 초소 앞, 남쪽에도 전망 데크가 있다.

하늘에서 본 지미오름.

이것이 제주바다다

지미오름에서 펼쳐지는 조망은 단연 최고다. 동쪽으로 바다 건너 3km쯤 떨어진 '소섬', 우도는 금방이라도 벌떡 일어나 달려올 것 같고, 발아래 종달리부터 이생진 시인이 가슴으로 노래한 '그리운 바다 성산포'까지 오밀조밀 들어앉은 동네며 검붉고 푸른 밭에 하얀 모래톱 어우러진 해변의 조망은 지미오름이 아니고서는 만날 수 없는, 압도적인 풍광이다. 특히 알록달록한 지붕을 한 종달리의 낮은 집들이 시선을 사로잡는다. 동쪽으로 시선을 돌리니 다랑쉬와 아끈다랑쉬오름, 높은오름, 돝오름, 둔지오름, 동검은이오름, 밧돌오름 등 제주 동쪽의 수많은 오름이 보란 듯이 펼쳐져 있다. 참으로 기분 좋은 장면이다. 여기서 보는 저녁 무렵의 다랑쉬오름이 특히 멋지다.

내려서는 길은 올랐던 길을 되짚거나 제주올레 21코스를 거꾸로 따라가도 좋다. 한라산 쪽 오름을 감상하며 완만한 능선을 따라 내려서는 길이 참 여유롭다. 지미오름을 다 내려선 곳에서 하도리로 이어지는 밭길도 운치 가득하다.

송산포구에서 본 지미오름.

우도를 오가는 선상에서 본 쇠머리오름.

섬 하나가 오름 하나

쇠머리오름

오름 수첩

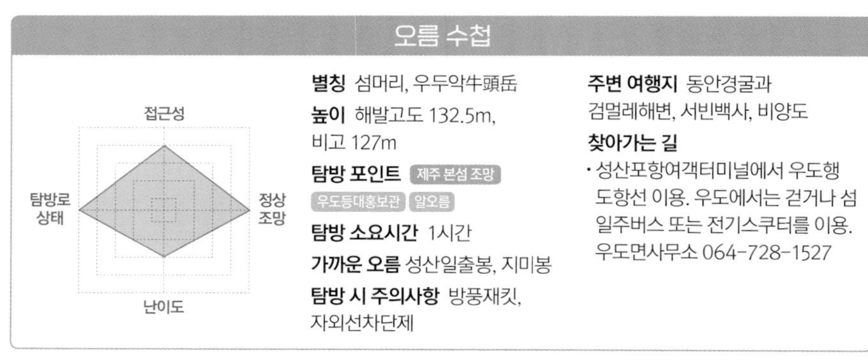

별칭 섬머리, 우두악牛頭岳

높이 해발고도 132.5m, 비고 127m

탐방 포인트 제주 본섬 조망 우도등대홍보관 알오름

탐방 소요시간 1시간

가까운 오름 성산일출봉, 지미봉

탐방 시 주의사항 방풍재킷, 자외선차단제

주변 여행지 동안경굴과 검멀레해변, 서빈백사, 비양도

찾아가는 길

- 성산포항여객터미널에서 우도행 도항선 이용. 우도에서는 걷거나 섬 일주버스 또는 전기스쿠터를 이용. 우도면사무소 064-728-1527

걷는 기분 나는 쇠머리오름 탐방로.

180만 평이나 되는 화산섬인 우도는 여의도 면적의 세 배쯤 되는 넓이지만 살고 있는 주민은 2,000명이 안 된다. 하지만 주민 수의 몇 배나 되는 많은 관광객이 매일 우도를 찾기에 언제나 활기차다. 어업과 농업을 겸하지만, 땅이 워낙 비옥하다 보니 아이러니하게 섬이면서도 수산물 수익보다는 땅콩을 비롯해 마늘, 양파 등 농산물 수익이 더 많은 곳이다. 이처럼 흥미로운 우도의 남쪽 끝에 쇠머리오름이 등대를 머리에 이고 서 있다.

굼부리 안에 알오름 가진 이중 화산체

성산항에서 배로 10분 남짓이면 닿는 우도는 소가 머리를 들고 누운 모양이라고 해서 이름이 붙었다. 쇠머리오름은 누운 소의 머리, 즉 섬머리에서 하얀 등대와 함께 파수꾼처럼 우도를 내려다보고 있다. 오름 굼부리의 북서쪽 화구벽을 파괴하고 흘러간 용암은 북쪽으로 넓고 길게 펴져나가며 우도를 만들었다. 그러니까 우도가 곧 쇠머리오름인 것이다.

MAP

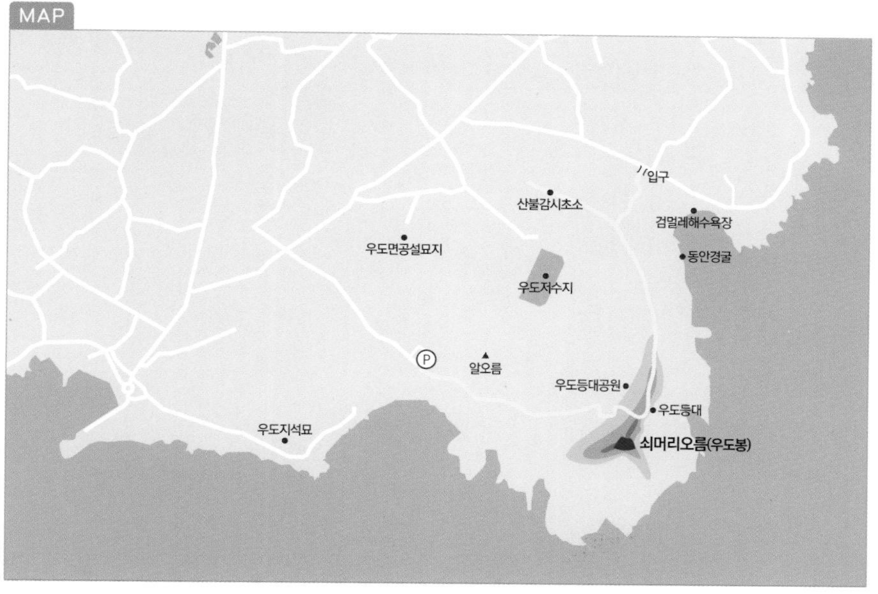

아찔한 해안단애 위를 지나는 남동쪽 능선.

해무가 넘실거리는 쇠머리오름 능선.

우도 바다는 보석처럼 빛난다.

검멀레해변과 동굴.

정상부의 등대 앞에 서면 이 점을 또렷이 확인할 수 있다. 오름의 남동쪽은 제주에서도 가장 거칠고 날카로운 해안단애가 발달했다. 높이 100m가 넘는 이 절벽지대를 따라 보는 것만으로도 공포감이 느껴지는 시커먼 구덩이와 동굴 같은 게 여럿이다. 그중 굼부리의 동북쪽 검멀레해변의 것은 '고래 콧구멍'이라고도 하는 '동안경굴'로, 동굴음악회가 열릴 정도로 내부가 넓다. 물때가 맞는 보름에 한 번꼴로 길이 열려 내부를 둘러볼 수 있다.

검멀레해변 쪽 탐방로.

넓고 완만하게 기운 굼부리 안에는 직사각형의 커다란 우도저수지가 조성되었다. 우도 사람들의 식수원이다. 저수지 남서쪽에 봉긋한 봉우리가 솟았다. 자락부터 꼭대기까지 무덤으로 가득한 이 봉우리는 쇠머리오름의 알오름이다. 그러니까 쇠머리오름은 굼부리 안에서 또 화산이 폭발한 이중 화산체인 것이다.

제주 본섬 조망에 으뜸

탐방로는 단순하다. 동북쪽 검멀레해변이나 남서쪽 우도봉공원에서 능선을 따라 우도등대까지 갔다가 반대쪽 능선을 따라 내려서면 된다. 제주올레 1-1코스인 '우도올레'가 겹치기도 한다. 길게 계단이 놓인 검멀레해변 쪽에서 올랐다면 능선에서 오른쪽부터 가는 게 좋다. 그 능선에 산불감시초소가 있고, 거기서 보는 조망은 또 다르기 때문이다.

정상에는 두 개의 등대가 우뚝 섰다. 그 중 하얗고 낮은 것은 1906년 3월에 무인등대로 점등된 등탑으로, 바로 옆에 새 등대가 세워지며 2003년에 폐지되어 원형을 보존하고 있다. 새 등대의 1층은 우도등대홍보관으로 꾸며졌다. 우

알오름과 무덤들.

우도 봄풍광의 중심은 유채다.

두 등대 사이의
설문대할망 조각상이 흥미롭다.

북동쪽 능선과 검멀레해변.

리나라 등대문화와 역사, 유물 같은 게 보기 좋게 정리되어 있어서 둘러보는 재미가 좋다.

등대 앞에 서면 우도가 손바닥 보듯 눈에 들어온다. 짙푸른 해안선이 둘러싼 널찍한 평야 곳곳에 붉고 푸른 지붕에 덮인 마을이 풍요로운 들판을 품고 보석처럼 박혔다. 쇠머리오름은 제주 본섬을 조망하기에도 최고의 장소다. 남쪽으로 바다를 향해 돌진하는 코뿔소 같은 성산일출봉과 바닷가에 솟은 삼각뿔, 지미봉이 멋지다. 그 뒤로 군더더기 없이 잘 빠진 몸매의 다랑쉬가 한라산을 배경으로 존재감을 드러낸다.

거대한 피자를 떠올리게 하는 말미오름.

바람 따라 춤추는 띠의 군락

말미오름(두산봉)

오름 수첩

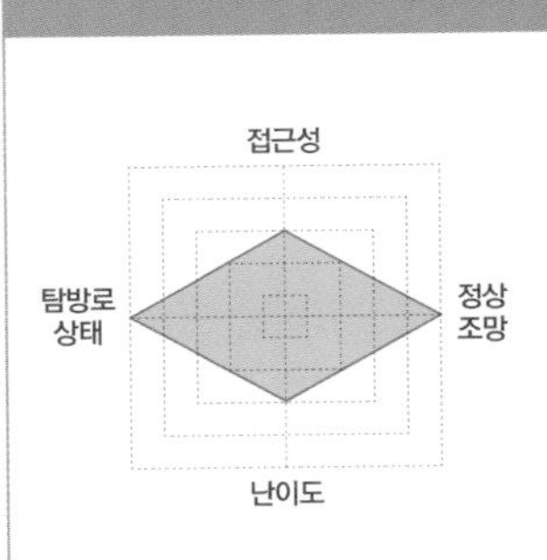

별칭 두산봉, 멀미오름, 마산봉, 말산뫼

높이 해발고도 126.5m, 비고 101m

탐방 포인트 제주 동부 조망 / 띠 군락 / 이중화산체

탐방 소요시간 1시간 30분~2시간 30분

가까운 오름 지미봉, 식산봉, 성산일출봉

탐방 시 주의사항 종달리에서 접근할 경우 길 찾기 주의

주변 여행지 광치기해변, 오조포구, 해녀박물관

찾아가는 길

- 내비게이션에 '킴스캐빈' 입력
- 제주시에서 일주동로를 따라 서귀포시까지 오가는 201번 간선버스가 시흥리에 정차한다. 시흥리에서 서쪽 마을 안으로 들어서서 1km쯤 가면 올레안내소가 나온다.

말미오름 남쪽 들머리.

성산읍 시흥초등학교 서쪽에 거대한 성채 모양으로 솟은 말미오름은 '멀미오름'이라고도 부른다. '말미'는 몸집이 큰 산이라는 뜻으로 한자로는 '두산斗山'이라 적는다. 말을 기르던 곳이어서 '마산馬山'이라고도 쓴다. '멀미'는 머리라는 뜻에서 흘러온 말로 한자로는 '두산頭山'이라 표기한다. 종달리나 상도리에서 보면 알오름이 도드라져 그냥 완만한 산처럼 보이나 시흥리에서는 외륜산의 절벽이 눈길을 끈다. 남동쪽에서 동북쪽으로 걸친 이 화구벽이 높은 벼랑을 이루고, 그 반대편은 화구벽이 낮아서 밋밋하다. 오름의 한가운데는 고깔 모양의 알오름이 솟아 있어 전형적인 이중 화산체 모양이다. 작은 우사牛舍를 빼면 넓은 분화구 안 대부분은 밭뙈기다. 밭 사이에 알오름이 봉긋 솟아 있는데, 하늘에서 보면 갖은 채소로 토핑을 올린 거대한 피

MAP

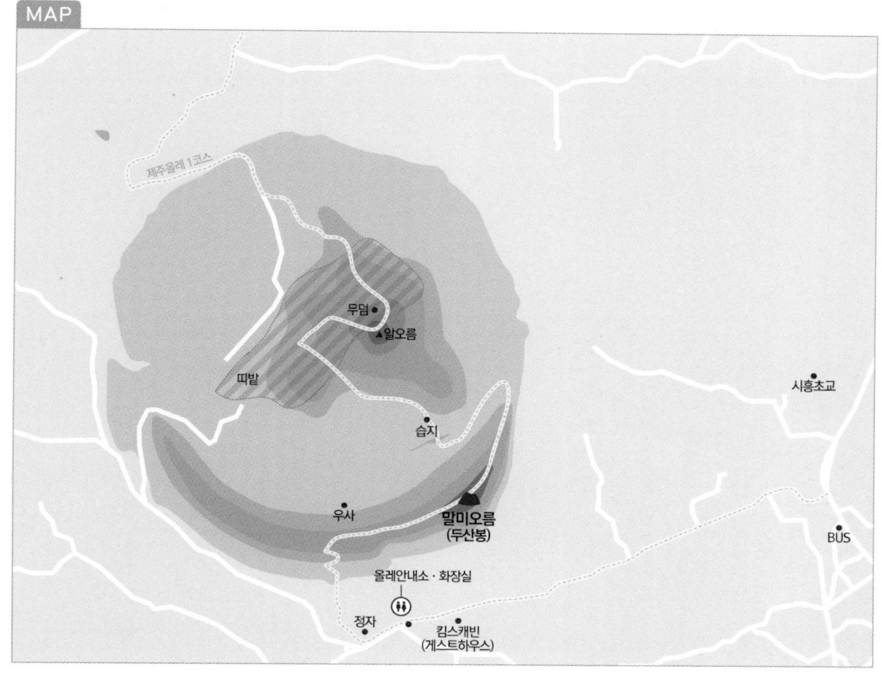

자 같다. 학자들은 큰 외륜산이 바닷속에서 먼저 분출했고, 그것이 육지가 된 후에 그 속에서 알오름이 생겼다고 한다.

전망대서 만난 숨 막히는 제주

말미오름은 제주올레 1코스가 지난다. 그래서 들머리가 두 곳이다. 종달리 쪽에서 들어서는 길은 밭 사이로 굽어 돌고 길기도 해서 초행일 경우 길 찾기가 어렵다. 시흥리에서 서쪽으로 1km쯤 들어선 제주올레안내소를 기점으로 삼는 게 편하다. 화장실도 갖춘 안내소의 80m쯤 위가 입구다.

올레코스여서 길이 반듯하다. 완만한 오르막을 따라 300m쯤 오른 외륜산의 능선에 서면 시흥리 들판과 성산항, 성산일출봉, 바다 건너의 우도 등이 펼쳐진, 광활한 제주 풍광이 시선을 사로잡는다. 이 풍광은 외륜산 화구벽을 벗어날 때까지 500m쯤 이어진다. 중간에 전망대도 나온다. 알오름과의 사이에 물웅덩이를 지난다. 오름 안의 물이 고인 습지다. 사초과의 여러해살이풀인 남방개가 빙 두른 습지의 가장자리엔 소 발자국이 어지럽게 찍혔고, 새와 노루 발자국도 보인다. 들짐승과 날짐승들에게 생명의 샘인 것이다.

바깥 화구벽에서 본 아름다운 제주.

시흥리에서 본 말미오름.

외륜산 화구벽에서 한가로이 풀을 뜯는 소 떼.

외륜산 화구벽 안쪽으로 무성한 솔숲.

전망대서 본 시흥리와 성산일출봉.

알오름 서쪽 사면의 띠 군락.

외륜산과 알오름 사이의 습지.

띠를 베어 쌓은 단.

산허리의 띠 군락이 장관

습지를 지나 무덤을 돌아간 곳에서 또 한 번 숨 막히는 제주 풍광을 만난다. 허리까지 자란 풀이 바람결 따라 춤을 추는데, 그 넓이가 엄청나다. 뭍에서는 보기 힘든 '띠'라는 것으로, 옛날에 볏짚을 구할 수 없었던 제주에서 억새와 함께 초가의 지붕을 잇는 데 요긴했던 건축재료다. 현대에 들어 지붕이 개량되며 쓸모가 없어지자 서식지도 점점 줄어들어서 제주에서도 쉬 볼 수 없는 풍광이 되었다. 이곳의 띠는 매년 1월쯤 베어다가 근처 성읍 민속마을의 제주 전통가옥 지붕을 보수하는 용도로 쓴다고 한다.

띠가 넓게 자라는 서쪽 사면을 다 오르면 정상이다. 무덤 한 기가 도드라진 정상에서는 한라산부터 섭지코지까지 제주 동쪽 대부분의 풍광이 눈에 들어온다. 정상부도 완만하고 넓어서 여럿이 앉아 쉬기에 그만이다. 일출명소로도 꼽힌다. 여기서 왔던 곳으로 돌아가거나 북쪽으로 올레길 따라 내려설 수도 있다. 북쪽은 밭과 솔숲을 지나 들길 따라 한참을 나서야 주택과 도로를 만난다. 제주 올레를 걷는 게 아니라면 왔던 길을 되짚어 나오는 편이 좋다.

오조포구 유채밭과 식산봉.

느긋한 오후, 포구 산책길

식산봉

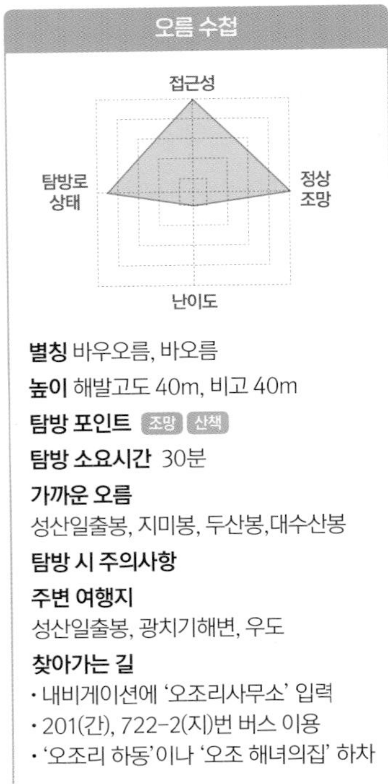

별칭 바우오름, 바오름

높이 해발고도 40m, 비고 40m

탐방 포인트 조망 산책

탐방 소요시간 30분

가까운 오름
성산일출봉, 지미봉, 두산봉,대수산봉

탐방 시 주의사항

주변 여행지
성산일출봉, 광치기해변, 우도

찾아가는 길
- 내비게이션에 '오조리사무소' 입력
- 201(간), 722-2(지)번 버스 이용
- '오조리 하동'이나 '오조 해녀의집' 하차

성산일출봉에서 본 식산봉.

오조포구의 올레길.

식산봉 입구

세계자연유산인 성산일출봉과 오조리 사이의 내해內海를 이룬 바다에 삼각뿔처럼 솟은 작은 산이 바우오름으로 불리는 식산봉이다. 옛날엔 오름 전체가 바위투성이여서 '바우오름' 또는 줄여서 '바오름'이라는 이름이 붙었다고 한다. '식산食山'은 왜구의 침략과 노략질이 끊이지 않던 옛날, 오름 전체를 이엉으로 덮어 군량미가 산더미처럼 쌓인 것으로 보이게 해 멀리서 본 왜구가 지레 겁을 먹고 달아나게 했다는 이야기에서 유래한다. 오름의 절반 이상은 바다에 닿았고, 북서쪽 일부가 오조리로 이어진다. 광치기해변에서 오조포구를 거쳐 오조리로 빠지는 제주올레 2코스의 우회로가 식산봉을 지난다. 성산일출봉과 내해를 품은 오조리의 아기자기한 해안 풍광을 속속들이 밟고 지나는 느낌이 참 좋은 곳이다. 오조포구 앞에는 창문이 다 떨어져나간 낡은 건물 한 채가 있다. 옛 선착장의 선구 보관창고였던 이곳에서 드라마 〈공항 가는 길〉이 촬영되기도 했다.

바우오름은 높이가 40m로, 나선형으로 난 길을 따라 금방 정상에 닿는다. 숲은 해송이 주를 이룬 가운데 동백과 까마귀쪽나무, 참식나무, 생달나무, 후박나무 등 상록활엽수가 섞여 빼곡하다. 출발하자마자 성산일출봉과 내해가 보이는 조망대가 나오고, 정상에도 높은 전망대가 설치되어 있어서 주변 풍광을 즐기기에 좋다. 바우오름은 우리나라 최대의 황근 자생지다. '노란 무궁화' 모양의 꽃이 피는 황근이 스무 그루쯤 자라며, 길 옆에서 볼 수 있다.

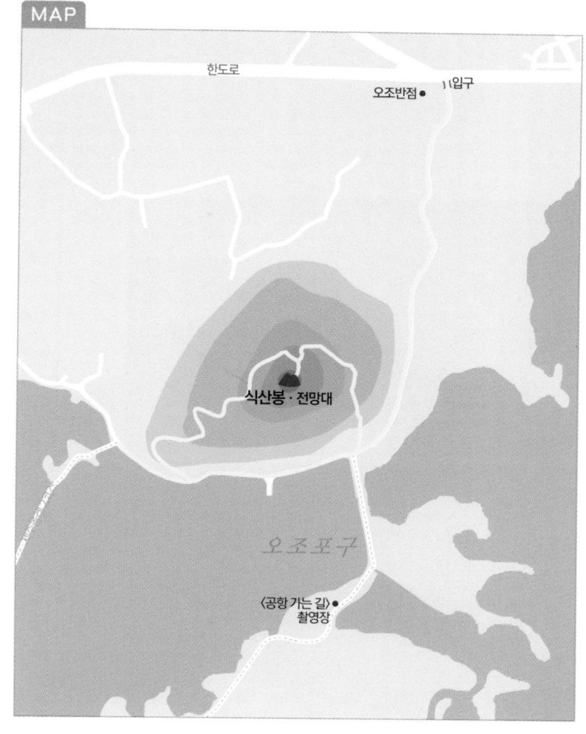

남쪽 상공에서 본 성산일출봉과 우도.

장엄하고 경이로운 풍광

성산일출봉

광장의 표석.

광치기해변과 성산일출봉.

오름 수첩

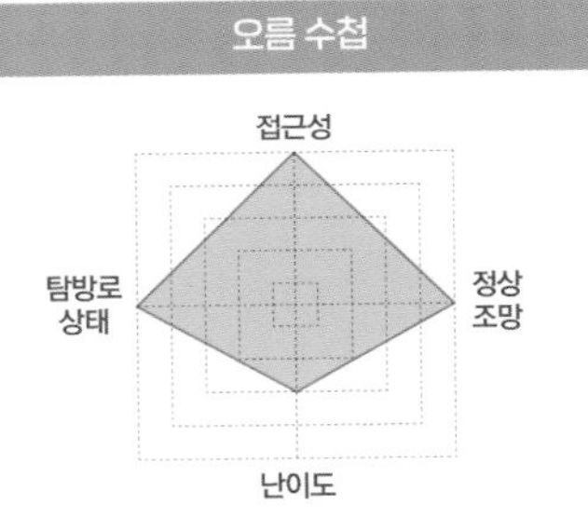

별칭 청산, 성산城山

높이 해발고도 179m, 비고 174m

탐방 포인트 조망 일출 굼부리

탐방 소요시간 1시간

가까운 오름 식산봉, 지미봉, 말미오름, 대수산봉

탐방 시 주의사항 식수, 자외선차단제

주변 여행지 광치기해변, 오조포구, 섭지코지

찾아가는 길

- 내비게이션에 '성산일출봉' 입력
- 제주버스터미널에서 성산항이나 성산일출봉을 오가는 201번, 212번 버스가 '성산일출봉입구' 정류장에 정차한다. 정류장에서 매표소까지는 300m 남짓 거리다.

제주의 경이로운 풍광을 꼽으라면 내겐 1순위가 성산일출봉이다. 어떤 말로도 설명이 부족한 장엄함 그 자체다. 아흔아홉이나 되는 뾰족한 바위가 굼부리를 에워싼 모양이 왕관을 떠올리게 하고, 하늘에 제를 올리는 거대한 제단 같기도 하다. 공중에서 보면 미지의 세계와 통하는 위성안테나 같다는 생각도 든다.

올라서는 길에서 만나는 기암.

원래 이름은 '성산'

옛사람들은 깎아지른 절벽에 둘러싸인 천연의 산성 같다고 해서 '성산城山'이라고 불렀다. 그리고 근처의 마을도 산에서 이름을 가져와 썼다. 그러다가 성산에 올라서 감상하는 해돋이의 장관으로 인해 '일출봉'이라는 별명이 더 자주 사용되었고, 자락의 마을과도 구분키 위해 언제부턴가 공식적으로 '성산일출봉'이 되었다.

MAP

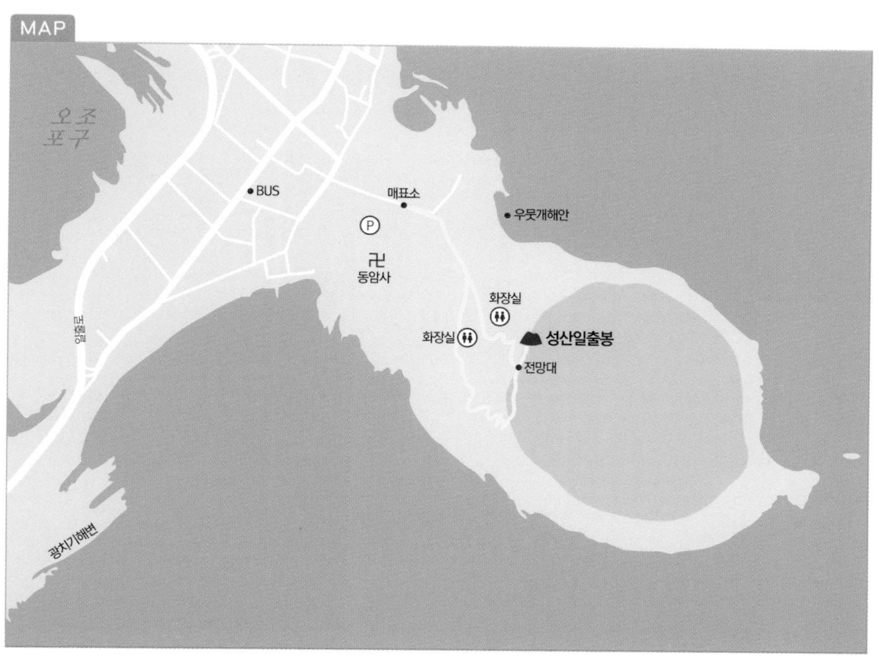

성산일출봉은 본래는 섬이었는데 오랜 시간에 걸쳐 만들어진 모래 둑에 의해 반도 모양으로 본섬과 이어졌다고 한다. 하도 인물이 출중하니 본섬이 나서서 스카우트를 한 꼴이다. 예전엔 일대가 울창한 숲에 뒤덮여 접근조차 힘들었으나 1597년, 근처에 관용 건물을 짓기 위해 나무를 다 베어 간 후부터 사람이 드나들기 시작했다. 한때 굼부리 안에서 농사도 지었다는데, 이 가파른 절벽을 어찌 오갔을까 싶다.

봉우리의 북쪽 단애.

굼부리는 가장 긴 쪽이 600m가 넘고, 짧은 쪽도 500m를 웃돌아 거대하다. 굼부리 바닥의 해발고도가 98m, 정상은 179m여서 80m가 넘는 표고차를 보이지만, 하도 넓은 탓에 완만하게 느껴진다. 굼부리 안은 대부분 초지대로 억새가 많고, 곳곳에 산죽 군락지도 보인다. 남서쪽 광치기 해변에 면한 해안단애 아래로 시커먼 굴이 여럿 뚫렸다. 일제 때 판 진지동굴로, 그 수가 스무 개나 된다고 하니 우리 역사의 아픈 생채기다.

동쪽 상공에서 본 성산일출봉과 한라산.

긴 진입로가 벼랑 아래까지 이어진다.

정상부 남쪽에 내려서는 길이 있다.

봉우리 북쪽의 우뭇개해안.

정상의 계단식 의자.

정상에서 본 굼부리.

성산일출봉에서 본 일출.

세계의 지질학자들이 흠모하는 땅

애당초부터 제주를 대표하던 관광지인 이 봉우리는 최근 여러 메달을 목에 걸었다. 유네스코 세계자연유산에 선정된 것은 물론, 세계지질공원과 세계 7대 자연경관에도 이름을 올리며, 3관왕이 된 것이다. 그 덕택에 탐방로와 주변 환경은 더 말끔히 정비되었고, 찾는 이도 엄청 늘었다. 사실 이곳 성산일출봉을 포함한 화산섬 제주도는 세계의 유수 지질학자들이 연구를 위해 가장 찾고 싶은 곳으로 꼽힌다. 지구 지질 연구를 위한 최고의 자료와 장소가 곳곳에 수두룩하기 때문이며, 그런 측면에서 제주도만 한 곳이 이 행성 어디에도 없다고 한다.

내려서는 길에 보이는 기암.

매표소를 지나면 길은 목처럼 이어진 언덕을 가로질러 가파른 벼랑 아래로 향한다. 벼랑 중간에 '저마다 이상하게 되고자만 애쓴 듯' 기이한 모양을 한 용암바위가 널렸고, 쉬어갈 수 있는 작은 벤치와 쉼터도 있다. 문득 돌아본 제주 풍광은 감탄을 금치 못할 지경이다. 발아래 호수 같은 오조포구가 열대지방의 휴양지인가 싶고, 그 뒤로 숱한 오름을 지나 한라산이 거대한 삿갓처럼 제주를 덮고 있다.

정상엔 공연장의 관람석 같은 긴 의자가 계단을 이루며 설치되었다. 굼부리를 내려다보거나 일출을 감상하기에 좋은 모양새다. 내려설 때는 정상부 데크 남쪽의 길을 이용한다.

오조포구 상공에서 본 성산일출봉.

남동쪽 상공에서 본 대왕산.

초원 노니는 말을 지켜보던 곳

대왕산

후박나무를 비롯한 상록수가 많은 대왕산 탐방로.

대왕산 들머리의 산담.

오름 수첩

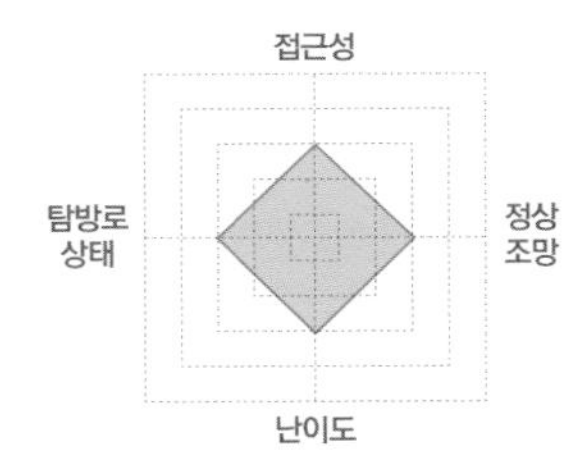

별칭 왕뫼, 왕메, 왕미

높이 해발고도 157.6m, 비고 83m

탐방 포인트 숲 트레킹

탐방 소요시간 1시간

가까운 오름 용눈이오름, 손지오름, 대수산봉

탐방 시 주의사항 분화구 서북쪽에서 길 찾기 주의

주변 여행지 오조포구, 섭지코지

찾아가는 길

- 내비게이션에 '대왕산' 입력
- 제주버스터미널에서 성산항을 오가는 211번, 212번 버스가 '수산1리큰동네' 정류장에 정차한다. 여기서 오름 들머리까지는 1.6km 거리다.

중산간동로 옆에 펑퍼짐한 모양으로 서 있는 대왕산은 아래부터 꼭대기까지 삼나무와 소나무로 뒤덮였다. 거창한 오름 이름은 옛날 한 지관이 왕王자 모양을 한 수산리 일대 형국이 오름 자락까지 이어져 있는 것을 보고는 '왕뫼(왕메, 왕미)'라고 부른 데서 유래한다. 입구의 안내판엔 고려 말, 몽고의 다루가치가 제주에 탐라총관부를 두고 수산지역에서 말을 키웠는데, 일대에서 비교적 높은 이 오름에 올라서 말을 감시했다고 해서 대왕산이라 부른다는 내용이 적혀 있다.

MAP

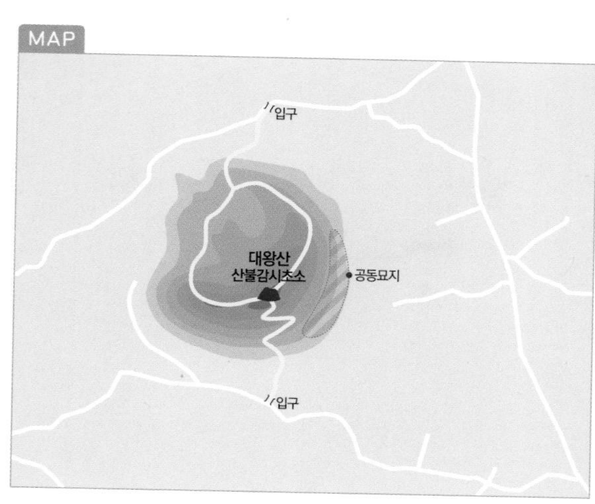

완만한 정상부 능선.

큰 도로에서 떨어진 마을 안쪽에 있으며, 오름의 남녘에 여느 오름처럼 마을 공동묘지가 자리를 잡았다. 남쪽 수산리에서 탐방로가 이어진다. 입구의 산담을 지나 숲 사이로 난 탐방로는 곧 커다란 지그재그 모양으로 구불거리며 능선으로 향한다. 밖에서 볼 때는 삼나무로 뒤덮인 것 같지만 숲 속에서 보면 활엽수가 더 많다. 숲 아래론 여러 종류의 천남성과 자금우 같은 제주를 대표하는 식물로 가득하다.

들머리에서 화구벽 능선까지는 440m로 20분 남짓 걸린다. 정상인 산불감시초소에서 서북쪽으로 기운 굼부리를 따라 한 바퀴 도는 탐방로가 조성되었다. 능선길은 대체로 울창한 숲에 덮였고, 간간이 열린 숲 사이로 성산과 표선 일대의 지평선 같은 풍광이 슬쩍슬쩍 보인다. 오름이 크거나 높지 않으며, 겨울에도 푸른 숲으로 덮인 제주의 자연을 만날 수 있다.

남쪽에서 본 대수산봉 정상부.

모구악부터 한라산까지, 동쪽 제주를 한눈에

대수산봉

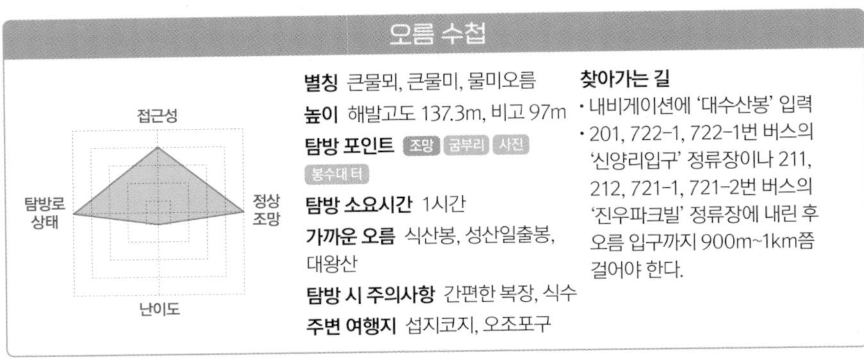

오름 수첩

별칭 큰물뫼, 큰물미, 물미오름

높이 해발고도 137.3m, 비고 97m

탐방 포인트 조망 굼부리 사진 봉수대 터

탐방 소요시간 1시간

가까운 오름 식산봉, 성산일출봉, 대왕산

탐방 시 주의사항 간편한 복장, 식수

주변 여행지 섭지코지, 오조포구

찾아가는 길

- 내비게이션에 '대수산봉' 입력
- 201, 722-1, 722-1번 버스의 '신양리입구' 정류장이나 211, 212, 721-1, 721-2번 버스의 '진우파크빌' 정류장에 내린 후 오름 입구까지 900m~1km쯤 걸어야 한다.

성산일출봉과 섭지코지 사이, 일주동로 옆에 우두커니 선 오름이 대수산봉이다. 조선시대에 봉수대가 세워지며 이런 이름을 얻었지만 원래는 '큰물뫼'라고 불렀다. 옛날 이 오름에서 물이 솟아나 못을 이뤘다고 해서 '물+메'로 불리다가 동쪽의 족은물메와 구분키 위해 대소 개념을 끌어들여 이곳을 큰물메(뫼) 또는 대수산봉이라 부르기 시작했다. 족은물메는 작고 숲이 울창하며 탐방로도 없는 반면, 큰물메는 상대적으로 덩치가 크고 일대에서 우뚝하며, 탐방로도 잘 조성되었다. 길이 넓고 쾌적하고 완만해서 일대 주민들의 산책로로 인기가 좋은 오름이다. 정상엔 축구장 넓이의 굼부리가 있고, 평탄한 둘레길이 굼부리를 따라 한 바퀴 돈다. 정상부엔 소나무가 많지만 억새도 섞여 자라서 가을이면 운치가 좋다.

들머리의 계단. 곧 평지로 이어진다.

전망대와 봉수대 모두 전망 명당

탐방로는 네 갈래로 나뉜다. 두 곳은 제주올레 2코스와 이어지며 원래의 탐방로는 오름 동쪽 사면을 지나는 도로에서 시작한다. 올레길을 걷는 게 아니라면 이곳이 편하다. 넓고 쾌적한 길이 성긴 소나무 숲 사이로 들어선다. 길지 않은 계단만 오르면 거의 평지. 6분쯤 후 다른 길과 합류하는데, 공동묘지 쪽에서 이어지는 차가 다닐 정도의 넓은 길이다. 바닥엔 보도블록이 깔렸다. 여기서 밋밋한 오르막을 지나면 굼부리가 있는 정상부다. 능선 동쪽에 몇 개의 운동시설과 지붕까지 갖춘 전망 데크가 보인다. 성산일출봉과 광치기 해변, 오

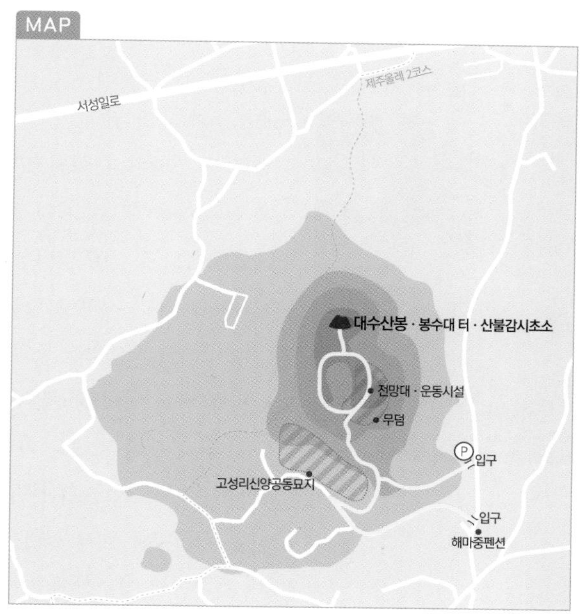

정상에서 본 서쪽 풍광.

들머리 계단을 오르자
나타나는 평탄한 능선.

조포구 일대가 훤하고, 그 너머로 길게 누운 우도도 손에 잡힐 듯 조망된다. 섭지코지는 더 가깝다. 그 사이로 성산읍 일대 마을이 그림처럼 펼쳐진다.

큰물메에도 무덤이 많다. 가난했던 이들의 무덤일까? 화산석이 아니라 시멘트 벽돌로 산담을 두른 무덤이 많다. 그래도 최고의 조망을 품었으니 이만한 명당도 없겠다.

전망대 바로 뒤의 굼부리를 한 바퀴 돌며 길이 이어진다. 그런데, 굼부리 능선을 따라 가던 길이 굼부리를 벗어나 다시 북쪽으로 갈래를 친다. 끝에 산불감시초소가 보인다. 이곳은 전망대가 서 있던 곳보다 더 멋진 조망이 펼쳐진다. 모구악과 영주산에서 시작해 다랑쉬까지 제주 동쪽의 오름 전부가 눈에 들어오는 명당이다. 그 뒤로 한라산도 보이니 가히 보배로운 곳이다. 산불감시초소 바로 뒤 볼록한 무덤 같은 게 옛날의 봉수대 터다. 이곳 '수산봉수水山烽燧'는 흙으로 쌓은 것으로, 남서의 독자봉수에서 북동의 성산봉수와 교신했다고 한다. 봉수대엔 하얀색 벤치가 놓였는데, 그곳에 앉아 바라보는 동쪽 풍광이 가슴을 뻥 뚫리게 한다. 제자리에서 한 바퀴 돌면 한라산 동쪽은 남김없이 눈에 담긴다.

대수산봉과 성산일출봉, 우도, 지미봉이 보이는 풍광.

최고의 조망이 펼쳐지는 북쪽의 수산봉수 터.

신산교차로를 사이에 둔 통오름(앞)과 독자봉.

마주 솟은 두 친구

통오름과 독자봉

오름 수첩

접근성
탐방로 상태
정상 조망
난이도

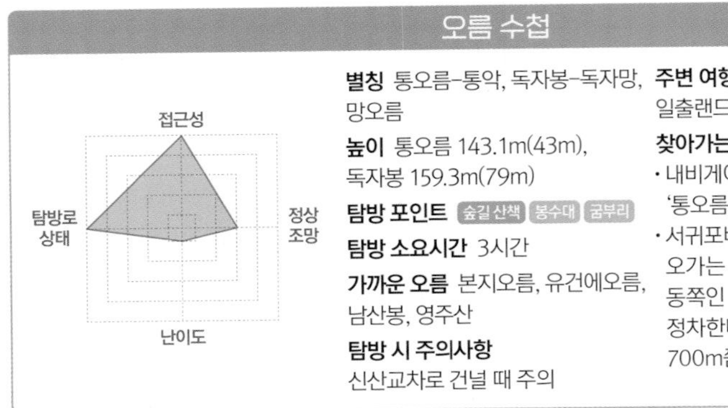

별칭 통오름-통악, 독자봉-독자망, 망오름

높이 통오름 143.1m(43m), 독자봉 159.3m(79m)

탐방 포인트 숲길 산책 봉수대 굼부리

탐방 소요시간 3시간

가까운 오름 본지오름, 유건에오름, 남산봉, 영주산

탐방 시 주의사항
신산교차로 건널 때 주의

주변 여행지 김영갑갤러리, 일출랜드

찾아가는 길
- 내비게이션에 '독자봉' 또는 '통오름' 입력
- 서귀포버스터미널에서 성산포를 오가는 295번 버스가 통오름 동쪽인 선인장마을 정류장에 정차한다. 통오름 들머리까지는 700m쯤 걸어야 한다.

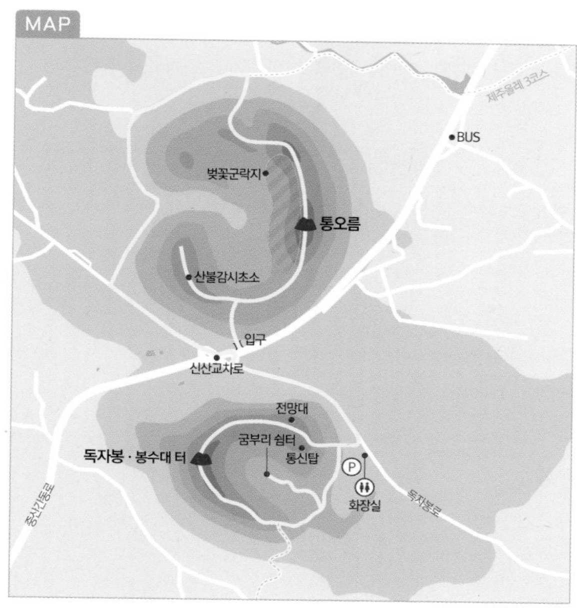

통오름과 독자봉은 제2공항 예정지와 성읍민속마을 사이의 신산리에 길 하나를 사이에 두고 서로 마주 보며 솟았다. 두 오름은 찾는 이가 뜸하다. 그러나 올라보면 누구라도 반할 매력으로 가득하다. 한적해서 좋고, 걷기 좋은 숲과 적당한 경사와 완만한 능선 등 어느 하나 나무랄 게 없다.

다섯 봉우리가 감싼, 통을 닮은 오름

8자 모양의 신산교차로를 사이에 두고 두 오름이 남북으로 마주 보고 있어서 연결해 오르내리면 좋다. 제주올레 3코스가 두 오름을 이어 지난다. 북쪽의 통오름은 경사가 완만하고 나지막한 다섯 개의 봉우리가 서쪽으로 트인 말굽형 굼부리를 감싸고 있다. 오름의 모양이 말이나 소를 위한 물통을 닮아서 '통'이라는 이름이 붙었다고 한다. 신산교차로에서 바로 탐방로가 시작된다. 안내도가

통오름 계단. 여간 멋진 게 아니다.

8자 모양의 신산교차로.
하늘에서 본 독자봉.

서 있는 들머리에서 능선에 닿기까지 통나무 계단이 구불거리며 이어지는데, 천국으로 가는 계단이 이럴까 싶을 만큼 멋지다. 계단 주변엔 제주에서 흔치 않은 참나무가 많아 이색적이다.

능선 서쪽의 산불감시초소 앞에 서면 영주산을 시작으로 멀리 백약이와 좌보미, 동검은이, 다랑쉬, 따라비오름 등 제주 동부의 오름이 늘어선 멋들어진 풍광이 펼쳐진다. 탐방로는 초소가 있는 봉우리에서 굼부리를 왼쪽에 끼고 휘어 돈다. 부드러운 능선을 돌아서 내려선 곳에 올레의 상징인 간세가 보인다. 여기서 올레길이 오른쪽으로 갈리고, 출발지로 돌아오는 통오름 탐방로는 왼쪽을 따른다. 중간에 굼부리 안의 널찍한 밭도 만난다.

봉수대 터와 전망대가 근사한 독자봉

독자봉은 통오름에 비해 산세가 제법 당차다. 우뚝 솟은 모양이 외로워 보여서 '독자봉獨子峰'이라는 이름이 붙었다고 한다. 예로부터 주변 마을에 외아들을 둔 집이 많은 게 이 오름

통오름 안쪽 화구벽을 따라 벚꽃이 만발했다.

통오름 능선의 띠 군락.

솔숲 사이로 햇살이 스며드는 독자봉 능선길.

동부 제주가 펼쳐지는 독자봉 전망대.

중간에 만나는 독자봉수 터.

벤치와 평상이 놓인 독자봉의 '굼부리 쉼터'.

때문이라는 재밌는 이야기도 전해온다. 신산리 사람들은 '독자망獨子望' 또는 '망오름'이라고 부른다. 옛날의 봉수대 때문이다.

독자봉도 말굽형 굼부리를 가졌다. 그러나 굼부리가 통오름과는 반대로 동남향으로 열렸다. 그래서 두 오름은 서로 등을 맞대고 돌아앉은 모양새다. 들머리는 신산교차로에서 신산리 쪽으로 350m쯤 내려선 도로 옆이다. 신산리 주민들이 자주 찾는 곳이어서 들머리엔 주차장과 화장실, 운동시설도 보인다. 능선에 닿기까지 통나무 계단이 이어진다. 통신탑을 지나 조금 더 간 곳에 전망대가 나온다. 건너의 통오름부터 유건에, 모구악, 백약이, 좌보미, 다랑쉬오름이 북쪽 하늘금을 그리고, 그 오른쪽으로는 대수산봉과 두산봉, 성산일출봉, 섭지코지가 훤하다. 동남쪽의 도드라져 보이는 하얀 탑은 성산기상대다.

소나무 숲 사이의 능선길이 평탄하고 쾌적하다. 왼쪽으로 움푹 파인 굼부리를 끼고 부드럽게 돌아가면 독자봉수 터다. 지름 20m는 족히 될 만한 원형의 둑이 둘러져 있고, 가운데가 봉긋하다. 독자봉수는 서쪽의 남산봉수, 북동쪽의 수산봉수와 교신했다고 한다.

봉수대를 지나면서 완만한 내리막길이 시작된다. 얼마 후 제주올레 3코스가 오른쪽으로 갈리고, 독자봉 탐방로는 왼쪽으로 향한다. 내려선 곳에서 굼부리 안인 '굼부리 쉼터'로 들어갈 수 있다. 울창한 삼나무 숲속에 벤치와 평상이 있어서 삼림욕을 즐기기에 좋다.

오름 주변으로 벵듸와 들판이 두텁게 펼쳐진다.

선비의 모자처럼 고고하게 우뚝 선

유건에오름

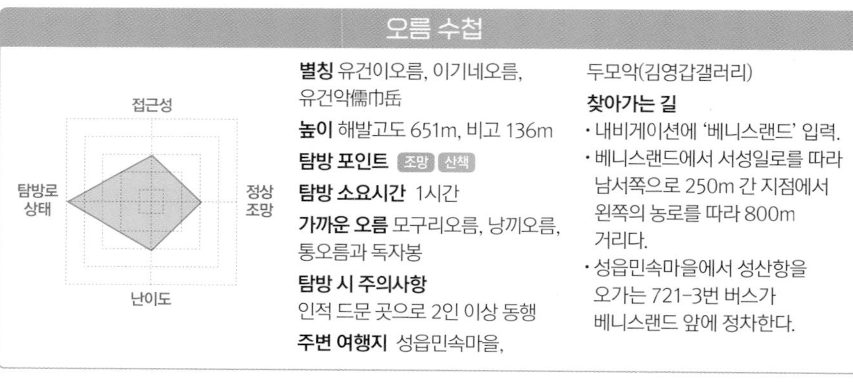

오름 수첩

별칭 유건이오름, 이기네오름, 유건악儒巾岳

높이 해발고도 651m, 비고 136m

탐방 포인트 조망 산책

탐방 소요시간 1시간

가까운 오름 모구리오름, 낭끼오름, 통오름과 독자봉

탐방 시 주의사항
인적 드문 곳으로 2인 이상 동행

주변 여행지 성읍민속마을, 두모악(김영갑갤러리)

찾아가는 길
- 내비게이션에 '베니스랜드' 입력.
- 베니스랜드에서 서성일로를 따라 남서쪽으로 250m 간 지점에서 왼쪽의 농로를 따라 800m 거리다.
- 성읍민속마을에서 성산항을 오가는 721-3번 버스가 베니스랜드 앞에 정차한다.

낭끼오름의 정남쪽 2km 지점, 모구리오름의 동북 방향 들판 한가운데에 홀로 솟은 유건에오름은 해발고도 190m에 오름 자체의 높이가 75m로, 살짝 가파른 산세를 가졌다. 옛 문헌엔 '이근악伊近岳', '유건악儒巾岳', '이근내악伊近乃岳' 등으로 나오며, 오름의 모습이 선비들이 쓰던 유건儒巾과 닮아서 이름 붙었다는 이야기도 전해오지만 모두 확실치 않으며, 지금은 유건에오름으로 통한다.

능선으로 이어진 계단은 반듯하고 넓다.

최근 오름의 서북쪽으로 테마파크와 펜션, 농장이 들어섰으나 여전히 주변은 인적 없는 들판이 넓고 두텁게 분포한다. 오름은 전체적으로 원뿔형이며, 소나무와 편백나무, 삼나무가 주종을 이룬 울창한 숲에 둘러싸였다.

쾌적하고 반듯한 탐방로

유건에오름은 서성일로에서 여러 번 꺾이는 비포장 농로를 따라 800m 들어선 곳에 있기에 대중교통은 물론, 승용차로도 찾아가는 걸음이 쉽지 않다. 그러나 오름 앞까지만

MAP

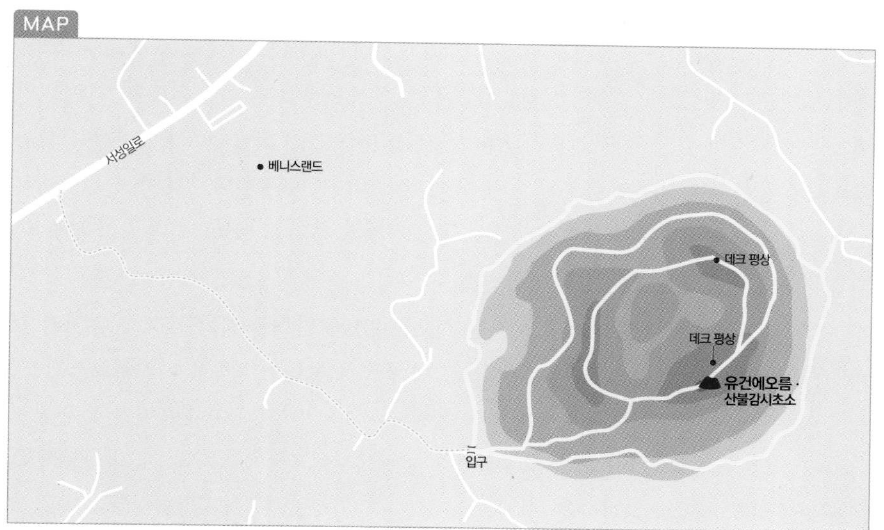

정상에서 본 동남쪽 풍광.

유건에오름 주변의 오름들.

가면 탐방로는 쾌적하고 편하다. 오름 탐방로는 조금 복잡한 구조다. 오름 자락을 한 바퀴 도는 둘레길이 있고, 정상부에도 굼부리 능선을 따르는 원형 탐방로가 이어진다. 들머리에서 능선까지 오르는 계단길이 이 두 개의 동그라미를 연결한다. 그런데 중간쯤에서도 양쪽으로 길이 갈린다. 이 중 북쪽으로 향하는 길은 사면을 오르내리며 오름을 반 바퀴 돌아 정상에서 만난다.

찾는 이가 드문, 들판 가운데 위치한 오름 치고는 탐방로가 반듯하고 관리가 잘 되어 있다. 자락과 중간의 둘레길을 따라 굵은 줄로 이은 사각 통나무 기둥을 설치했고, 능선으로 향하는 오르막 계단길도 흐트러짐이 없다. 중간 둘레길을 지나자 나무 계단 옆에 천연 야자매트를 깐 길도 나타난다. 해송과 활엽수, 편백나무가 뒤섞인 숲 사이로 비스듬히 사면을 가로지른 길은 넓고 완만해 걷기 좋다.

제주 동남부의 조망명소

정상부 삼거리에서 오른쪽으로 조금만 가면 산불감시초소가 있는 정상이다. 정상부는 북·서·남동쪽에 하나씩 세 개의 봉우리로 이뤄졌으며, 이 봉우리들이 감싼 1km쯤의 산마루 안에 깊이 30m의 원형 굼부리가 들어앉았다. 움푹 파인 굼부리는 삼나무가 빼곡하게 들어차서 안을 살펴보기 힘들다.

산불감시초소가 있는 정상에 서니 제주 들녘의 풍성함이 눈앞 가득 펼쳐진다. 날것 그대로인 벵듸와 검고 푸른 밭뙈기 사이사이에 들어선 외딴집들이 한없이 평화로워 보인다. 동쪽으론 대수산봉과 겹쳐진 성산일출봉이 멋지고, 모구악과 영주산도 숨바꼭질을 한다.

정상과 북쪽 능선, 두 곳에 넓은 평상이 있고 조망도 트인다. 평상 앞으로 철봉이라고 하기에는 낮은, 용도를 알 수 없는 철제 구조물도 보인다.

올랐던 길을 따라 내려선다.

정상 능선길에 솔잎이 두텁게 깔렸다.

정상에서는 대수산봉이 성산일출봉과 겹쳐져 보인다.

알오름을 품은 모구리오름.

젖먹이 품은 어미개처럼

모구리오름

벚꽃 만발한 날의 모구리야영장.

탐방로에서 본 영주산.

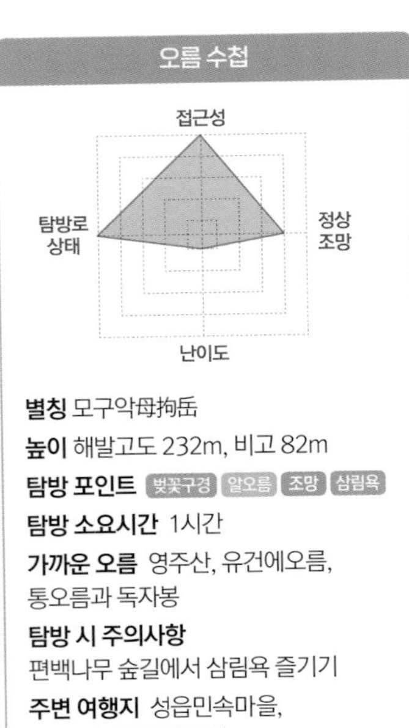

오름 수첩

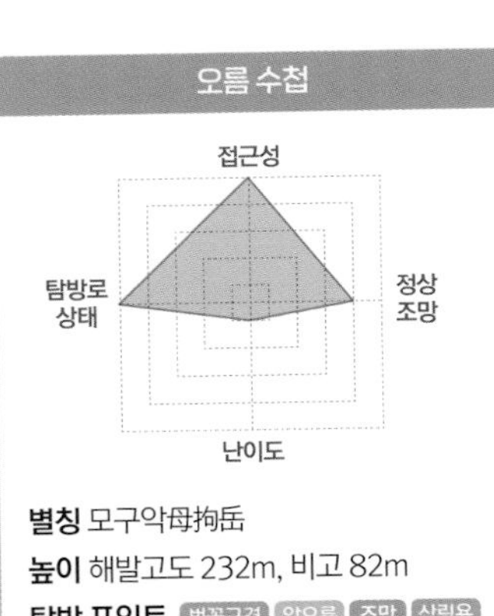

별칭 모구악母拘岳

높이 해발고도 232m, 비고 82m

탐방 포인트 벚꽃구경 알오름 조망 삼림욕

탐방 소요시간 1시간

가까운 오름 영주산, 유건에오름, 통오름과 독자봉

탐방 시 주의사항
편백나무 숲길에서 삼림욕 즐기기

주변 여행지 성읍민속마을, 두모악(김영갑갤러리)

찾아가는 길
- 내비게이션에 '모구리야영장' 입력
- 성읍민속마을에서 성산항을 오가는 721-3번 버스가 모구리야영장을 지난다.

모구리오름 정상.

성읍과 고성을 잇는 서성일로에 자락을 맞대고 솟은 모구리오름. 남쪽으로 굼부리를 열고 그 속에 동그란 알오름을 품었다. 그런데 이 알오름이 무척 희귀한 모양새다. 제주 여러 곳에서 만나게 되는 알오름은 대개 동그란 원추형인데, 모구리알오름은 정상에 뚜렷한 굼부리의 흔적을 가진 것이다. 오름 능선이 동쪽으로 펼쳐진 끝자락의 언덕에도 움푹 파인 지형이 있어서 또 다른 굼부리로 추정된다. 전체 모양이 어미 개가 새끼를 품은 듯해서 한자로 '모구악母拘岳'이라 표기하고 '모구리오름'이라고 부른다. 알오름은 어미의 젖을 그리는 강아지를 닮아 '젯그린동산(젖그린동산)'이라고 한다.

들머리는 오름 서남쪽의 모구리야영장이다. 시설은 물론, 숲 그늘이 좋아 캠퍼들의 사랑을 받는 곳이다. 야영장 안쪽의 극기훈련장에서 탐방로가 이어진다. 오를 때는 정상까지 해송 숲이 울창하고, 내려설 때는 편백나무 숲을 지나는 코스여서 걷는 재미가 좋다. 정상의 산불감시초소 옆에 평상이 있어서 주변 풍광을 즐기며 쉬기에 좋다. 다랑쉬오름을 비롯해 용눈이, 백약이, 좌보미, 동검은이오름 등 제주 동부의 내로라하는 오름이 펼쳐진다. 산불감시초소를 지난 길은 굼부리 안으로 들어선다. 얕은 경사의 계단길은 곧 하늘을 가린 편백나무 숲으로 파고든다. 숲 가운데에도 평상이 놓였는데, 한참을 드러누워 삼림욕을 즐기고 싶어진다.

MAP

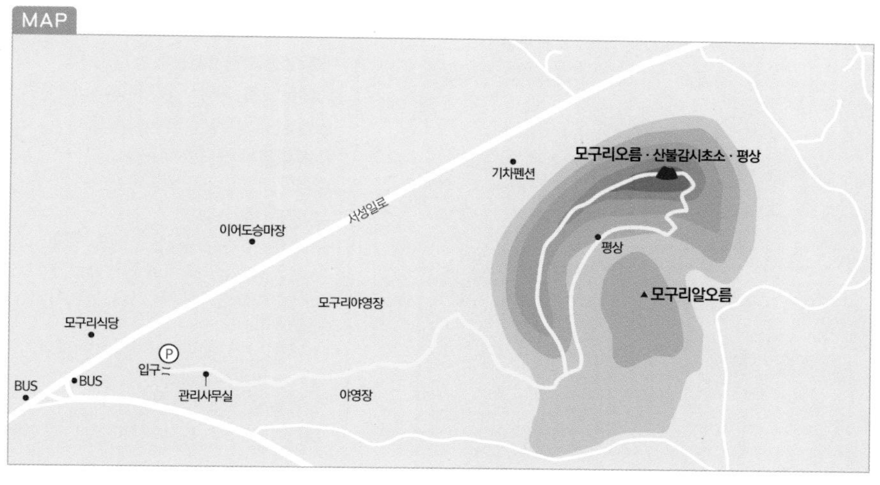

서쪽에서 본 남산봉.

대나무가 숲을 이룬 굼부리

남산봉

남쪽 하늘에서 본 남산봉.

이곳에서 북쪽 사면의 샛길이 갈린다.

오름 수첩

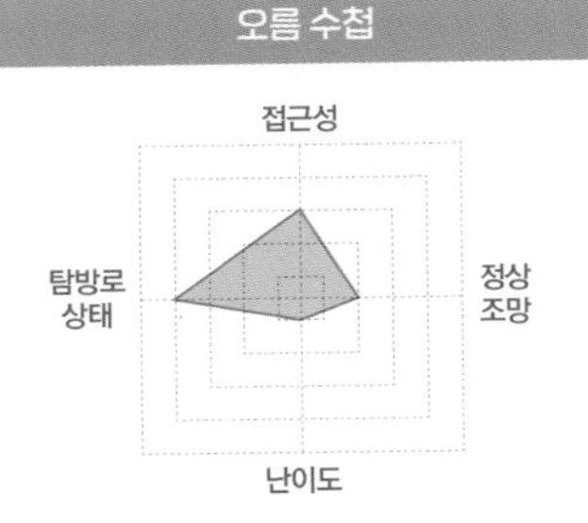

별칭 망오름

높이 해발고도 178.8m, 비고 54m

탐방 포인트 삼림욕 봉수대

탐방 소요시간 1시간

가까운 오름 영주산, 본지오름

탐방 시 주의사항 2인 이상 동행

주변 여행지 성읍민속마을, 김영갑갤러리(두모악)

찾아가는 길

- 내비게이션에 '신풍레포츠공원' 입력. 공원에서 성읍민속마을 방향으로 난 콘크리트 포장도를 따라 500m쯤 가면 들머리다.
- 제주버스터미널에서 표선을 오가는 221번 버스를 이용해 '성읍 동문통' 정류장에 내린다. 정류장에서 남산봉 들머리까지는 1.4km 거리다.

옛 제주 삼읍의 하나인 정의현旌義縣의 읍성 남쪽에 있어서 붙은 이름으로, 봉수대가 있었기에 '봉'자가 붙었다. 풍수지리로 볼 때 성읍의 뒷산이자 진산인 영주산에 대응하는 남산이고, 앞산의 자리를 차지한다. 해발고도 178.8m, 산체 높이는 50m쯤으로 펑퍼짐하다. 움푹 파인 굼부리를 품은 남산봉은 정상인 동쪽과 반대편 서쪽이 높고 북쪽 능선은 낮다. 북사면의 샛길을 이용하면 금세 능선에 닿는다. 그러나 탐방로가 조성된 들머리는 오름의 남쪽으로, 성읍성과 신풍리 레포츠공원을 잇는 콘크리트 포장도가 지난다. 입구에는 꽤 너른 평지가 있다.

솔잎이 수북하게 깔린 나무 계단이 자주 나타나는 탐방로는 가파르지 않아서 걷기 편하다. 들머리에서 200m 남짓 오르자 안내도가 선 분화구 능선 삼거리다. 여기서부터 둘레가 860m인 능선을 한 바퀴 돌아 내려서는 코스다. 삼거리에서 동쪽으로 110m 간 곳이 정상. 여기에 봉수대가 있다. 남산봉수는 남쪽으로 달산봉수, 동쪽의 독자봉수와 교신했으며, 정보를 정의현 읍성에 전하는 기능이었다고 한다. 옛날엔 이곳 조망이 훤히 트였을 테지만 지금은 온갖 나무로 빼곡해 하늘만 뚫렸다. 남산봉 탐방로 전체가 거의 같은 상황이라 조망이 시원치 못하다. 길은 쾌적하고, 곳곳에 나무 평상 쉼터가 마련되어 산림욕을 즐기기 좋다. 탐방로에서 보이진 않으나 분화구 안은 대숲을 이룬다.

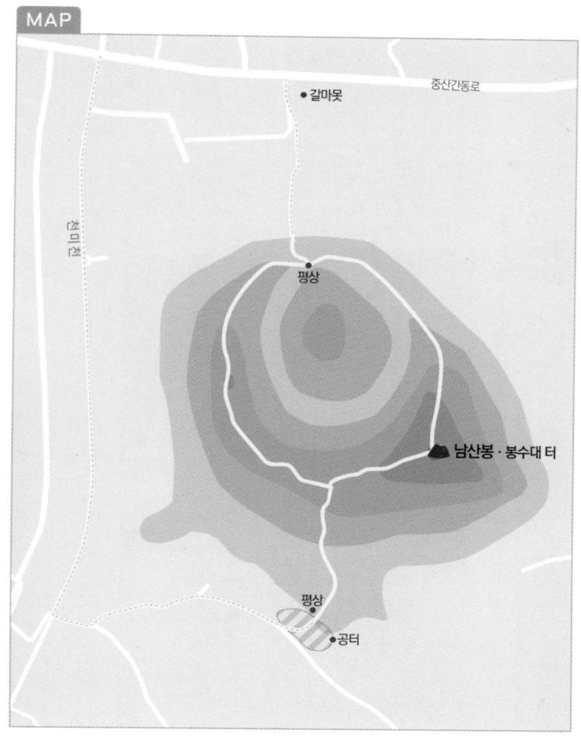

울창한 숲에 덮인 남산봉 탐방로.

굼부리 같은 동그란 구덩이 뒤쪽이 정상이다.

숨겨두고 찾고 싶은 들판 오름

돌미오름

정상에서 본 풍광.

남서쪽 자락에서 말 몇 마리를 키우고 있다.

오름 수첩

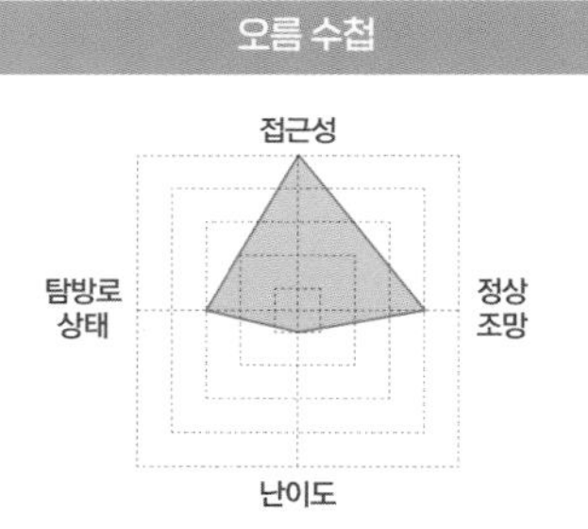

별칭 돌산乭山, 돌이미봉乭伊尾峰

높이 해발고도 186.4m, 비고 26m

탐방 포인트 조망 산책 작은 굼부리

탐방 소요시간 20분

가까운 오름 궁대오름, 낭끼오름

탐방 시 주의사항 겨울을 제외한 3계절은 덤불 조심, 자외선차단제

주변 여행지 제주자연생태공원(궁대오름)

찾아가는 길

- 내비게이션에 '제주자연생태공원' 입력. 공원 주차장에서 동쪽으로 450m 거리.
- 제주시 버스터미널에서 성산항을 오가는 211번, 212번 버스가 '풍력생태길입구' 정류장에 정차한다. 여기서 제주자연생태공원 진입로로 500m쯤 간 오른쪽에 들머리가 있다.

정상에서 본 동쪽 풍광.

궁대오름 동쪽의 낮고 작은 풀밭 오름이다. 남서에서 북동 방향으로 부드럽게 휘어지는 돌미오름은 능선 한 부분이 꼬리처럼 뻗은 데다가 봉우리에 큰 돌이 있어서 이런 이름이 붙었다.

낮은 언덕이나 구릉쯤으로 여기기 딱 좋은 모양이다. 정상을 중심으로 북쪽과 남서쪽으로 풀밭 능선이 길쭉하며, 양쪽 끝은 도로에 닿는다. 정상 옆에 두 개의 봉우리가 더 있고, 그 사이는 얕은 골을 이뤘다. 동남쪽 봉우리에 오름 이름을 낳게 한 커다란 바위가 있다는데, 숲이 무성해 길에서는 보이지 않는다.

정상 북서쪽 바로 아래에 동그랗고 편편한 모양의 구덩이가 눈길을 끈다. 부러 심은 듯한 나무들이 낮게 원을 그리며 둘렀고, 나무 아래로 돌담도 보인다. 굼부리일 것이라 생각했는데, 김종철 선생은 웅덩이라고 했다. 무엇이든 참 재밌는 모양이다. 풀밭 오름이지만 소나무가 점점 잠식해가는 중이다. 오름 북동쪽엔 풍력발전기 다섯 기가 우뚝하다.

궁대오름을 접한 남서쪽에서 들어서는 게 길이 편하다. 마소의 출입 통제용 문을 지나자 말 몇 마리를 묶어놓은 야외 우리가 보인다. 그 뒤로 무성한 억새 사이로 수레가 다닌 듯한 길이 이어진다. 부드럽고 완만하며, 사방이 트여서 걷기 좋다. 정상까지는 금방이다. 풀밭 언덕 같은 정상에서는 북으로 다랑쉬와 손지, 용눈이오름이 어우러지고, 동쪽으로 낭끼오름과 대왕산, 대수산봉 사이로 성산일출봉까지 풍광이 시원스럽다.

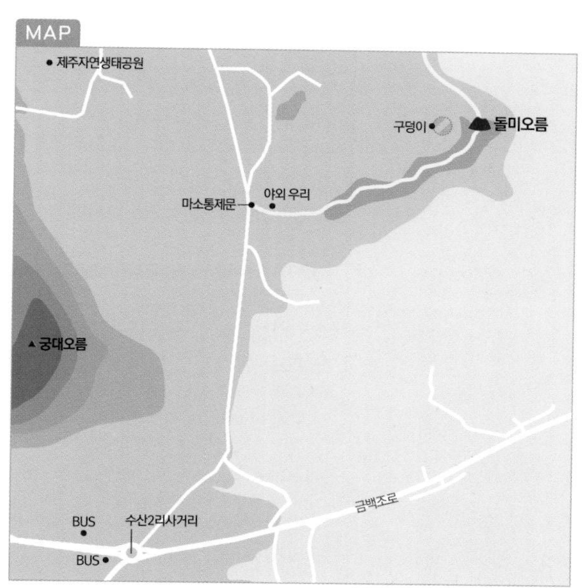

남쪽 상공에서 본 낭끼오름과 궁무리의 밭때기.

작지만 확실한 기쁨

낭끼오름

정상 전망대에서 펼쳐지는 북쪽 풍광.

삼나무숲 사이로 난 낭끼오름 남쪽 탐방로.

오름 수첩

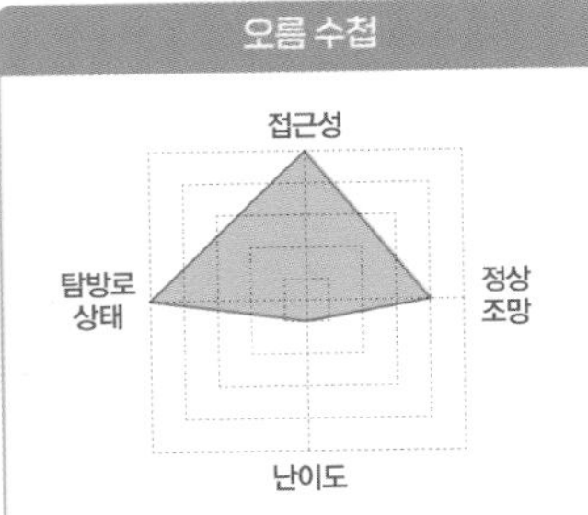

별칭 낭케오름, 남케오름, 남거봉

높이 해발고도 185.1m 비고 40m

탐방 포인트 조망 산책

탐방 소요시간 30분

가까운 오름 돌미오름, 좌보미오름, 유건에오름

탐방 시 주의사항 낙엽으로 탐방로가 미끄러운 구간이 있다.

주변 여행지 제주자연생태공원(궁대오름)

찾아가는 길

- 내비게이션에 '낭끼오름' 입력
- 제주시 버스터미널에서 성산항을 오가는 211, 212번 간선버스와 대천환승정류장에서 고성환승정류장을 오가는 721-2번 지선버스가 '풍력생태길입구' 정류장에 정차한다. 들머리까지는 1.7km 거리다.

'남거봉'으로도 불리는 낭끼오름은 수산리에서 좌보미오름과 백약이오름으로 가는 금백조로 중간에 있다. 동남쪽에서 서북쪽으로 비스듬히 누운 산체를 가졌으며, 도로에서 억새 만발한 들녘으로 몇 발짝 들어선 곳에서 시작되는 탐방로는 겨우 150m 남짓이라 눈 깜짝할 새 정상에 닿는다. 덩치가 이리 작아도 이름은 수두룩하다. '낭곶오름', '낭껏오름', '낭케오름', '남케오름'에 '남거봉', '낭끼오름'까지. '낭'은 나무고, '끼'는 변두리의 의미다.

북동쪽의 흔적이 희미한 굼부리는 온통 밭이다. 굼부리 북쪽, 낮은 화구벽에는 마을제를 지내던 제사 터가 사각형 돌담으로 단장되어 있다. 오름의 남쪽과 동쪽은 드넓은 벵듸다. 오름자락을 따라 억새지대가 많아서 가을에 더 제격이다. 정상에 독특한 형태의 산불감시초소가 있는데, 초소를 가운데 두고 육각형의 넓은 전망 데크가 조성되었다. 이곳에서의 조망 또한 압권이다. 영주산부터 지미봉, 성산일출봉과 대수산봉까지 제주 동쪽 오름이 한 자리에서 가늠된다. 작은 동산치곤 충만감을 안기는 전망이다.

전망대를 지나면서 동남쪽 능선을 따라 울창한 삼나무 숲속으로 탐방로가 이어진다. 10분쯤 간 곳에서 능선이 낮아지며 빼곡한 삼나무 숲 사이를 지그재그로 돌아 남쪽으로 내려선다. 이후 오름을 오른쪽에 끼고 출발지로 돌아온다.

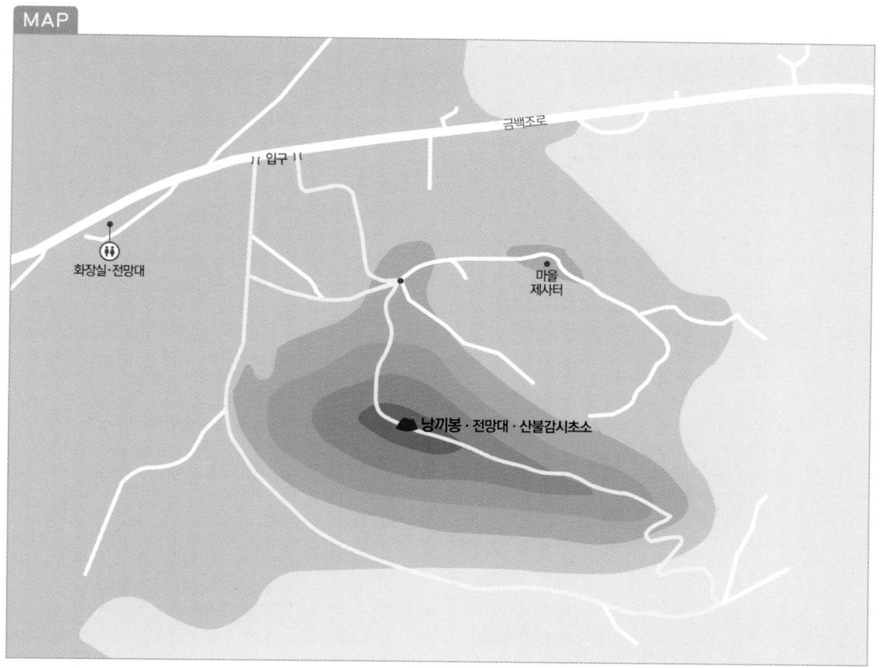

오름 능선에서 본 동쪽 풍광.

제주 중산간의 자연 약방

백약이오름

오름 수첩

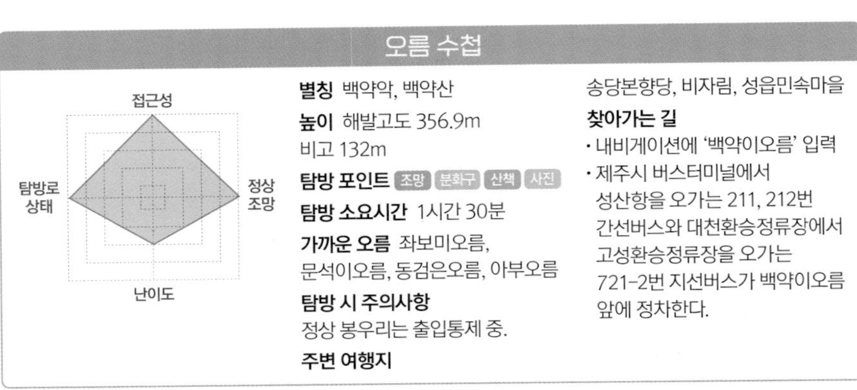

별칭 백약악, 백약산

높이 해발고도 356.9m 비고 132m

탐방 포인트 조망 분화구 산책 사진

탐방 소요시간 1시간 30분

가까운 오름 좌보미오름, 문석이오름, 동검은오름, 아부오름

탐방 시 주의사항
정상 봉우리는 출입통제 중.

주변 여행지
송당본향당, 비자림, 성읍민속마을

찾아가는 길

- 내비게이션에 '백약이오름' 입력
- 제주시 버스터미널에서 성산항을 오가는 211, 212번 간선버스와 대천환승정류장에서 고성환승정류장을 오가는 721-2번 지선버스가 백약이오름 앞에 정차한다.

온갖 약초가 많아 백약이'

서귀포시 표선면 성읍리의 백약이오름은 최근 제주 여행자들이 가장 많이 찾는 오름 중 하나다. 비교적 오르기가 편하고 올라선 후 조망이 좋은 평평한 화구벽을 따라 거대한 굼부리를 한 바퀴 돌 수 있다. 특히 들머리의 완만하고 넓은 초지대를 곧장 가로지르는 통나무 계단이 여간 멋진 게 아니다. 웨딩 화보 촬영지로 빠지지 않는 이 길은 최근 인스타그램 열풍을 타고 젊은 여행자들이 너나 할 것 없이 오르내리며 카메라에 담느라 목이 좋은 곳에서는 줄을 서서 차례를 기다려야 할 정도. 겨울날 눈이 내린 직후엔 여기서 눈썰매를 즐기는 이들도 많다.

예부터 이 오름에 온갖 약초가 많이 자라서 '백약이오름'이라는 이름이 붙었다. 한자로는 '백약산百藥山', '백약악百藥岳'이라 표기한다. 우리 풀과 약초에 대해 안목이 밝지 못한 이에겐 모두 그냥 들녘에 흔히 자라는 '풀'로 보이겠으나, '가른탈낭'이라 부르는 복분자딸기와 층층이꽃, 향유, 떡

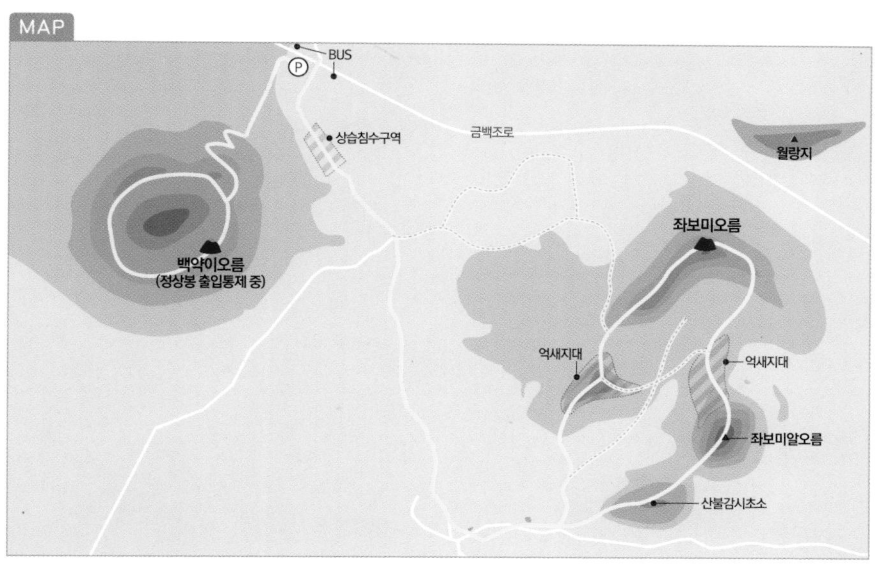

눈 덮인 백약이오름 굼부리의 소나무.

백약이오름 굼부리와 능선 탐방로.

쑥, 쇠무릎, 호장근, 고비, 참마, 하늘타리, 초피, 예덕나무, 청미래덩굴 등 귀한 약초로 가득한 보물창고가 백약이오름인 것이다. 옛날, 제주 사람들이 겨울에 장만해서 두고두고 먹던 '백초탕百草湯'이라는 상비약이 있었다. 야산의 풀 백 가지쯤을 캐서 뿌리째 말렸다가 가마솥에 넣고 오래 달인 것인데, 저마다 약효를 지닌 들풀 백 가지가 모였으니 약 중의 약이었을 터. 백초탕에 들어가는 재료가 이곳 백약이오름에 수두룩했다고 한다.

사방으로 오름 조망 빼어나

큰 덩치에 비해 탐방로는 단순하다. 들·날머리가 한 곳이고, 능선에 오른 후 화구벽을 한 바퀴 돌고 올랐던 길로 내려서면 된다. 금백조로에서 시작되는 길은 소를 방목하는 초지대 사이를 일직선으로 가로지른 후 능선에 닿기까지

최고의 포토스폿인 진입로.

초지대를 가르는 백약이오름 탐방로.

하늘에서 본 백약이오름

커다랗게 갈지자를 그린다. 내로라하는 오름이 늘어선 주변 풍광이 예쁘고, 길도 가파르지 않아서 쉽게 오를 수 있다.

탐방은 보통 능선 삼거리에서 왼쪽으로 붙어서 화구벽을 한 바퀴 돈다. 양쪽으로 풀이 무성한 길은 높낮이가 거의 없이 평탄하게 이어진다. 소나무로 울창한 백약이 굼부리는 어안렌즈가 아니고는 다 담을 수 없을 정도로 거대하다. 가끔 주변 목장에서 방목한 소가 굼부리 바닥 초지대에서 풀을 뜯는 모습을 볼 수 있다. 정상에서 굼부리 바닥까지의 깊이는 49m.

백약이오름은 이웃한 아부오름과 빼다 박은 꼴이다. 백약이가 조금 더 높을 뿐, 두 오름은 고대 로마의 원형경기장을 떠올리게 하는 넓고 깊은 굼부리가 하늘을 향해 뻥 뚫려 있다. 백약이오름의 화구벽 둘레는 1.3km쯤. 이 길을 따라 걷다 보면 동쪽 제주의 숱한 오름을 만나게 된다. 약초가 많아 백약이라는 이름을 얻었다지만 능선을 한 바퀴 돌며 보이는 오름 숫자도 그에 뒤지지 않을 만큼 많다. 서쪽으로 비치미오름과 성불오름, 큰사슴이오름을 지나 붉은오름, 물찻오름, 불칸디오름, 성널오름이 한라산의 품에 안긴 듯한 아스라한 풍광이 감동 그 자체고, 부대오름과 부소오름, 거문오름, 안돌·밧돌오름, 체오름 등이 시선을 사로잡는 북쪽 조망도 압권이다. 높은오름과 동검은이오름, 다랑쉬를 지나 지미봉, 성산일출봉까지 뻗어가는 동쪽 또한 가슴 뛰는 절경이다.

백약이에서 본 동검은이와 다랑쉬오름.

겨울에는 진입로 계단길이 눈썰매장으로 바뀐다.

좌보미오름의 구릉들.
왼쪽 위로 난 수레길이 초지대로 향한다.

제주의 바람이 만든 풍광

좌보미오름과 좌보미알오름

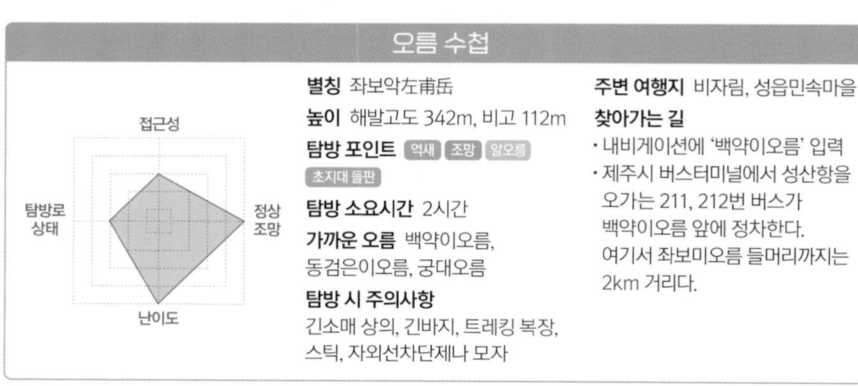

오름 수첩

별칭 좌보악左甫岳

높이 해발고도 342m, 비고 112m

탐방 포인트 억새 조망 알오름 초지대 들판

탐방 소요시간 2시간

가까운 오름 백약이오름, 동검은이오름, 궁대오름

탐방 시 주의사항
긴소매 상의, 긴바지, 트레킹 복장, 스틱, 자외선차단제나 모자

주변 여행지 비자림, 성읍민속마을

찾아가는 길

- 내비게이션에 '백약이오름' 입력
- 제주시 버스터미널에서 성산항을 오가는 211, 212번 버스가 백약이오름 앞에 정차한다. 여기서 좌보미오름 들머리까지는 2km 거리다.

MAP p.235 참고 좌보미오름은 온갖 매력을 다 지닌 멋진 곳이다. 백약이에서 들어서다가 왼쪽으로 펼쳐지는 초지대는 이질풀과 달개비, 쑥부쟁이, 여뀌에 수크령, 하늘지기, 엉겅퀴, 타래난초, 익모초 등 사철 온갖 아름다운 들꽃들로 환상적인 풍광을 펼쳐 보이고, 여러 알오름을 따라 무성한 억새는 야성미가 물씬하다. 동검은이오름이 그 자락에 숱한 알오름을 품어 멋진 구릉을 보여주지만, 좌보미오름은 아예 수많은 구릉과 알오름 위에 떠 있는 듯하다.

구릉 초지대의 수크령과 여름꽃 무리.

수많은 알오름과 이류구가 장관

백약이에서 보면 커다란 흙무더기를 쌓아놓은 것처럼 여러 개의 오름이 포도송이처럼 뭉쳐 있다. 금백조로에 면한 북사면은 단순하게 높고 둥그스름하지만 다른 방향에서

구릉 초지대. 뒤는 백약이오름이다.

는 크고 작은 봉우리 여러 개가 한데 엉겨 붙은 형국이다. 얼핏 보면 이것이 한 오름인지, 여러 오름이 모인 것인지 분간키도 어렵다. 가장 북쪽의 커다란 산체가 표고 342m인 좌보미 본 오름이고, 남·서쪽으로 봉긋봉긋 솟은 대여섯 개의 봉우리들은 모두 좌보미의 알오름이다. 알오름들은 저마다 별개의 오름으로 봐도 될 정도로 서로 또렷하게 구분된다. 그 사이로 여러 개의 굼부리가 움푹움푹하고, 전체적으로는 남서쪽으로 벌어진 말굽형을 보여준다. 동쪽과 백약이오름, 동검은이오름과의 사이엔 무수히 많은 이류구(泥流丘-화산 폭발 때 산허리를 따라 이동하던 쇄설물들이 만든 언덕)가 볼록볼록하다. 제주의 다른 지역에서는 보기 힘든 진풍경이다.

수크령으로 덮인 초지대의 여름.

한 구릉에 올라서 본 풍광. 앞이 좌보미다.

남동쪽 알오름 사이의 억새지대.

날것 그대로의 제주 풍광

좌보미와 알오름 탐방은 백약이오름 입구의 왼쪽으로 난 콘크리트 포장 농로를 따라 2km쯤 들어선 곳에서 시작된다. 승용차로 접근할 수 있지만, 농로가 낮아진 구간에 흙탕물이 고일 때가 많아 주의가 필요하다. 탐방 코스는 보통 북서쪽 알오름을 따라 좌보미에 올랐다가 반대편 능선과 이어진 남동쪽 알오름을 지나 출발지로 돌아오는 동선으로 이뤄지지만 반대로 가도 좋다. 오르내림을 몇 번 반복하지만 주변에 말로 표현키 힘든 제주 들녘 풍광이 시원스레 펼쳐지고, 운치 좋은 오솔길이 이어져 힘든 줄 모르고 걷게 된다. 알오름에 올라 조망하는 한라산과 그 품에 담긴 오름은 아무리 보고 또 봐도 기분 좋고,

백약이에서 본 겨울날의 좌보미오름.

좌보미오름과 알오름들.

여름날의 북서쪽 알오름 정상. 억새로 뒤덮였다.

알오름 자락의 독특한 모양을 한 산담.

백약이와 동검은이, 높은오름도 가까이에서 눈인사를 한다.

이 숱한 오름과 구릉, 굼부리를 품은 좌보미 본오름은 막상 조망이 막힌다. 대신 숲의 기운은 충만해, 제대로 삼림욕을 즐길 수 있다. 알오름 사이엔 넓은 억새지대가 장관이다. 이곳에 바람이라도 불면 좌보미오름 탐방 시간은 한없이 길어지고 만다.

좌보미와 그 주변 지형의 매력을 제대로 느껴보려면 이 정상적인 탐방 코스를 조금 비트는 게 좋다. 백약이에서 들어서다가 만나는 왼쪽의 초지대를 들머리로 잡는 것. 초지대 사이의 구릉들을 오르내리며 안으로 들어서다 보면 초지대 안의 수레길이 끝나는 곳에서 좌보미와 북서쪽 알오름 사이의 안부를 만난다. 이 들판은 그야말로 제주가 품은 보석 같은 곳이다. 탐방로가 없고 풀이 무성한 곳이지만, 상상 이상으로 멋진, 날것 그대로의 제주 풍광을 만날 수 있다.

비치미오름에서 본 개오름.

세상 행복한 개 한 마리

개오름

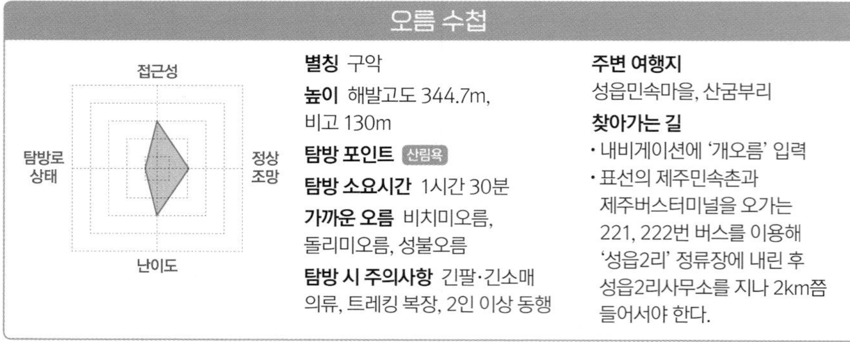

오름 수첩

별칭 구악

높이 해발고도 344.7m, 비고 130m

탐방 포인트 산림욕

탐방 소요시간 1시간 30분

가까운 오름 비치미오름, 돌리미오름, 성불오름

탐방 시 주의사항 긴팔·긴소매 의류, 트레킹 복장, 2인 이상 동행

주변 여행지
성읍민속마을, 산굼부리

찾아가는 길
- 내비게이션에 '개오름' 입력
- 표선의 제주민속촌과 제주버스터미널을 오가는 221, 222번 버스를 이용해 '성읍2리' 정류장에 내린 후 성읍2리사무소를 지나 2km쯤 들어서야 한다.

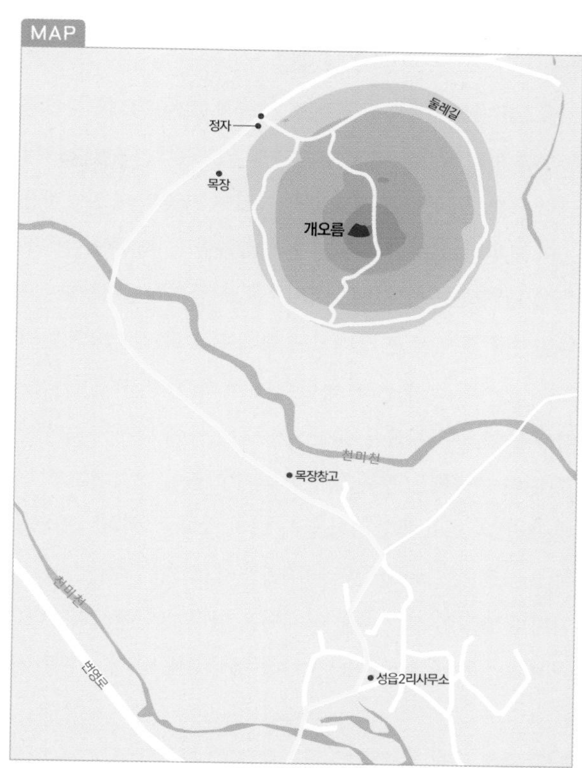

'개'는 인류에게 가장 친근하고 오래된 반려동물이다. 시대를 불문하고 어떤 형태로든 우리 주변을 맴도는 동물이기도 하다. '개'는 오름 이름에도 쓰였다. '개오름'이 여러 곳이고 '개죽은산', 어미 개가 강아지를 품은 형상이라는 '모구악母狗岳'에 심지어 '개새끼오름'까지 있다.

'개오름'은 제주시와 서귀포시, 안덕면, 표선면에 각각 하나씩 있다. 표선면과 구좌읍의 경계에 솟은 개오름은 오름 꼭대기에 개를 닮은 바위가 있어서 이런 이름이 붙었다고 한다. 또 풍수지리적으로 한라산을 중심으로 개의 자리에 위치하기 때문이라는 설도 전한다. 옛 문헌이나 지도에는 종종 '구악狗岳'이라고 표기되기도 한다.

오름 주변은 온통 목초지다.

성읍민속마을의 북서쪽, 번영로 옆에 원추형으로 솟은 개오름은 표고 344.7m에 오름 자체의 높이가 130m로, 탄탄한 삼각뿔 모양이다. 밖에서 본 오름은 아래서부터 꼭대기까지 전체가 짙은 숲으로 뒤덮였다. 삼나무가 대부분이고, 간간이 소나무와 사스레피나무, 녹나무 같은 늘푸른나무도 보인다.

분화구 흔적 없는 원추형 오름

성읍2리 마을회관에서 출발해 서북쪽 비치미오름 사이의 농로를 따라 들어서면 목장 한편에 있는 팔각 정자가 나타난다. 정자 옆으로 초지대로 들어서는 가축의 출입방지용 문이 보인다. 목장의 초지대를 통과하면 곧 빽빽한 삼나무 숲이 나타나고 그 사이로 좁은 산길이 이어진다. 바닥에 깔린 친환경 매트는 오래되어 형체조차 희미해졌다. 인적 드문 곳이어서 새소리, 바람소리는 더 선명하다. 삼나무 아래로 가득한 식물은 개모시풀. 개오름에 나무가 울창하지 않던 옛날에는 뿌리가 빨간 피뿌리풀이 많았다고 하는데, 지금은 초지대가 거의 남아 있지 않다. 고려 말, 몽골에서 들어온 것으로 확인된 피뿌리풀이 꽃 피는 때는 5~6월이지만 남획이 심해 제주 전체에서 만나기가 어려워졌다. 쉬엄쉬엄 걸어서 20분 남짓이면 정상부에 닿는다. 완만한

개오름 자락에서 본 성불오름과 한라산.

영주산이 보이는 개오름 정상.

목장 울타리 사이의 개오름 입구.

원추형 오름이라서 길이 살짝 가파르다.

개오름의 울창한 삼나무숲.

정상부는 편백나무와 소나무 사이로 억새가 자주 보인다. 간간이 조망이 트이는 곳에서 일대의 오름 조망이 가능하나 풍광이 시원스럽지 못하다.

오름 이름이 유래한 '개를 닮은 바위'쯤으로 짐작되는 작은 바위가 있는 정상에서는 남쪽 조망이 좋다. 영주산부터 모지, 따라비, 큰사슴이오름(대록산)을 지나 한라산까지 훤하다. 동쪽으로는 좌보미오름과 대수산봉, 성산일출봉도 보인다. 발아래로 펼쳐진 너른 들판은 성읍목장인데, 옛날 '큰손'으로 온 나라를 떠들썩하게 했던 어음 사기 사건의 장본인인 장영자 소유였다고 한다. 하산은 남쪽으로 곧장 내려선 후 오름을 반 바퀴쯤 돌아 출발 지점으로 나오게 되며, 탐방은 1시간 30분쯤 걸린다.

영주산과 한라산, 그 사이의 오름들.

영묘한 전설과 눈부신 전망대

영주산

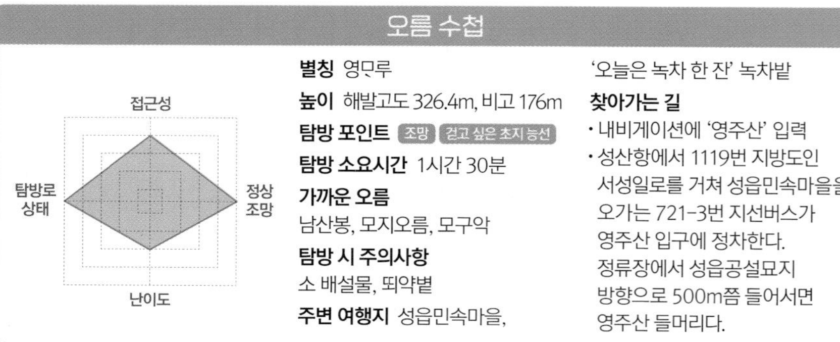

오름 수첩

별칭 영모루

높이 해발고도 326.4m, 비고 176m

탐방 포인트 조망 / 걷고 싶은 초지 능선

탐방 소요시간 1시간 30분

가까운 오름
남산봉, 모지오름, 모구악

탐방 시 주의사항
소 배설물, 뙤약볕

주변 여행지 성읍민속마을, '오늘은 녹차 한 잔' 녹차밭

찾아가는 길
- 내비게이션에 '영주산' 입력
- 성산항에서 1119번 지방도인 서성일로를 거쳐 성읍민속마을을 오가는 721-3번 지선버스가 영주산 입구에 정차한다. 정류장에서 성읍공설묘지 방향으로 500m쯤 들어서면 영주산 들머리다.

'영주산瀛洲山'은 진시황과 한 무제가 불로불사의 영약을 구하려고 동남동녀 수천 명을 보냈다는 삼신산 중 하나로, 우리 선조들은 한라산을 영주산이라 부르기를 좋아했다. 서귀포시 표선면의 성읍마을 뒤에 솟은 오름 이름도 영주산이다. 그만큼 중요하고 귀히 여겼기 때문이다.

군자의 풍모를 닮은 외형

영주산은 제주삼읍 중 정의현의 현청이 있던 성읍의 뒷산이다. 성읍을 감싸듯 솟은 영주산이기에 풍수지리를 중요시하던 조선의 관료들이 여느 오름보다 더 특별히 대접했을 게 뻔하다. 이 오름에 한라산의 별명을 붙여 격을 달리해 불렀던 것도 그 때문이 아닐까? 남동쪽으로 벌어진 말굽형 굼부리를 가진 영주산은 가부좌를 튼 군자의 풍모도 닮아 중후하고 묵직한 인상이다. 또 주변에 높이를 다툴 만한 다른 오름이 없어 그 존재감이 더 도드라져 보인다. 당연히 오름에서의 조망이 빼어나다.

굼부리를 끼고 발달한 선이 굵은 능선을 따라 길이 나 있다. 원형으로 이어진 탐방로여서 출발 지점에서 양쪽 어디로 방향을 잡아도 좋으나 동쪽인 오른쪽으로 올라 남쪽으로 내려서는 게 일반적이다. 외관상 꽤 높아 보이지만 오르내림이 사납지 않고 탐방로 주변의 초지대에 온갖 우리 들꽃이 철 따라 피어나 걸음이 즐겁다. 잔디밭 사이로 난 오솔길을 따르다가 곧 나무 계단이 능선에 닿기까지 길게 이어진다. 오르면서 보는 계단은 끝없이

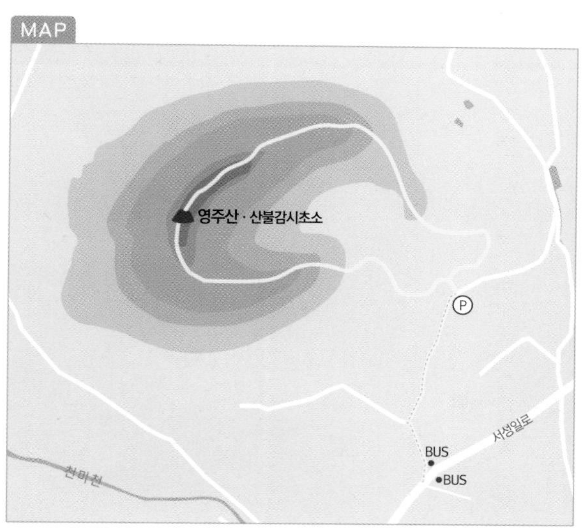

뒤로 모구리오름과 나시리오름이 보인다.

상공에서 본 영주산.

평탄해 걷기 편한 정상부 능선.

계단 구간에서 본 동쪽 풍광.

초지대 사이로 난 나무계단길이 멋진 초입부.

하늘로만 뻗은 모습이다. 여러 색으로 칠까지 해 놓아 길은 하늘에 걸린 무지개 같다. 사람들은 이를 '천국으로 향하는 계단'이라고 부른다. 계단이 나타날 즈음부터 주변 풍광은 거칠 것 없이 뻥 뚫린다.

오르지 않고는 상상할 수 없는 세상

한 계단씩 밟아 오를수록 제주 풍광은 한 뼘씩 넓어진다. '벵듸'와 숨 쉬는 땅 '곶자왈' 사이로 한라산 동쪽의 기라성 같은 오름들이 불쑥불쑥 솟은 모습은 볼 적마다 가슴을 떨리게 한다. 저기는 백약이, 그 옆은 좌보미, 뒤는 높은오름, 오른쪽은 동검은이, 또 개오름과 비치미, … 이름을 짚어가며 조망하는 즐거움이 좋다. 제주의 여느 풀밭 오름 대부분이 그렇지만 영주산도 주변 목장의 방목지 역할을 한다. 당연히 산길엔 소똥이 흔하다. 그래서 풍광에 취해 원경만 보고 걷다간 낭패를 당하기 십상.

평평한 능선의 정상쯤엔 사방으로 멋진 풍광을 품은 산불감시초소가 있다. 동쪽으로 모구리오름과 유건에오름을 지나 성산일출봉이 멋들어지고, 그 남쪽 벌판엔 풍력발전기가 늘어선 익숙한 제주 풍광이 펼쳐진다. 서쪽으론 수없이 많은 오름들 뒤에 한라산이 듬직하다. 오르지 않고는 만날 수 없고, 상상조차 할 수 없는 진짜 제주가 눈앞에 펼쳐지는 것이다.

북쪽 상공에서 본 따라비오름.

사진작가 김영갑이 사랑한 '바람의 고향'

따라비오름

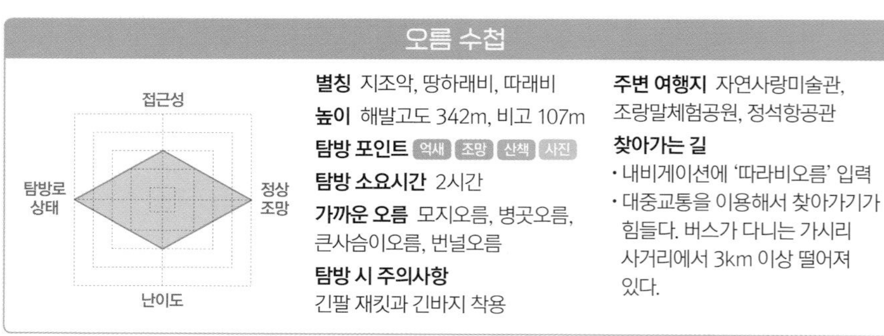

오름 수첩

별칭 지조악, 땅하래비, 따래비

높이 해발고도 342m, 비고 107m

탐방 포인트 억새 조망 산책 사진

탐방 소요시간 2시간

가까운 오름 모지오름, 병곳오름, 큰사슴이오름, 번널오름

탐방 시 주의사항
긴팔 재킷과 긴바지 착용

주변 여행지 자연사랑미술관, 조랑말체험공원, 정석항공관

찾아가는 길

- 내비게이션에 '따라비오름' 입력
- 대중교통을 이용해서 찾아가기가 힘들다. 버스가 다니는 가시리 사거리에서 3km 이상 떨어져 있다.

걷고 싶은 따라비오름길.

한 번이라도 제주여행을 해 본 이라면 누구나 알겠지만, 제주는 바람의 땅이다. 제주는 이 바람에 막 시작된 봄을 가득 실어 자꾸만 육지로 밀어 올린다. 명성 자자한 제주의 바람을 오롯이 만나기에 가시리의 따라비오름만 한 곳이 없을 것이다. 어느 예술가가 "가시리는 바람 불 때 아름답다"고 했는데, 이 '가시리 바람'이 가장 도드라지는 곳이 마을 북쪽의 갑마장과 따라비오름이다. 억새가 뒤덮은 따라비오름은 찾을 때마다 바람이 연출해 내는 온갖 아름다운 퍼포먼스로 가득하다. 가을날, 바람결 따라 뒤척이는 은빛 억새의 춤사위가 그토록 환상적인 곳을 나는 본 적이 없다.

언제 찾아도 위로가 되는 곳

봄날의 따라비도 그에 못지않다. 오름을 뒤덮은 묵은 억새대궁 사이로 푸릇푸릇 돋아나는 새싹의 설렘은 말할 것 없고, 오름을 감싼 드넓은 화산평야를 따라 번져가는 제주의 봄 빛깔은 차라리 말을 잃게 만든다. 따라비오름 자체도 비교 불가한 절경을 가졌다. 따라비 능선에 설 때마다 어느 오름에서도 볼 수 없는 독특한 풍광에 압도당하기는 매한가지였다. 움푹움푹 파인 너덧 개의 크고 작은 굼부리가 한 오름 안에 들어선 모양새가 그야말로 희한해서다. 동서로 마주 선 두 봉우리를 남쪽 능선이 부드럽게 감싸 안았고, 북

주차장에서 본 따라비오름.

따라비오름에서 본 송당리의 오름.

쪽으로는 아예 트이며 키 낮춘 여러 봉우리가 연이어진 모습은 아무리 봐도 마냥 좋았다. 제주를 사랑해서 제주의 바람이 된 사진작가 고 김영갑이 그토록 아끼고 사랑했던 오름이 따라비다. 따라비오름 일대의 벌판인 갑마장에 그가 애지중지하며 카메라에 담아오던 광활한 억새밭이 있다. 지금은 이 갑마장을 따라 청정 섬 제주를 상징하는 수십 기의 풍력발전기가 세워져 또 다른 볼거리가 되었다. 따라비오름은 368개나 되는 제주의 오름 중에서 가장 아름답다는 평을 받는다. 경사가 부드럽고 오르내리는 길 대부분이 초지대로 이뤄져 남녀노소 누구나 쉽게 오를 수 있어 더 매력적이다.

이 오름에 '따라비'라는 아주 독특한 이름이 붙은 것은 이웃한 오름들 때문. 동쪽의 알오

MAP

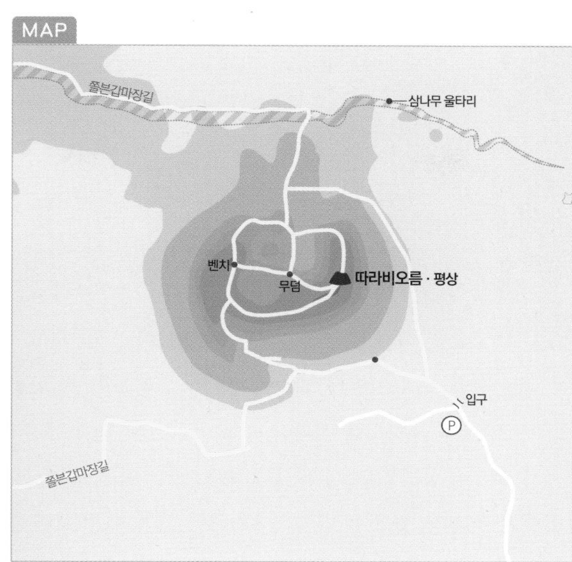

하늘에서 본 따라비오름.

북쪽에서 올려다 본 따라비오름.

여름날의 따라비오름.

름을 품고 있는 어머니 모지오름과 장자오름, 북쪽의 새끼오름이 따라비오름과 더불어 마치 한 가족처럼 보여서다. 가장 격이라 하여 '따에비'라 하던 것이 '따래비'로 불리게 되었다고 한다. 또 모지오름과는 시아버지와 며느리의 형국이라고 여겨 '땅하래비'라고 했다는 등 이름에 얽힌 별별 재밌는 이야기가 전해온다. 한자로는 지조악地祖岳이라 쓴다.

조선시대에 따라비오름 서쪽으로 펼쳐진 광활한 초원을 무대 삼아 산마장(개인 목장이던 사마私馬 목장)인 녹산장과 우수한 말들만 따로 길러 진상했던 국영 목장인 갑마장甲馬場이 설치되었다. 그래서 이곳은 600년이 넘는 제주 목마장의 역사와 문화를 보여주는 유적들이 풍부하다. 원형을 그대로 간직한 잣성을 비롯해 목감막터와 목감집, 급수통, 목도

석양 무렵의 갑마장 풍력발전기.

등이 지금도 살아남아 견고한 땅의 유전자를 생생히 보여주고 있다. 갑마장을 에두른 '갑마장길'을 따라가면 이들을 차례로 만나게 된다.

탐방은 주차장에서 왼쪽으로 가서 바로 능선에 붙거나 오른쪽으로 둘레길을 따라 북쪽에서 오를 수도 있다. 따라비와 잣성, 대록산, 행기머체를 잇는 '쫄븐갑마장'길을 걷는다면 더할 나위 없는 코스다.

따라비 옆 녹산로의 유채와 벚꽃.

'쫄븐갑마장길'을 걷는 여행자.

큰사슴이오름 자락으로 유채꽃이 절정이다.

갑마장을 내려다보는 최고의 조망처

큰사슴이오름

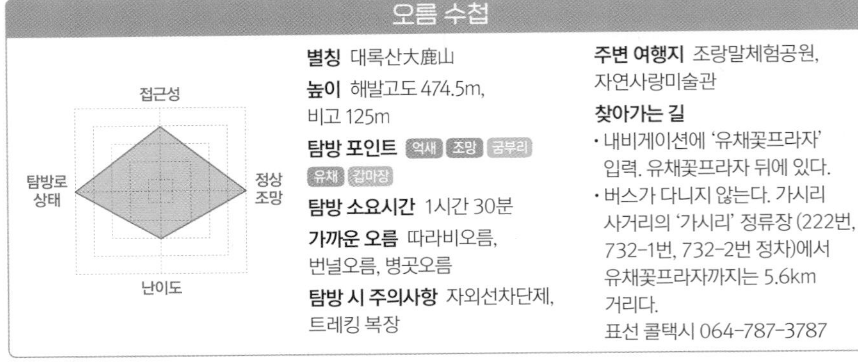

오름 수첩

별칭 대록산大鹿山

높이 해발고도 474.5m, 비고 125m

탐방 포인트 억새 조망 굼부리 유채 갑마장

탐방 소요시간 1시간 30분

가까운 오름 따라비오름, 번널오름, 병곳오름

탐방 시 주의사항 자외선차단제, 트레킹 복장

주변 여행지 조랑말체험공원, 자연사랑미술관

찾아가는 길

- 내비게이션에 '유채꽃프라자' 입력. 유채꽃프라자 뒤에 있다.
- 버스가 다니지 않는다. 가시리 사거리의 '가시리' 정류장 (222번, 732-1번, 732-2번 정차)에서 유채꽃프라자까지는 5.6km 거리다.
  표선 콜택시 064-787-3787

큰사슴이오름은 따라비오름에서 한라산 쪽으로 펼쳐진 드넓은 갑마장 건너편에 솟았다. 제주 최고의 유채꽃 명소인 녹산로의 정석항공관 뒷산이다. 하나인 듯 둘인 오름은 옛날에 사슴이 살아서 이런 이름을 갖게 되었다고 하며, 두 오름의 모양이 사슴을 닮았기 때문이라는 이야기도 전해온다. 한자로는 '대록산大鹿山', '소록산小鹿山'이라고 표기한다.

큰사슴이오름과 송당리의 오름들

'쫄븐갑마장길'과 겹치는 탐방로

해발고도가 474.5m인 큰사슴이는 대체적으로 가파르고 둥글다. 정상에서 북쪽으로 기울어진 깊이 55m의 분화구를 가졌고, 그 서쪽에도 움푹 파인 커다란 구덩이가 있다. 탐방은 보통 유채꽃프라자를 기점으로 이뤄진다. 유채꽃프라자 뒤쪽, 족은사슴이 사이의 초지대로 들어서면 정상까지 연결된 계단이 보인다. 이 코스는 짧지만 가파르다. 이 코스보다는 반대편으로 오르는 게 길이 편하고 좋다. 유채꽃프라자에서 나와서 풍력발전단지 관리동 앞으로 난 콘크리트 포장도로를 따라 1.2km 가면 왼쪽으로 큰사슴이 탐방로가 갈린다. 갑마장 일대를 한 바퀴 도는 '쫄븐갑마장길'과도 겹치는 코스다.

큰사슴이오름 동북릉을 따르는 이 길은 정상부를 제외하고는 관목이 섞인 초지대여서 시야가 트이고 길도 편하다. 중간에 길 왼쪽에 반듯한 산담이 나오는데, 여기서 뒤돌아보면

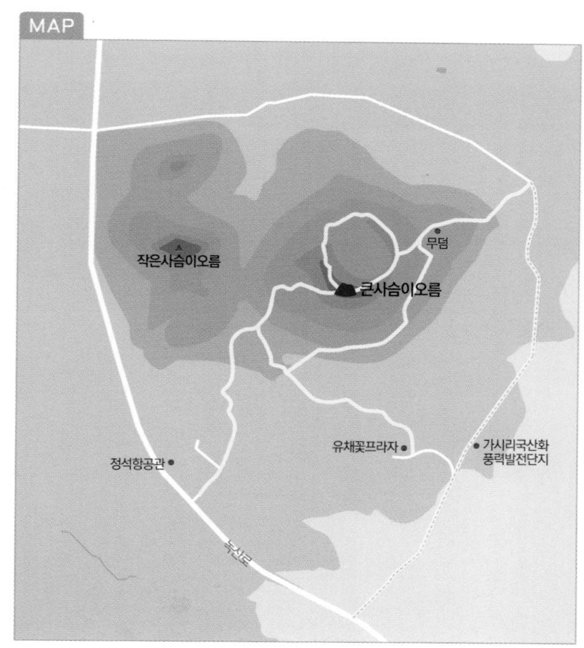

송당리의 숱한 오름을 포함, 제주 동부의 어지간한 오름은 다 볼 수 있다. 무덤을 지나며 길은 계단으로 바뀌며 정상부의 숲속으로 파고든다.

몇 개의 벤치가 있는 큰사슴이오름 정상.

거침없는 조망이 펼쳐지는 정상

정상부 능선에서 오른쪽으로 작은 길이 갈라진다. 분화구를 한 바퀴 도는 코스다. 주 탐방로와는 달리 포장이 안 된 흙길이고, 기울어진 분화구를 따라 내려섰다가 다시 올라야 하지만 호젓하고 걷기 좋은 둘레길이다. 갈림길에서 곧장 능선을 따르면 정상이 가깝다. 아까 갈라졌던 둘레길은 분화구를 한 바퀴 돈 후에 정상으로 이어진다.

광활한 갑마장을 향해 벤치 몇 개가 놓인 정상에서는 거침없는 조망이 펼쳐진다. 수십 기의 풍력발전기가 늘어선 갑마장 들판과 그 건너의 따라비오름이 한눈에 들어오고, 북쪽으로 송당리의 오름들도 잘 보인다. 오른쪽으로는 반듯한 정석비행장 활주로 너머로 한

큰사슴이오름을 내려서는 길.
족은사슴이오름과 정석비행장이 훤하다.

정상에서 본 갑마장과 따라비오름.

큰사슴이오름과 한라산.

라산도 훤하다.

큰사슴이와 족은사슴이 남쪽의 녹산로는 이 두 오름을 일컫는 말인 녹산鹿山에서 왔다. 조선시대부터 내려오는 일대의 광활한 목장을 녹산장鹿山場이라 불렀는데, 이 또한 이 오름에서 연유하는 이름이다. 녹산장은 원래 남원읍 의귀리에 살던 김만일金萬鎰이 말을 기르던 목장이었다. 그는 전쟁에 쓸 말 500필을 나라에 바쳤고, 이것이 연이 되어 후손 대대로 '감목관監牧官'이라는 벼슬을 세습직으로 하사받았다.

붉은오름과 남조로,
위쪽은 렛츠런팜제주목장이다.

제주 대표 꽃산행지

붉은오름

오름 수첩

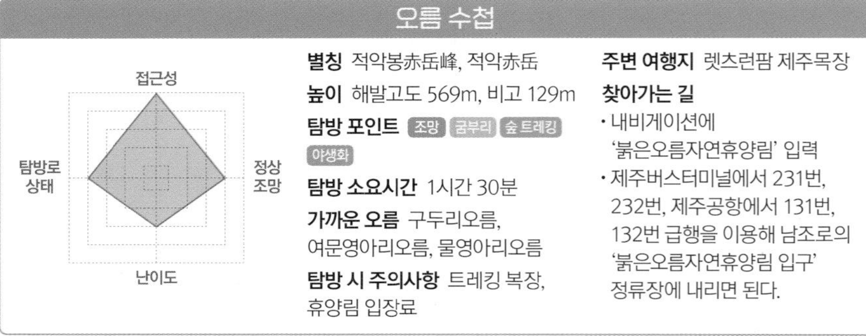

별칭 적악봉赤岳峰, 적악赤岳

높이 해발고도 569m, 비고 129m

탐방 포인트 조망 굼부리 숲 트레킹 야생화

탐방 소요시간 1시간 30분

가까운 오름 구두리오름, 여문영아리오름, 물영아리오름

탐방 시 주의사항 트레킹 복장, 휴양림 입장료

주변 여행지 렛츠런팜 제주목장

찾아가는 길

- 내비게이션에 '붉은오름자연휴양림' 입력
- 제주버스터미널에서 231번, 232번, 제주공항에서 131번, 132번 급행을 이용해 남조로의 '붉은오름자연휴양림 입구' 정류장에 내리면 된다.

붉은오름과 붉은오름자연휴양림.

제주에는 서귀포, 절물, 교래, 붉은오름까지 네 개의 자연휴양림이 있다. 이들 자연휴양림은 숲 탐방 환경이 좋아서 안전하고 쾌적하게 최고 수준의 숲을 둘러볼 수 있다. 온대와 난대, 한대 수종이 다양하게 분포하는 붉은오름자연휴양림은 사려니숲의 동쪽 끝에 자리했기에 숲의 어떠함은 말할 것도 없고, 사철 야생화가 아름답기로도 손꼽힌다. 휴양림 내의 붉은오름은 탐방로를 따라 노루귀와 현호색, 산자고, 세복수초에 온갖 별꽃이 꽃을 피우는 봄철엔 대표적인 꽃산행지로 사랑받는다.

흙빛이 붉다지만 지금은 숲이 울창

오름을 덮은 흙이 유난히 붉은빛을 띤다고 해서 이런 이름이 붙었다. 실제로 오름은 붉은빛을 띠는 화산 송이인 '스코리아scoria'가 뒤덮고 있다. 사실 제주에는 '민오름'만큼이나 많은 게 '붉은오름'이다. 삼별초가 최후의 항전을 펼치다가 전멸해 온 산을 피로 물들였다는 1100도로 서쪽의 붉은오름이 있고, 윗세오름의 맏형도 윗세붉은오름이다. 대기고등학교가 터 잡은 봉개동 봉개오름의 또 다른 이름이 붉은오름이다. 한라산국립공원의 사라

MAP

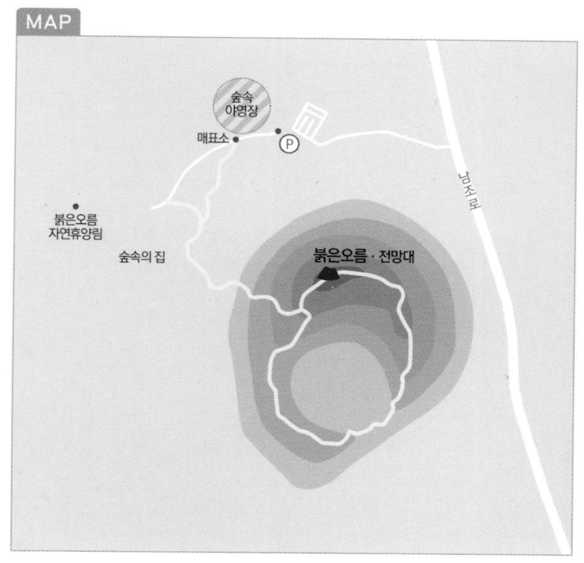

복수초가 만개한 붉은오름 탐방로.

오름 맞은편에 솟은 흙붉은오름도 유명하다. 이들은 모두 흙빛이 붉어서 같은 이름으로 불린다.

제주시와 서귀포시의 경계가 붉은오름을 반으로 가르며 지난다. 정상이 포함된 오름의 북반부는 제주시 조천읍 교래리에, 남반부는 서귀포시 표선읍 가시리에 속한다. 이름과는 달리 온통 숲이 울창해 붉은 흙빛을 확인하는 것은 힘들다. 비고가 120m로 가파른 오름에 속하지만, 휴양림에서 출발하는 탐방로를 따라 걷다 보면 힘들이지 않고 정상에 닿는다. 휴양림 입구에서 출발해 오름 굼부리를 한 바퀴 돌아 내려서는 거리는 2km쯤이다.

활엽수로 가득한 굼부리 둘레길

휴양림에 접한 북쪽 자락과 사려니숲에 걸친 남쪽 자락을 제외하면 오름 대부분은 활엽수 천연림으로 빼곡하다. 그래서 계절 따라 바뀌는 숲의 아름다움과 색다른 정취를 만

오름 자락의 상잣성길에서 만나는 팽나무 쉼터.

침엽수와 활엽수의 조화가 돋보이는 자연휴양림의 숲.

복수초가 만개한 붉은오름 탐방로.

날 수 있다. 오름은 특이하게도 이중으로 형성된 굼부리를 가졌다. 말굽형 화구가 벌어져 내리는 남사면 중턱에 움푹 팬 원형 화구를 가진 신비로운 형태다. 굼부리 능선은 숲이 울창해 주변 조망이 트이지 않지만, 정상에 오름 전망대가 있어서 일대 풍광을 살펴볼 수 있다. 전망대에 오르면 물찻오름과 말찻오름, 물장오리오름, 견월악, 절물오름, 거친오름, 민오름, 물영아리오름, 머체악, 거린악, 흙붉은오름, 동수악, 논고악, 사슴이오름, 따라비오름 등 수많은 오름이 봉긋봉긋 솟아오른 제주 동부의 풍광이 펼쳐진다.

붉은오름자연휴양림 안에는 오름 탐방로 외에도 '무장애 나눔 숲길(1.1km)'과 '상잣성 숲길(2.7km)', 말찻오름을 다녀오는 '해맞이 숲길(6.7km)'도 있으니 상황에 따라 이어서 탐방하는 것도 좋다.

남조로 동쪽에서 본 붉은오름과 한라산.

병곳오름과 번널오름 그리고 녹산로.

사이다처럼 상쾌한 조망

번널오름과 병곳오름

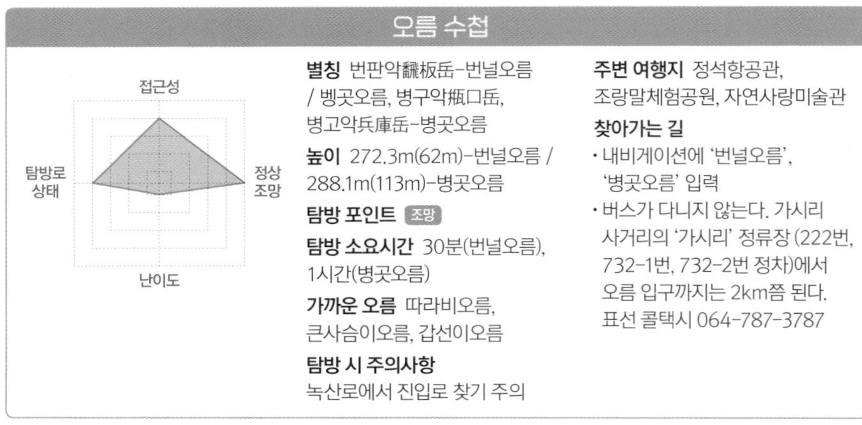

오름 수첩

별칭 번판악飜板岳–번널오름 / 벵곳오름, 병구악甁口岳, 병고악兵庫岳–병곳오름

높이 272.3m(62m)–번널오름 / 288.1m(113m)–병곳오름

탐방 포인트 조망

탐방 소요시간 30분(번널오름), 1시간(병곳오름)

가까운 오름 따라비오름, 큰사슴이오름, 갑선이오름

탐방 시 주의사항
녹산로에서 진입로 찾기 주의

주변 여행지 정석항공관, 조랑말체험공원, 자연사랑미술관

찾아가는 길
- 내비게이션에 '번널오름', '병곳오름' 입력
- 버스가 다니지 않는다. 가시리 사거리의 '가시리' 정류장 (222번, 732-1번, 732-2번 정차)에서 오름 입구까지는 2km쯤 된다. 표선 콜택시 064-787-3787

가시리 사거리에서 유채와 벚꽃으로 유명한 녹산로를 따라 제동목장 쪽으로 가다 보면 왼쪽으로 나란히 누운 오름 두 개가 보인다. 병곳오름과 번널오름이다. '벵곳오름'이라고도 하는 병곳오름은 288m 높이에, 오름 높이는 113m고, 번널오름은 그보다 조금 낮다. 두 오름은 서로 400m쯤 떨어져 있고, 그 사이로 작은 물길이 지난다. 서로 빤히 건너다 보이는 두 오름이지만 길이 이어져 있지는 않다. 번널오름은 녹산로에서 바로 탐방로가 이어지고, 병곳오름은 콘크리트 포장도로를 따라 700m쯤 들어서야 들머리가 나온다.

말안장 모양을 한 번널오름

널빤지를 펼쳐둔 모양새라서 '번널'이란 이름이 붙었다는데, 실제로는 말안장을 닮았다. 북동쪽 능선에 정상이 있고 남서쪽으로 기운 분화구의 건너편에도 봉긋한 봉우리가 보인다. 이 두 봉우리 양쪽은 능선이 흘러내려 전체적으로는 딱 말안장 모양이다. 들머리에서 정상까지는 천천히 걸어도 10분이면 닿는다. 산불감시초소가 있는 정상은 녹산로 방향으로 작은 바위 절벽을 이뤘다. 덕분에 따라비오름과 큰사슴이오름 사이의 갑마장과 녹산로가 손에 잡힐 듯 가깝고 훤하다. 한라산까지도 막힘이 없다. 건너편 봉우리로는 길

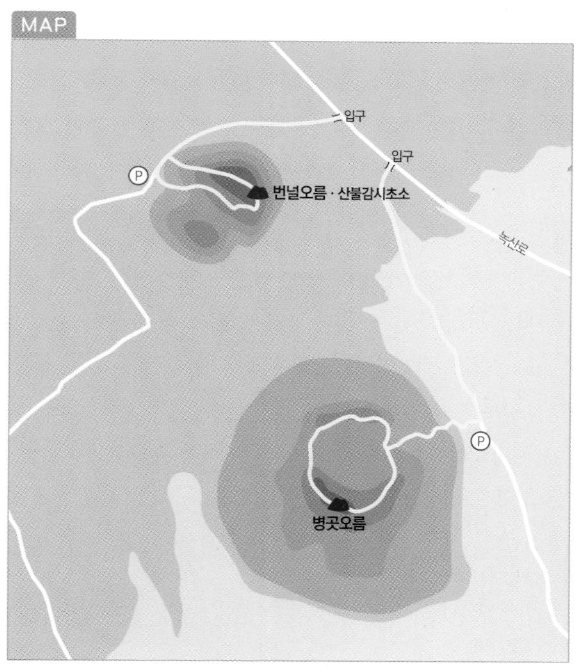

병곳오름 탐방로. 나무 계단과 천연 야자매트가 깔렸다.

번널오름 정상의 산불감시초소. 조망이 좋다.

이 이어지지 않고, 산불감시초소를 지나 북쪽 능선을 타고 내려선다.

병곳오름은 무기고를 닮아서 '병고악兵庫岳', 병의 주둥이를 닮아 '병구악甁口岳'으로도 부른다. 북동쪽으로 열린 말굽형 굼부리를 가졌다. 들머리에 주차공간도 보인다. 굼부리를 만나기까지는 계단길이 이어지다가 굼부리 둘레길에는 친환경 야자매트가 깔렸다. 사스레피나무가 늘어선 번널오름과 달리 병곳오름엔 동백나무가 많다. 가시리와 송당리, 녹산로가 지나는 갑마장 일대와 한라산까지 번널오름보다는 좀 더 너른 풍광이 펼쳐진다. 굼부리를 한 바퀴 돌아 올랐던 길로 내려서면 된다.

녹산로와 갑마장이 손바닥 안

두 오름 모두 높지 않아 오르내림이 비교적 쉽다. 높이가 낮아도 주변 조망에 막힘이 없다. 말馬 대신 수십 기의 풍력발전기가 늘어선 갑마장이 한눈에 들어오고, 따라비오름과 큰사슴이오름을 잇는 쫄븐갑마장길 전체 코스가 손바닥처럼 훤히 내려다보인다. 동쪽으로 송편을 닮은 설오름도 가깝다. 두 오름 정상엔 이 풍광을 조망하기 좋게 벤치도 있다. 가만히 앉아서 하릴없이 시간을 보내기에 딱 좋다.

번널오름 정상에서 본 녹산로와 갑마장.

녹산로가 벚꽃과 유채로 더할 나위 없이 화려할 때, 주차할 공간조차 없이 복잡한 녹산로보다 이 두 오름에 올라 한갓지고 여유롭게 이 풍광을 즐겨보시라. 신선놀음이 따로 없다. 또 늦가을, 갑마장에 가을이 내려앉으면 대체할 수 없는 그 쓸쓸하고 깊은 서정을 만끽하기에 더할 나위 없는 명당이 이곳이다.

병곳오름엔 동백나무가 많다.

번영로에서 들어서다가 본 달산봉.

활엽수 우거진 망오름

달산봉과 제석오름

오름 수첩

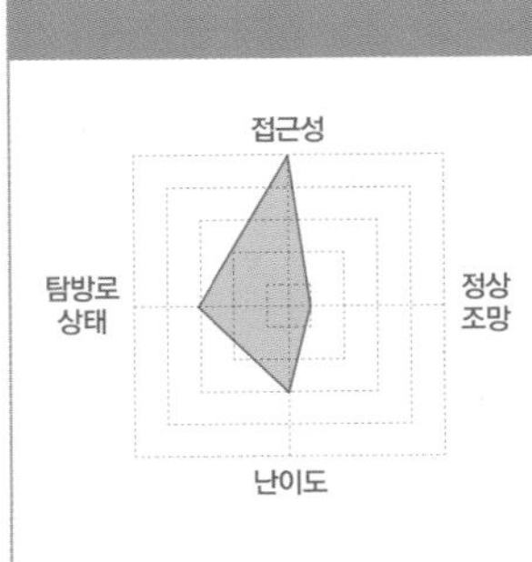

별칭 탈산봉, 망오름, 당산봉, 달산망

높이 해발고도 136.5m, 비고 87m

탐방 포인트 숲 트레킹 봉수대

탐방 소요시간 1시간 30분

가까운 오름
가세오름, 토산망, 매오름

탐방 시 주의사항
제석오름 내려선 후 길 찾기 주의

주변 여행지 제주민속촌, 신풍목장

찾아가는 길

- 내비게이션에 '달산봉' 입력
- 제주버스터미널에서 제주민속촌을 오가는 221번, 222번 버스가 '달산봉 입구' 정류장에 정차한다. 여기서 오름 들머리까지는 1km쯤의 거리다.

제주시 건입동에서 동부 중산간을 지나 표선에 이르는 번영로는 서부의 평화로와 쌍벽을 이루는 주요 도로다. 35.9km를 달리는 동안 조천읍의 세미오름을 시작으로 우진제비와 거문오름, 부대오름, 성불오름, 영주산 등 중산간의 숱한 오름을 스쳐 지난다. 달산봉은 번영로가 마지막에 만나는 오름이다.

낙엽이 많아 미끄러짐에 주의해야 한다.

이름만 오름인 '제석오름'

표선면 하천리의 서쪽에 우뚝한 달산봉은 전체적으로 원형을 이루며, 동북쪽으로 트인 말굽형 굼부리를 품었다. 고문헌에 등장하는 옛 이름은 '달산達山'인데, 조선시대에 봉수대가 설치되면서 '달산봉'으로 불렸다. 달리 망오름이라고도 한다. 오름 동쪽, '쇠고개턱'이라고 부르는 안부 저쪽에 표고 88m의 알오름도 있다. 이는 달산봉의 굼부리

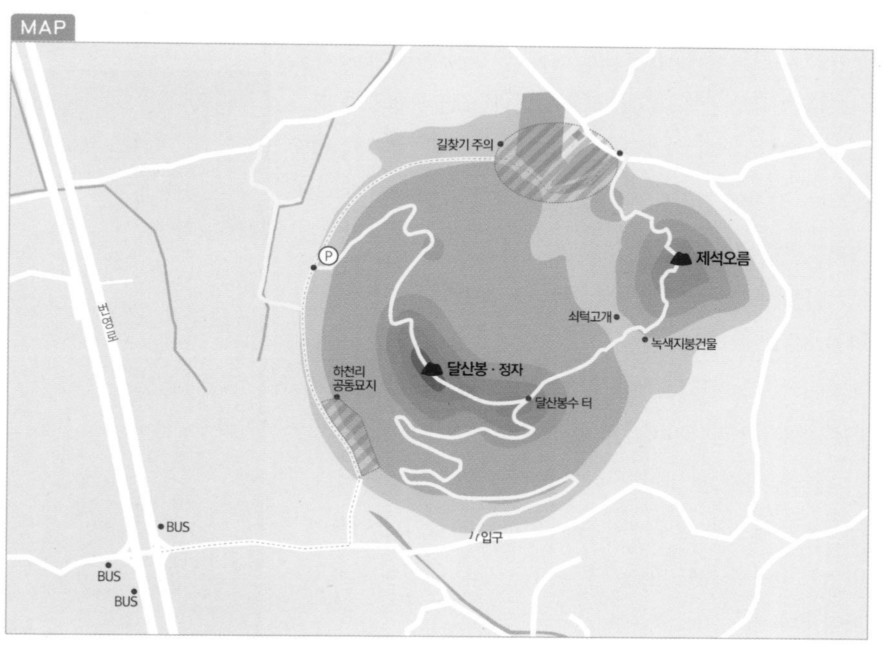

오름 들머리.

에서 떨어져나간 암설류로, 따로 '제석오름'이라고 부른다.

오름은 대체로 울창한 숲으로 덮였다. 밖에서 볼 때는 삼나무나 소나무 숲인데, 막상 길을 걷다 보면 활엽수가 더 많다. 서쪽 능선에 정상(133.6m)이 있고, 동그란 봉수대는 남쪽 능선에 자리를 잡았다. 서쪽 사면의 하천리공동묘지를 지나 포장도로를 따라 200m쯤 더 가면 들머리다. 길옆으로 승용차 한두 대쯤 댈 수 있는 주차공간과 벤치, 탐방안내도도 보인다.

사각 정자가 놓인 정상.

높낮이가 있는 구간은 반듯한 통나무 계단이 나타나고, 평탄한 곳은 천연 야자매트가 깔리거나 흙길 그대다. 한 명이 걷기에 충분한 넓이며, 바닥엔 활엽수 낙엽이 두텁다. 제석오름과 접한 안부 부근을 제외하면 넝쿨이나 덤불이 없어서 울창한 숲에 덮인 오름 치고 탐방로 주변이 훤하고 쾌적하다.

계단 사이에도 자라는 자금우.

멋진 숲을 지나는 쾌적한 탐방로

달산봉과 봉수대 그리고 제석오름(오른쪽).

친절하게도 곳곳에 탐방안내도를 세워두었다. 나무에 양각으로 내용을 새긴 정성 가득한 것도 있다. 그런데 두 안내도에 담긴 길 정보가 다르고, 정확도도 아쉽다. 그러나 큰 문제는 아니다. 길이 워낙 훤해서 따라가다 보면 정상과 봉수대를 저절로 만난다.

사각 정자가 있는 정상에서 조망이 트이지만 성산기상대와 통오름, 독자봉으로 채워진 풍광이 싱겁다. 조망이 밋밋하기는 봉수대도 마찬가지다. 사실 달산봉의 최고 매력은 쾌적한 숲길이다. 후박나무와 예덕나무, 사스레피나무 등이 만든 숲 아래로는 빨간 열매를 단 자금우도 자주 보인다.

제석오름은 안부 아래의 녹색 지붕 건물 뒤로 길이 이어진다. 계단과 흙길, 매트가 깔린 것은 매한가지다. 부드러운 둔덕이어서 이곳도 길이 순하다. 안내도와 다목적 위치 표지판이 함께 있는 정상은 주변과 구분이 힘들 만큼 둥그스름하다. 제석오름을 내려선 곳에서 출발했던 들머리가 멀지 않지만 길은 선명하게 이어지지 않는다. 주택과 비닐하우스 사이를 살피며 둘레길을 찾아야 한다.

당산봉수대.

이곳 산불 감시원은 최고의 풍광을 감상하는 게 일이다.

백만 불짜리 산불감시초소

가세오름

남쪽 사면의 삼나무 숲.

거의 평지에 가까운 지그재그 구간.

오름 수첩

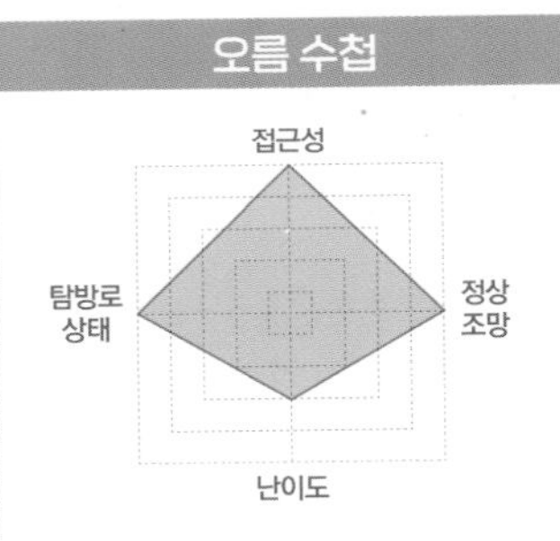

별칭 가사봉袈娑峰, 가시봉加時峰

높이 해발고도 200.5m, 비고 101m

탐방 포인트 조망 숲 트레킹

탐방 소요시간 1시간 20분

가까운 오름 토산망, 염통오름, 매오름

탐방 시 주의사항 트레킹 복장

주변 여행지 제주민속촌, 남원큰엉

찾아가는 길

- 내비게이션에 '가세오름' 입력
- 제주버스터미널에서 제주민속촌을 오가는 222번 버스를 이용해 '세화3리입구' 정류장에 내린다. 정류장에서 들머리까지는 토산리 방향으로 도로를 따라 500m 거리다.

표선의 매오름에서 북서쪽으로 보면 몇 개의 산등성이가 모여 길게 가로누운 풍광이 눈길을 끈다. 높고 낮은 몇 개의 봉우리를 가진 하나의 산 같지만 이는 작은 알오름을 중심으로 가세오름과 염통오름, 토산봉이 기슭을 맞대고 모인 풍광이다. 모두 토산리의 오름들이다.

우마의 출입방지용 철문이 세워진 초입.

가세를 닮아 가세오름

맨 북쪽에서 가장 크고 듬직한 산체로 솟은 가세오름은 서쪽으로 트인 말굽형 굼부리를 중심으로 북쪽 능선과 남쪽 능선이 비슷한 기세로 마주 보고 섰다. 또 북릉과 남릉이 만나는 동쪽의 안부가 낮게 내려앉으며, 그 가운데에 산불감

MAP

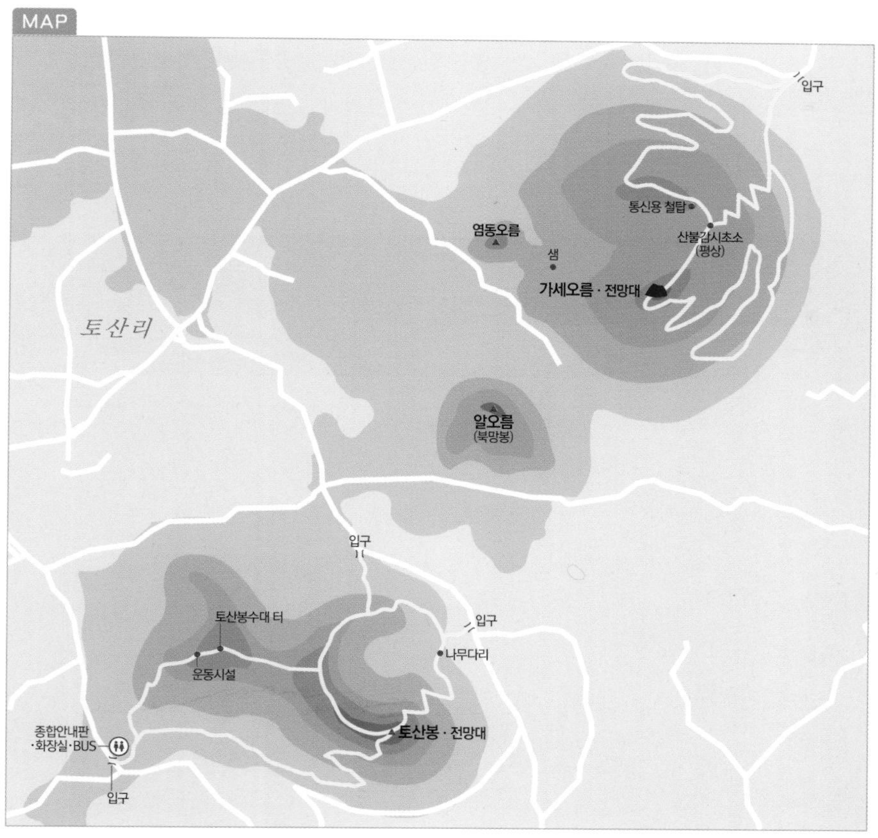

시초소가 자리를 잡았다. 안부를 사이에 두고 두 능선이 갈라진 모양새가 가세(가위)를 닮아서 가세오름이라고 한다는 이야기가 전해온다.

오름의 북릉 끝에는 작은 구릉 같은 '염통오름'이 붙어 있고, 굼부리 끄트머리엔 샘도 품었다. 밋밋하게 흘러내리는 오름의 동쪽 사면은 초지대가 많고, 그 끝에는 공동묘지가 자리를 잡았다. 남사면은 삼나무가, 북사면은 편백과 삼나무, 활엽수가 적절히 섞였다. 오름 북록으로 세화리와 토산리를 잇는 도로가 지난다. 도로가 오름 북동쪽에서 'S'자로 굽어 도는 지점에 있는 철문이 들머리다. 안쪽은 온통 산담으로 가득하다.

긴 폭의 지그재그형 탐방로

가세오름 탐방로는 독특하다. 우선 초지대를 곧장 가로질러 두 능선 사이의 안부로 올라설 수 있다. 능선에 이르는 가장 짧은 코스로, 산불감시원이 주로 이용한다. 보통은 들머리에서 오른쪽으로 보이는 편백나무숲 사이로 들어선다. 초입에 우마의 출입방지용 철문이 설치되어 있다. 흥미롭게도 똑같이 생긴 철문을 탐방로 곳곳에서 여러 번 만난다. 길은 산담 몇 개를 지난 후 능선을 향해 지그재그를 그리며 오르는데, 그 폭이 하도 길어서

정상의 전망대.

동남쪽 상공에서 본 가세오름.

거의 평지를 걷는 느낌이다. 정상 전망대를 지나 남사면으로 내려설 때도 마찬가지다. 덕분에 길이 편하고, 시간은 더 걸린다.

야자매트를 계단처럼 깔아놓았다.

능선에 올라서면 커다란 철탑이 보이고, 여기서 왼쪽의 안부까지는 금방이다. 안부의 산불감시초소가 품은 풍광이 멋지다. 매오름과 달산봉이 선명하고, 통오름과 독자봉, 영주산, 남산봉 같은 먼 곳의 오름도 잘 보인다. 그 사이의 광활한 들녘과 먼 바다까지, 이 모든 것을 바라보며 일하는 산불감시원은 아무래도 전생에 나라를 구했을 게다. 초소 옆에는 널찍한 평상도 있어서 조망하며 쉬기에 좋다.

초소에서 200m 떨어진 남릉의 정상에 2층 구조의 전망대가 있지만, 웃자란 소나무 때문에 초소보다 조망이 못하다. 전망대를 지난 길은 곧 삼나무로 빼곡한 남쪽 사면을 따라 커다란 지그재그를 그리며 내려선 후 출발지로 돌아온다.

가세오름 상공에서 본
북망봉(가운데)과 토산봉

솔숲 사이로 걷기 좋은 탐방로

토산봉

오름 수첩

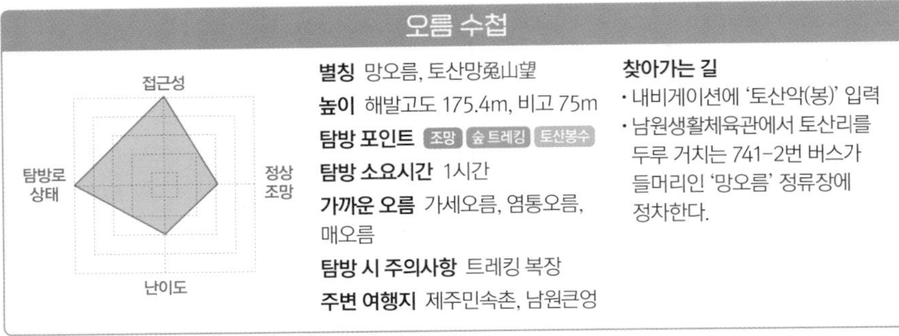

별칭 망오름, 토산망兎山望

높이 해발고도 175.4m, 비고 75m

탐방 포인트 조망 / 숲 트레킹 / 토산봉수

탐방 소요시간 1시간

가까운 오름 가세오름, 염통오름, 매오름

탐방 시 주의사항 트레킹 복장

주변 여행지 제주민속촌, 남원큰엉

찾아가는 길

- 내비게이션에 '토산악(봉)' 입력
- 남원생활체육관에서 토산리를 두루 거치는 741-2번 버스가 들머리인 '망오름' 정류장에 정차한다.

MAP p.276 참고 토산봉은 표선면의 가장 서쪽 토산리의 가운데에 솟았다. 예로부터 이곳 사람들의 지리개념은 이 토산봉을 중심으로 형성되었다. 토산봉 위쪽 토산1리를 '웃토산' 또는 '북토산'으로, 남쪽 바닷가의 토산2리는 '알토산' 또는 '남토산'이라 불렀다. 그리고 봉수대가 있는 오름 앞쪽을 '망앞', 뒤는 '망뒤'라고 했다. 토산봉을 마주한 알오름인 북망봉에 사랑하는 이를 묻었다. 그만큼 토산봉은 토산리 사람들의 삶에서 중요한 장소였다.

크고 넓은 토산봉수.

두 굼부리 가진 복합형 화산체

오름 모양이 토끼형국이어서 토산兎山이라고 했다는 이야기가 전해온다. 조선시대엔 이곳에 봉수대가 생기며 '토산망', '망오름'이라는 이름도 추가되었다. 제주 대부분의 오름에 삼나무가 빽빽한 것과 달리 토산봉은 전체에 걸쳐 해송이 숲을 이뤘고, 상록활엽수와 대나무, 삼나무 일부가 뒤섞였다.

동서로 길고 두툼한 형태로 늘어선 토산봉은 동쪽으로 트인 원형에 가까운 말굽형 굼부리와 서쪽으로 형태가 희미한 말굽형 굼부리까지 두 개의 굼부리를 품은 복합형 화산체다. 동쪽 굼부리의 남쪽 능선에 정상이, 두 굼부리 사이에 토산봉수가 있다.

댓잎 서걱대는 소리가 좋은 길.

정상의 통나무 전망대.

봉수대가 고대 왕족의 무덤 같다.

삼나무처럼 높고 곧게 자란 해송.

지역 주민들이 즐겨 찾는 오름이어서 탐방로 상태가 좋고 들·날머리도 다섯 곳이다. 이 중 버스정류장과 화장실을 갖춘 소공원이 들어선 남서쪽 들머리가 애용된다. 탐방로는 들어서자마자 두 갈래로 나뉜다. 왼쪽은 토산봉수로, 오른쪽은 남쪽 사면을 지나 굼부리 능선의 정상으로 향한다. 어느 길을 택하든지 굼부리를 한 바퀴 돌고 봉수대를 거치는 코스다.

고대 무덤 같은 봉수대

탐방로를 따라 삼나무처럼 높고 곧게 자란 해송이 많고, 남쪽 사면에서는 대숲도 지난다. 커다란 둥치의 구실잣밤나무도 심심찮게 보인다. 오름 자체의 높이가 75m로 낮고, 산체도 길고 둥글둥글해서 길은 대체로 완만하다. 또 길 주변의 자잘한 나뭇가지를 정리한 터라 숲이 밝고 쾌적하다.

정상엔 2층 구조의 통나무 전망대가 있다. 남쪽 바다와 한라산이 훤히 보이는 조망 사진이 세워져 있지만, 지금은 웃자란 나무들로 풍광이 가린다. 굼부리 둘레길에서 서쪽으로 200m쯤 간 곳에서 토산봉수를 만난다. 커다란 원형의 둑 두 개에 둘러싸인 봉긋한 봉수대가 고대 왕족의 무덤처럼 보인다. 서쪽으로 자배봉, 동쪽으로 달산봉의 봉수와 교신을 했다는 토산봉수 바로 아래엔 제법 굵은 소나무 사이로 운동시설이 보인다. 들머리에서 멀지 않고, 오르내리는 길도 좋아서 최적의 장소일 듯하다. 북쪽으로 조망도 트여 물영아리와 큰사슴이, 쳇망, 붉은오름 같은 중산간 오름들이 가늠된다. 여기서 들머리까지는 10분 안쪽에 닿는다.

가파른 산세의 매오름.

마음도 걸음도 취하는 숲길

매오름(도청오름)

동쪽에서 본 매오름과 도청오름.

도청오름(오른쪽)과 매오름 갈림길.

오름 수첩

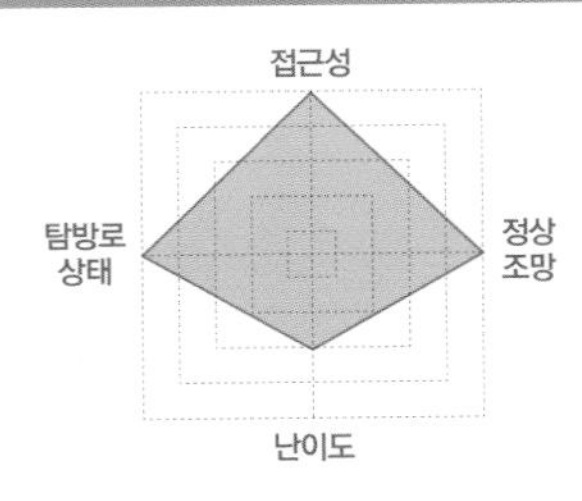

별칭 응암산鷹岩山, 응봉鷹峰

높이 해발고도 136.7m, 비고 107m

탐방 포인트 

탐방 소요시간 1시간

가까운 오름 가세오름, 토산망, 달산봉

탐방 시 주의사항 간편한 복장, 식수

주변 여행지 제주민속촌

찾아가는 길

- 내비게이션에 '낙원정사' 입력. 낙원정사에서 바로 오르거나, 일주동로의 낙원정사 입구에서 서귀포 방면으로 200m쯤 가면 오른쪽에 주차가 가능한 들머리가 보인다.
- 서귀포버스터미널에서 성산항, 제주버스터미널을 오가는 201번 버스를 이용, '한지교차로'나 '한지동' 정류장에 내린다.

표선의 남서쪽 들판에 우뚝 솟은 매오름은 바위가 돌출된 꼭대기가 매의 부리처럼 생겨서 붙은 이름이다. 북동쪽 들판에서 보면 이 점이 도드라진다. 남쪽에서 북쪽으로 발달한 길쭉한 능선이 끝에서는 북서쪽으로 휘어 감기는 모양새다. 중간쯤에서 동쪽 안부로 이어진 동그란 오름이 하나 더 있는데, 도청오름이다. 덩치가 작지 않고, 둥근 굼부리 바닥을 드러낸 채 남서쪽으로 트인 말굽형 굼부리도 가졌지만 매오름의 알오름으로 분류된다. '도청'이라는 이름은 최근에 붙은 것으로, 정상에 도청에서 만든 부대(레이더 기지)가 들어섰기 때문이다.

남쪽 들머리가 애용

전체적으로 울창한 숲에 덮였으며, 삼나무가 주종을 이룬 가운데, 보리수를 비롯한 다양한 활엽수가 산재한다. 정상 북동쪽 사면은 대나무가 넓은 면적을 차지했다. 제주 오름에서는 보기 힘든 광경이어서 눈길을 끈다. 이처럼 다양한 숲이 섞여 탐방 환경이 좋다. 게다가 표선 중심지가 가깝고, 제법 큰 덩치의 오름인 까닭에 다양한 탐방로가 조성되었다. 곳곳에 안내도가 설치되었고, 들·날머리도 여러 군데다.

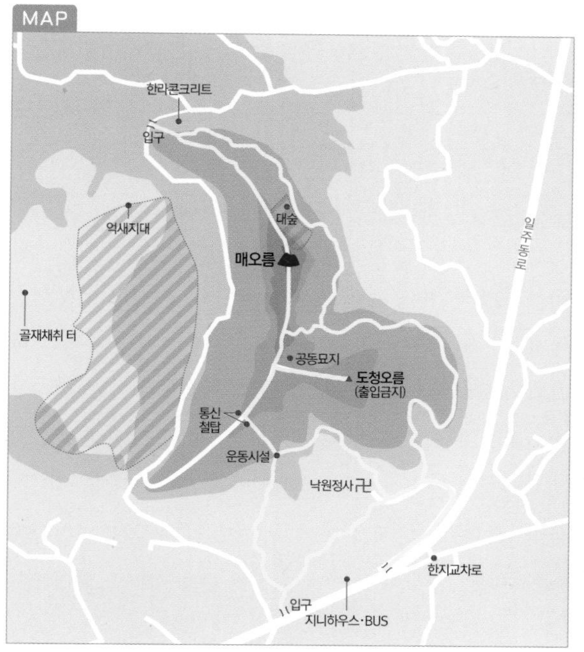

탐방로는 정비상태가 좋다.

매오름 능선.

들·날머리로 이용되는 남동쪽의 낙원정사.

매오름 남쪽 들머리.

남쪽 들머리의 안내판에 큰 글씨로 '매봉 산책로'라고 적혔다. 아닌 게 아니라 초록으로 덮인 숲은 근사하고 길도 넓고 쾌적해서 걷노라면 마음과 걸음이 그 푸른 풍광에 취할 지경이다. 쪽창같이 열린 틈새로 비친 햇살이 눈부시고, 가끔 마주치는 사람들은 한없이 여유로운 얼굴빛이다. 매오름은 도로에 인접했고, 주차공간도 갖춘 이곳 남쪽 들머리를 기점으로 잡는 게 편하다. 바닥엔 야자매트가 깔려서 걸음이 편하다.

얼마 후 숲이 훤해지며 운동시설이 나타난다. 벤치도 놓여 쉴 수도 있는 공간. 직진하면 정상으로 향하고, 오른쪽 삼나무숲 사이로도 길이 보인다. 호젓한 숲을 지나 낙원정사와 연결되는 코스다.

한라산, 바다, 들판 모두 조망되는 정상

직진하는 길은 곧 콘크리트 포장도로를 만난다. 도청오름의 레이더기지와 안부의 표선공동묘지 때문에 생긴 것이다. 포장도로를 따라 140m쯤 간 곳에서 오른쪽으로 도청오름 진입로가 갈리고, 매오름은 왼쪽의 너른 터를 지나 숲속 오솔길을 따른다.

매의 목덜미쯤에 해당하는 이 구간은 운치가 참 좋다. 온갖 넝쿨이 뒤섞인 주변 숲이 높지 않아 풍광이 환하다. 곧 칼날 능선을 이룬 정상부에 닿으며 사방으로 조망이 트인다. 북서쪽으로 토산망과 가세오름이 한라산을 배경 삼고 부드럽게 이어지고, 동북쪽으로 표선 중심지와 달산봉도 잘 보인다. 남쪽으로 은비늘처럼 반짝이는 바다가 매오름에서의 조망을 더 멋지게 한다. 하산은 올랐던 길을 되짚거나 북쪽으로 내려서서 오른쪽 대숲을 따라 돌아오는 코스도 좋다.

정상 북쪽의 계단.

매오름 정상.

람사르 습지로 꼽힌 아름다운 물웅덩이

물영아리오름

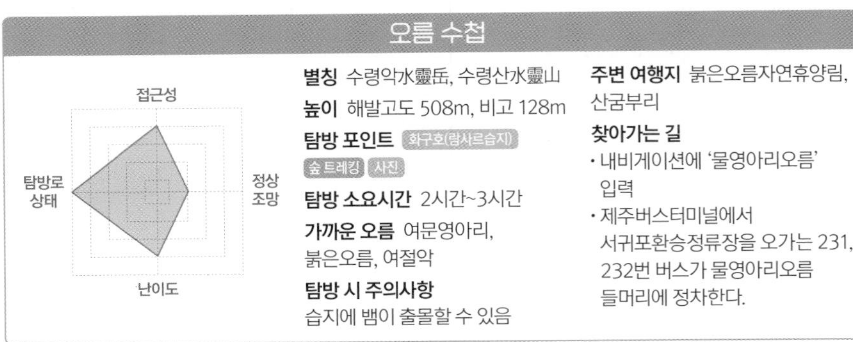

오름 수첩

별칭 수령악水靈岳, 수령산水靈山

높이 해발고도 508m, 비고 128m

탐방 포인트 화구호(람사르습지) 숲 트레킹 사진

탐방 소요시간 2시간~3시간

가까운 오름 여문영아리, 붉은오름, 여절악

탐방 시 주의사항
습지에 뱀이 출몰할 수 있음

주변 여행지 붉은오름자연휴양림, 산굼부리

찾아가는 길
- 내비게이션에 '물영아리오름' 입력
- 제주버스터미널에서 서귀포환승정류장을 오가는 231, 232번 버스가 물영아리오름 들머리에 정차한다.

습지식물이 건강한 생태계를 이룬 물영아리 습지.

화구호가 있는 물영아리오름 정상.

대대손손 제주에 뿌리내리고 살던 제주도민들에게 오름은 저마다 신들의 거처였다. 그래서 수많은 오름에 신에게 제사를 지내는 당堂이 세워졌다. 그중에서도 '영아리'라는 이름이 붙은 오름은 좀 더 특별하게 여겨졌다. '신령할 영靈'에 산을 뜻하는 만주어 '아리'가 붙은 말로 신령스러운 산이라는 뜻이다.

쾌적하고 걷기 좋은 오름 진입로.

활엽수가 많은 물영아리오름의 능선길.

놀랍고 신비로운 화구호

제주에는 영아리라는 이름이 붙은 오름이 몇 있다. 서부 중산간 마을인 광평리의 동쪽에 동그랗고 예쁜 물웅덩이를 품은 서영아리가 있고, 동부 중산간에도 같은 이름의 오름이 탐방객들의 사랑을 받는다. 이 오름은 정상 분화구에 물이 고여 있어서 '물영아리'라는 이름이 붙었다. 물영아리에서 북쪽으로 1km쯤 떨어진 곳엔 '여문영아리'라는 재미난 이름의 오름도 있다. 화구호는커녕 굼부리도 없어서 이런 이름이 붙었다고 한다. 이 두 오름은 남원과 조천을 잇는 남조로 옆에서 듬직한 산체를 자랑한다.

오름 중 산정에 물웅덩이를 가진 것은 한라산의 사라오름을 비롯해 물장오리와 어승생악, 물찻오름, 금오름, 동수악, 원당봉, 세미소에 물영아리까지 모두 아홉 곳, 소백록까지 포함시켜도 열 곳에 불과하다. 이 중 비교적 쉽게, 제대로 된 화구호를 만날 수 있는 곳이 물영아리오름이다.

물영아리오름 습지를 찾아가는 탐방코스는 두 가지다. 주차장에서 650m쯤 들어선 오름 입구 삼거리에서 왼쪽의 분화구 능선을 향해 곧장 치고 오르는 계단길(530m)과 삼거리에서 직진해서 오름 동쪽 자락의 중잣성과 전망대를 지나 습지로 가는 능선길(2.16km)도 있다. 계단길은 30분쯤이면 넉넉히 닿지만 이름처럼 계단이 계속되는 무척 가파른 코스다. 중산간의 벵듸와 잣성이 버틴 삼나무숲을 지나고 전망대도 거치는 능선길은 살짝 길긴 하지만 완만하고, 숲이 쾌적하고 좋아 걷는 기분이 난다.

MAP

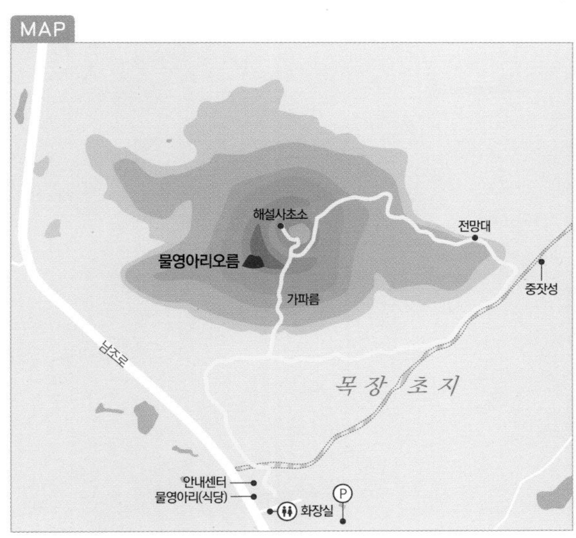

영아리오름 진입로가 예뻐서 이 구간만 걷기도 한다.

굼부리 안으로 내려서서 만난 습지.

능선길 중간에서 만나는 전망대.

주차장 상공에서 본 물영아리오름.

삼나무와 수국이 반기는 전망대 가는 길.

능선길로 올랐다가 계단길로 하산

해발고도 508m, 분화구 둘레 300m에 정상에서 화구호 바닥까지의 깊이가 40m인 물영아리는 생물·지형·지질·경관 등의 가치가 빼어나 습지보전법이 제정된 후 지난 2000년에 전국 최초로 습지보호지역으로 지정되었다. 또 2006년에는 생태의 우수성을 국제적으로 인정받아 람사르 습지에 등록되기도 했다. 제주에서만 볼 수 있다는 영아리난초를 비롯해 물장군, 맹꽁이, 제주도롱뇽, 긴꼬리딱새, 팔색조 같은 귀한 생물의 보금자리로 알려졌다.

능선에서 습지로 내려서는 계단이 조성되었고, 습지 가장자리 일부에 데크가 깔려 습지를 눈으로 확인하며 관찰할 수 있다. 또 습지 안에서 상주하는 해설사로부터 언제든지 물영아리 습지에 대한 자세하고 전문적인 설명을 들을 수 있다. 산정호수를 품은 굼부리 안쪽은 박쥐나무, 참꽃나무, 생달나무, 산딸나무, 서어나무, 산뽕나무, 때죽나무, 참식나무, 새덕이 등 온갖 활엽수가 하도 푸르러서 검게 보일 만큼 울창하다.

하늘에서 본 여쩌리오름.

속절없이 흔들리는 가을

여쩌리오름

오름 수첩

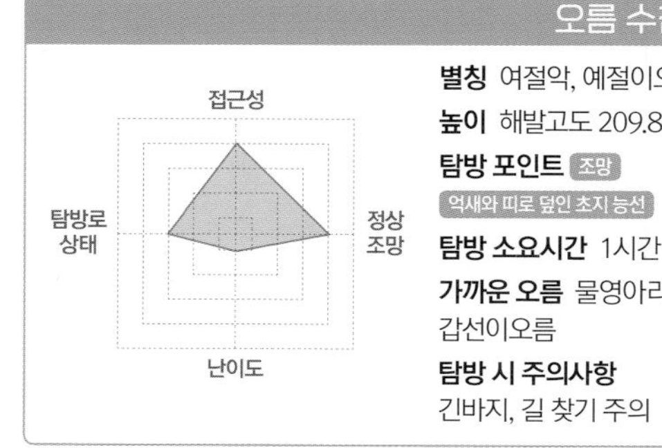

별칭 여절악, 예절이오름

높이 해발고도 209.8m, 비고 50m

탐방 포인트 조망

억새와 띠로 덮인 초지 능선

탐방 소요시간 1시간

가까운 오름 물영아리, 병곳오름, 갑선이오름

탐방 시 주의사항
긴바지, 길 찾기 주의

주변 여행지 자연사랑미술관, 정석항공관

찾아가는 길
- 내비게이션에 '여절악' 입력
- 근처를 지나는 버스가 없다. 렌터카나 승용차, 택시를 이용해야 한다. 남원콜택시 064-764-8282

여쩌리오름은 알려지지 않아 한적하고 인적도 뜸한 오름이다. 서귀포시 남원읍 수망교차로에서 동쪽으로 4km쯤 간 뒤 다시 남쪽으로 800m쯤 내려선 도로 오른쪽에 있다. 자체의 높이가 50m에 불과하고, 소나무가 주종을 이룬 얕은 숲이 자락을 두르고 있어서 바깥에서 형체를 가늠하기도 쉽지 않다. 표석은 물론, 탐방로가 조성된 오름이 아니어서 밭 가장자리를 따라 들어서야 한다. 계절에 따라 웃자란 풀과 덤불이 진입로를 덮을 때도 있다. 그러나 이 오름은 충분히 환상적인 풍광을 지녔다. 길고 완만하며 나지막한 등성이에 남쪽으로 트인 말굽형 굼부리를 품은 여쩌리는 평퍼짐한 능선이 온통 띠와 억새로 뒤덮여 장관이다. 초여름부터 가을이 다 끝나기까지 아무 때나 찾아도 좋다. 여름날엔 바람결 따라 춤추는 초록의 물결이 마음을 흔들고, 억새가 눈부신 가을은 마냥 머물고 싶은 곳이다.

가을에 접어들면 억새 뿌리에서 야고가 피어난다.

혼자만 알고 싶은 풀밭 오름

지역 사람들은 '여쩌리오름'이라고 부르고 스마트폰이나 제주도 관광지도에는 '여절악'으로 표시된다. '여절'은 '여쩌리'의 한자 차용 표기로, 이름의 유래에 관한 이렇다 할 기록은 없다. 다만 성인 여성이 머리를 틀어 올려 얹은머리를 하고 절을 하는 형국이라서 '여절' 또는 '예절'이라 했다는 이야기가 구전되어 온다.

여쩌리오름 탐방은 오름 자락에서 서쪽 끝까지 간 후 잘록한 초지대 안부에 올라 능선을

정상의 사각지붕을 한 정자.

정자에서 본 능선과 한라산.

따르면 된다. 주변에 이렇다 할 고지대가 없기 때문인지 작고 낮은 오름이지만 바위가 돌출된 정상부에 산불감시초소가 있고, 사각 지붕의 정자도 보인다. 정자에 올라 양쪽으로 펼쳐진 초지대를 감상하고 있자면 여쩌리오름의 매력이 한없이 크게 다가온다. 시원스럽고 멋진 이런 풍광을 만나기 위해 오름을 오르는 것이다.

정자를 지나면서부터 초지대는 훨씬 더 넓어진다. 둥글고 부드러운 언덕 전체가 풀밭에 덮였고, 때마침 불어온 바람에 풀밭은 몸살을 앓듯 이리저리 흔들리며 은빛으로 부서진다. 풀밭 너머로 드넓은 밭뙈기를 지나 가시리의 갑선이오름과 표선의 달산봉 등이 겹쳐진 풍광이 아스라하다. 초지대의 북쪽 끝까지 내려가면 수풀 사이로 좁은 길이 보인다.

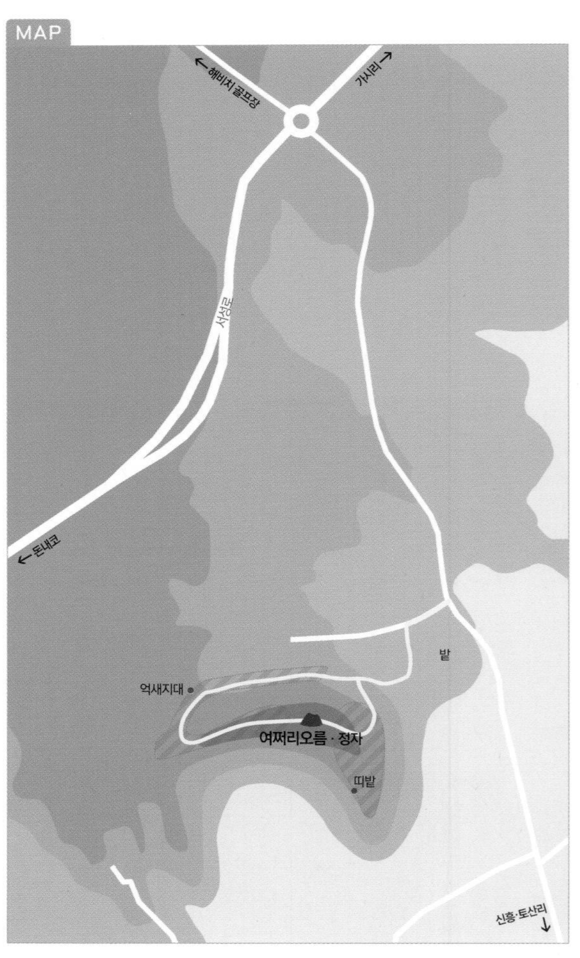

오름 자락에서 능선으로 붙는 중이다.

짧은 수풀을 지나 아까의 오름 자락길까지는 금방이다.

여쩌리오름의 억새와 띠는 해마다 겨울이면 가축용 사료로 쓰기 위해 베어간다. 그래서 겨울부터 새싹이 자라 능선이 어느 정도 덮이는 늦봄까지는 풍광이 휑하고 볼품이 없다. 이 시기는 피하는 게 좋다.

늦가을의 풀밭.

남쪽 상공에서 본 이승악.

빛 고운 단풍, 호젓한 웅덩이, 눈부신 진입로

이승악

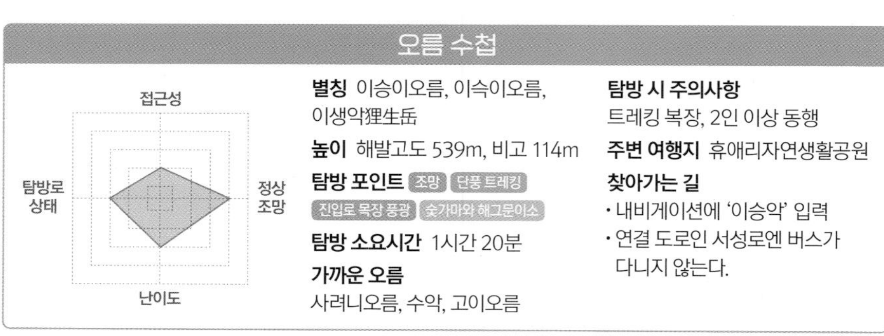

오름 수첩

별칭 이승이오름, 이슥이오름, 이생악狸生岳

높이 해발고도 539m, 비고 114m

탐방 포인트 조망 단풍 트레킹 진입로 목장 풍광 숯가마와 해그문이소

탐방 소요시간 1시간 20분

가까운 오름
사려니오름, 수악, 고이오름

탐방 시 주의사항
트레킹 복장, 2인 이상 동행

주변 여행지 휴애리자연생활공원

찾아가는 길
- 내비게이션에 '이승악' 입력
- 연결 도로인 서성로엔 버스가 다니지 않는다.

이승악 찾아가는 길은 늘 즐겁다. 우선 제주 중산간 지대의 거칠고 짙은 자연 풍광 속을 달리는 서성로가 멋지고, 서성로에서 이승악 기슭까지 신례리공동목장을 가로지르는 2.5km의 진입로는 비교할 수 없는 고지대 목장의 운치를 곳곳에 풀어놓는다. 봄이면 벚꽃이 만발해 화사하고, 신록의 여름을 지나 가을이면 억새가 한없이 눈부시다. 진입로 어디서나 동수악, 논고악, 성널오름 등을 끌어안은 한라산이 여간 멋진 게 아니어서 단풍과 설경이 그림처럼 펼쳐진다. 이 길은 그야말로 제주의 자연을 그대로 담아내는 근사한 화폭인 것이다.

단풍놀이는 이승악에서!

신례리공동목장은 평지에 조성된 성이시돌목장이나 송당목장과는 차원이 다른 목가적인 풍광으로 가득하다. 그래서 이 진입로는 몇 번을 가도 질리는 법이 없다. 길 멀미가 나

해그문이소 부근의 단풍.

오름 서쪽 골짜기의 해그문이소.

진입로의 목장.

지 않는, 걷기에는 더할 나위 없는 구간이다. 한라산의 기운이 그대로 이어지는 이승악은 관광객이 많이 찾는 저지대 오름들이 갖지 못한 깊은 산의 서정으로 가득하다. 확연히 차이 나는 기온 때문에 계절이 더디 떠나가고, 찾아가는 길이 멀며, 속세를 벗어나 있는 듯 고요하다. 그 고요함을 흩트리며 가끔씩 불어오는 바람의 느낌도 다르다. 게다가 이승악을 빈틈없이 덮은 숲이 모두 활엽수다. 오름마다 흔해 빠진 삼나무나 편백나무는 북동 능선 끄트머리에서나 겨우 찾아볼 수 있다. 그래서 가을 단풍이 환상이다.

해그문이소와 숯가마 터

오름 모양이 살쾡이(삵)처럼 생겼다거나 삵이 살아서 이런 이름이 붙었다는 이야기가 전해오지만 하나의 설로 치부된다. 북서쪽의 정상을 중심으로 동쪽으로 열린 말굽형 굼부리를 가진 이승악은 바로 앞으로 종남천의 상류가 지나고 서쪽 기슭은 명승으로 소문난 수악계곡이 휘감고 흐른다.

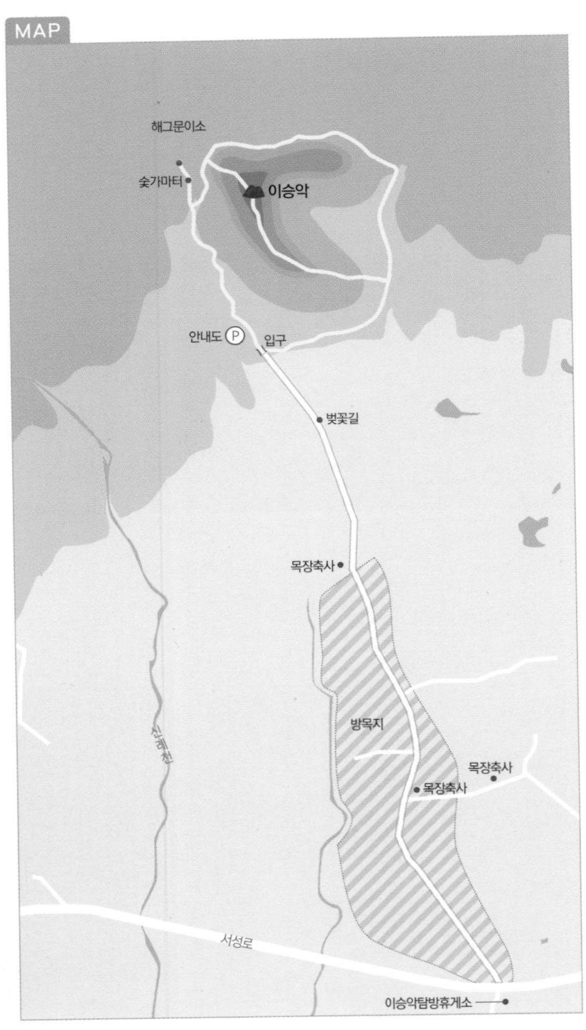

콩짜개덩굴.

이승악 탐방로.

진입로에서 본 한라산과 이승악(오른쪽 밋밋한 봉우리).

벚꽃 만발한 진입로.

남서쪽 기슭의 주차장이 들머리다. 오른쪽 임도를 따라 안으로 들어선 후 능선으로 오르거나 왼쪽의 수악계곡 옆으로 들어서서 북서 사면으로 올라도 된다. 보통은 임도를 따라 들어선 후 북동쪽 능선을 타고 올라서 전망대, 정상을 지나 수악계곡의 숯가마와 해그문이소를 둘러본 후 출발지로 돌아오는 동선으로 탐방을 한다.

야자매트와 사각형 나무 계단이 번갈아 나타나는 탐방로는 급하지 않아서 걷기 좋고, 무엇보다 활엽수 숲을 지나기에 눈이 즐겁다. 전망대와 정상에서 남동쪽으로 바다까지 조망이 훤히 트인다. 다만 사려니오름과 넙거리, 머체오름, 거린족은오름 같은 두루뭉술한 오름만 가까이 보인다. 내려서는 길에 수악계곡 상류로 조금 올라서 옛 화전민들의 숯가마 터와 해그문이소를 둘러보는 것은 이승악 탐방의 특별한 즐거움이다. 특히 이 부근의 가을 단풍은 그 빛깔이 곱기로 유명하다.

이승악에서 본 풍광.

'제주 최대'라는 편백나무 숲.

제주에서 가장 넓은 편백나무 숲

고이오름

숲이 깎인 모양이 인상적인 고이오름.

쓰러진 편백나무로 조각한 조형물들.

오름 수첩

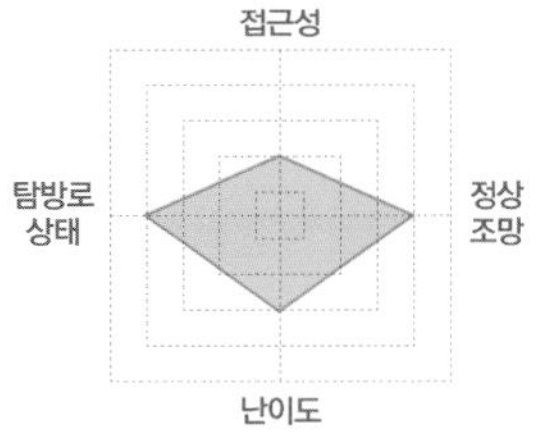

접근성

탐방로 상태

정상 조망

난이도

별칭 고리오름, 고리악古利岳

높이 해발고도 302m, 비고 52m

탐방 포인트 편백나무 숲 토종흑염소

탐방 소요시간 1시간

가까운 오름 사려니오름, 이승악

탐방 시 주의사항
트레킹 복장, 2인 이상 동행

주변 여행지 휴애리자연생활공원

찾아가는 길
- 내비게이션에 '고이오름' 입력
- 연결 도로인 서성로엔 버스가 다니지 않는다.

남원읍 중산간에 있는 고이오름은 편백나무로만 둘러싸인 곳으로, 오름 남쪽 자락에 들어선 '토종흑염소목장'의 안내문에 따르면 편백나무가 건강에 좋다는 소나무 숲보다 피톤치드 발산량이 다섯 배나 더 많다고 한다.

백합을 엎어놓은 듯 둥글넓적한 모양을 한 고이오름은 북서쪽으로 열린 밋밋한 굼부리를 가졌다. 굼부리 안에 산담 하나가 들어섰는데, 하늘에서 보니 하도 숲이 울창해서 진입로와 산담 주변이 부러 칼로 도려낸 듯 선명하다. 전망대가 설치된 정상 부근에도 하사 계급장처럼 가운데가 꺾어진 막대 모양의 공간이 또렷하다. 이것들이 합쳐지니 전체가 장난기 가득한 꼬마의 얼굴 같다.

고이오름은 토종흑염소목장의 사유지다. 그래서 탐방을 위해서는 흑염소 달리기 공연 관람이나 먹이주기 체험 비용에 해당하는 입장료를 내야 한다. 염소 전시장과 먹이주기 체험장 사이로 들어서면 바로 오름 탐방로가 보인다. 오름 자락을 따라 도는 '둘레길'과 숲 중간을 헤집고 가는 '오솔길' 코스가 마련되어 있고, 북동쪽에서 정상의 전망대를 다녀오는 길이 갈린다. 보일 듯 말 듯한 노끈이 길을 안내할 뿐, 아무런 인공 시설이 없는 탐방로가 매력적이며, 편백나무를 이용한 소박한 벤치 몇 개가 중간에 놓여 있다. 한없이 부드러운 경사여서 그야말로 '놀멍 쉬멍' 걷기 좋은 길이다. 한라산과 서귀포 동쪽이 조망되는 정상 전망대를 다녀오는 길도 정겹다.

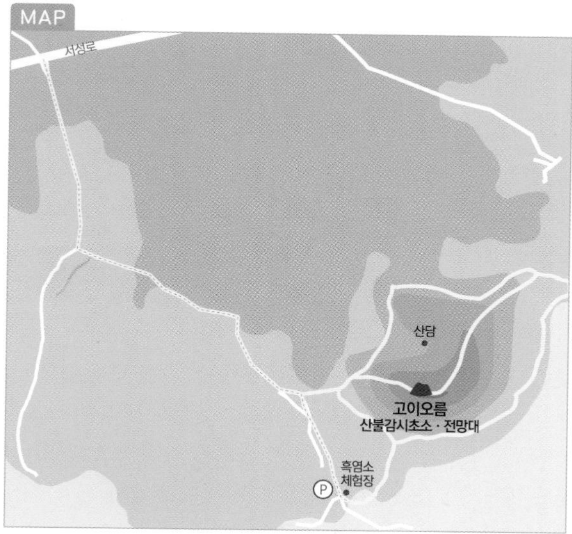

흑염소 체험장 내부 모습.

자배봉과 한라산

굼부리 안팎이 온통 숲

자배봉

오름 수첩

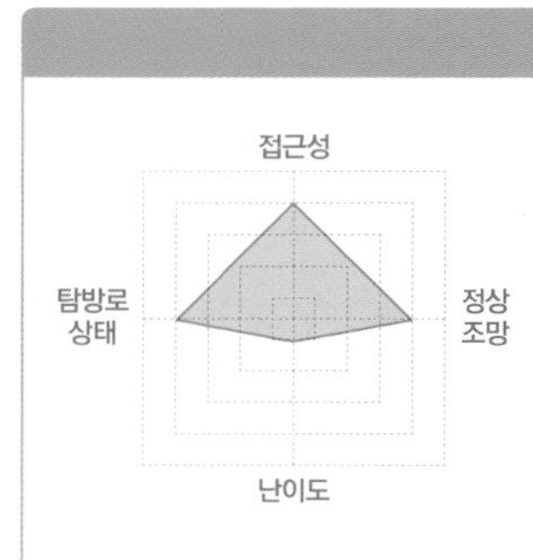

별칭 자배오름, 망오름

높이 해발고도 211.3m, 비고 111m

탐방 포인트 산림욕 조망 굼부리 탐방 고인돌 봉수대 터

탐방 소요시간 1시간 20분

가까운 오름 포제동산과 월라봉, 하논오름과 삼매봉

탐방 시 주의사항
긴팔·긴소매 의류, 2인 이상 동행

주변 여행지 위미 동백나무 군락지, 카페 서연의집

찾아가는 길

- 내비게이션에 '자배봉' 입력
- 서귀포버스터미널에서 성산항을 오가는 295번 버스가 자배봉 들머리에서 가까운 '한남농장' 정류장에 정차한다. 들머리까지는 250m쯤 걸어야 한다.

중산간 도로가 자락을 파고 지나는 남원읍 위미리의 자배봉은 해발 211.3m에 오름 자체의 높이가 111m며 원형의 분화구를 가졌다. 구실잣밤나무나 메밀잣밤나무를 제주어로 'ᄌ밤낭' 또는 '자밤낭'이라고 하는데, 'ᄌ배'는 그 열매를 말한다. 이러한 잣밤나무들이 이 오름에 유난히 많이 보이는 것으로 봐서 오름 이름은 이에 연유한 것으로 여겨진다.
중산간 동로에 접한 남동쪽에 안내판과 평상이 놓인 들머리가 있다. 안내판 앞에 차량 서너 대를 주차할 공간도 갖췄다. 오름 남쪽 사면을 비스듬히 가로지른 탐방로를 따라 300m쯤 올라 만난 능선상의 네거리. 분화구 안이나 능선 양쪽으로 길이 갈린다. 둘레 1.23km인 능선을 한 바퀴 돈 후 굼부리 안을 탐방하거나 바로 내려서면 된다.

봉수대, 고인돌 그리고 굼부리 안 탐방로

능선에도 숲이 울창하다. 지역주민들이 자주 찾는 곳답게 능선 곳곳에는 벤치가 놓였고, 숲 사이로 조망이 트이기도 한다. 동쪽 화구벽을 따라 400m 남짓 가니 '포제' 안내판이 보인다. '포제酺祭'란 사람과 곡식을 해하는 포신酺神을 달래려 지내던 제사였는데, 시간이 지나면서 마을을 대표하는 제사가 되며 동제洞祭로도 불렸다. 제주도 오름 곳곳에서 만날 수 있는 포제단酺祭壇은 이러한 포제를 지내던 장소다. 지금은 제주도 전역에서 거의 사라진 풍습이지만, 위미리에서는 한국전쟁 후 자배봉에서 한동안 포제를 거행했다고 한다.
포제 안내판에서 봉수대 터가 지척이다. 이곳 자배봉수는 동쪽으로 토산봉수, 남서로 호촌봉수에 응했다고 한다.
봉수대로 인해 지역 사람들은 자배봉을 '망오름'이

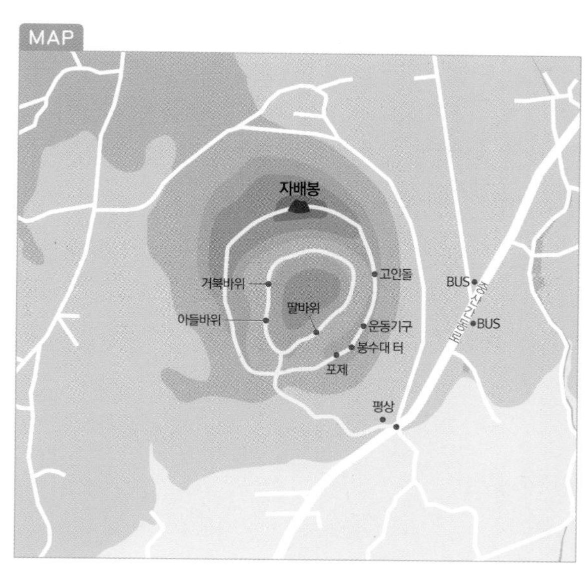

자배봉 능선에서 만나는 고인돌.

곰부리 능선 너머로 한라산이 보인다.

라고 부른다. 봉수대 터 부근에는 평상과 운동기구를 갖춘 쉼터도 있다. 여기서는 77m 깊이의 둥근 굼부리가 가늠되고, 그 너머로 한라산도 선명하다. 남쪽으로 시선을 돌리니 위미 앞바다에 접시처럼 떠 있는 지귀도가 아른거린다. 동쪽 능선의 중간쯤에서 '고인돌'도 만난다. 고인돌을 지난 굼부리의 북쪽이 정상이다. 나무 벤치가 몇 개 놓인 이곳에서도 한라산이 훤하고, 동쪽으로 가세오름과 토산망 같은 표선의 오름도 가늠된다.

능선을 한 바퀴 돈 후 굼부리 안을 둘러보는 것은 자배봉 탐방의 묘미다. 여느 오름의 굼부리 안은 풀숲이거나 숲이 있어도 굼부리 바닥은 초지대인 게 보통인데, 자배봉은 굼부리 전체가 삼나무와 해송, 상수리나무, 보리수나무에 온갖 덤불과 덩굴이 뒤엉킨 채 빽빽하다. 그 사이로 원형의 탐방로가 조성되었다. 그러나 숲이 너무 울창하고 빼곡해 흐린 날이면 으쓱한 기운마저 느껴질 정도다. 굼부리 안 탐방로 옆으로 망주석에 동자석까지 갖춘 오씨의 무덤도 보인다.

침엽수와 활엽수가 뒤섞인 자배봉 오름길.

설문대할망의 거울

사라오름

하늘에서 본 사라오름과 한라산.

오름 수첩

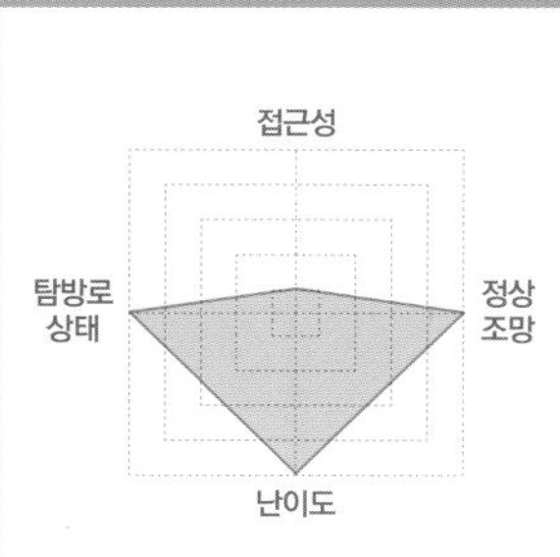

별칭 사라악

높이 해발고도 1325m, 비고 350m

탐방 포인트 한라산 조망 화구호 산행

탐방 소요시간 최소 5시간

가까운 오름 성널오름, 흙붉은오름

탐방 시 주의사항
보온, 산행채비, 도시락

주변 여행지
백록담, 산천단, 한라생태숲

찾아가는 길

- 내비게이션에 '성판악' 입력
- 제주시 제주국제공항·제주버스 터미널에서 서귀포환승정류장을 오가는 181번 버스가 성판악을 지난다.
  동진여객 064-757-5714
  한라산국립공원(성판악) 064-725-9950

가장 높은 산정호수 오름

산정호수를 가진 오름은 모두 아홉 곳이다. 그중 가장 높은 사라오름(1,324m)은 성판악에서 백록담으로 가는 탐방로 중간에 있다. 때문에 이곳에 가려면 여느 오름과 달리 꽤 긴 시간의 산행을 해야 한다. 성판악을 출발해 5.8km 오른 곳에서 왼쪽으로 사라오름 탐방로가 갈린다. 여기서도 살짝 가파른 길을 따라 600m를 더 가야 만날 수 있다.

오름 정상부엔 둘레 250m쯤의 둥그런 굼부리가 1.2km 길이의 야트막한 화구벽에 둘러싸인 채 신비로운 분위기를 자아낸다. 평평한 바닥의 얕은 산정호수는 접시에 담아 놓은 물처럼 수면이 잔잔하다. 이 물은 한라산에 사는 동물들에게 생명수여서 사라오름을 찾다 보면 한가로이 풀을 뜯거나 물을 마시러 온 노루나 산짐승을 만나기도 한다. 호수의 깊이는 성인 허벅지 정도지만 큰 비 후엔 물이 불어 파도가 칠 정도로 가득 차 장관이다. 겨울이면 얼음판이 되거나 눈에 덮이고, 가물 때는 화산송이 깔린 바닥을 드러내어 사막이나 외계 행성 같다. 이처럼 강수량이나 시기에 따라 천의 얼굴을 가졌기에 갈 적마다 새로운 사라오름을 만날 수 있다.

이러저러한 설이 있지만 '사라'의 뜻에 관해서는 확실히 알려진 게 없다. 어찌 되었든 참

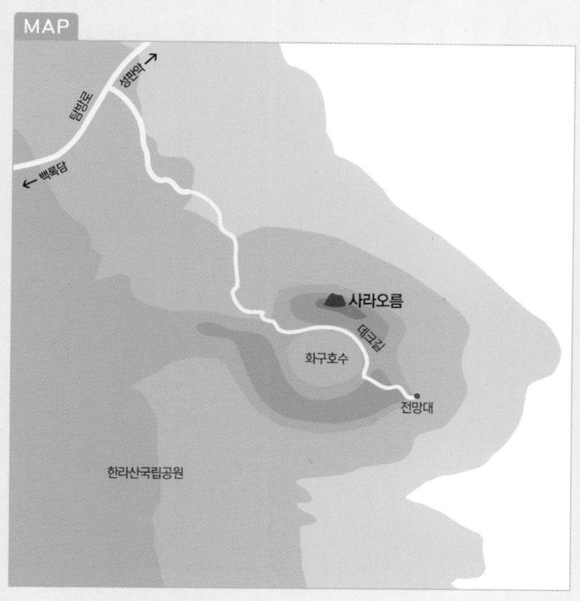

성판악 탐방로의 단풍

근사하고 글로벌한 이름인 것만은 확실하다. 풍수지리에서는 사라오름을 제주 6대 음택혈 중 으뜸으로 친다. 그 때문일까, 이토록 험하고 높은 곳에 무덤이 여럿 보인다.

편도 6.4km, 왕복 5시간은 잡아야

산정호수 가장자리를 따라 나무 데크가 깔렸다. 반대편까지 간 후 잠시 오르면 꽤 너른 전망대의 정상이다. 전망대에 서니 풍수지리학으론 모르겠으나 조망으로는 최고 명당임에 틀림없다. 두터운 구상나무 군락지 위로 백록담이 부드럽고도 강렬한 얼굴로 솟았다. 남서쪽으로 펼쳐진 광활한 숲의 바다…, 그 사이로 깊게 수악계곡이 지난다. 동남쪽은 오름 천지다. 성널오름이 듬직하고, 남쪽으로 독특한 실루엣의 논고악이 시선을 사로잡는다. 그 틈새로 삐죽 얼굴을 내민 동수악도 반갑다.

사라오름 서남쪽 자락은 온통 제주 조릿대로 덮였다. 이는 30년쯤 전에 발생한 산불 때문이란다. 하늘에서 보니 등잔이나 간장종지를 닮았다. 물이 차 있을 때면 주변과 하늘빛을 그

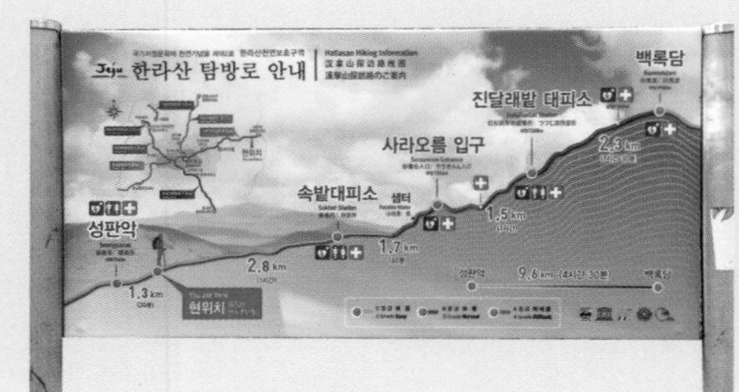

사라오름 화구호에서 전망대 오르는 길.

사라오름 맞은편의 흙붉은오름.

사라오름 전망대 서남쪽 자락.

여름날의 사라오름.(사진 주민욱)

말라버린 사라오름 산정호수.

대로 받아내는 거울에 다름 아니다. 특히 가을이 절정일 때 사라오름은 수면에 어린 단풍빛이 비단을 덮은 듯 황홀하다. 어쩌면 제주를 만들었다는 설문대할망도 한라산을 오가다 자신의 얼굴을 비춰볼 요량으로 사라오름을 만들었을지 모르겠다. 사라오름 맞은편의 흙붉은오름은 유난히 붉은 화산송이로 존재감을 드러낸다.

사라오름 전망대.

사라오름 탐방을 위해서는 최소 오전 8시 이전에 성판악을 출발하는 게 좋다. 성판악에서 왕복 12.8km로 5시간은 족히 걸린다. 백록담에 오르거나 관음사 쪽으로 하산하려면 낮 12시 30분 전에 진달래밭대피소를 통과해야 하고, 정상에서 오후 2시 이전에 내려서야 한다. 정상에서 관음사 탐방로 입구까지는 8.7km다.

사라오름에서 본 성널오름과 제주 동부의 오름군락.

가물어 바닥을 드러낸 사라오름.

정상 굼부리

한라산이 손끝에 닿을 듯

어승생악

오름 수첩

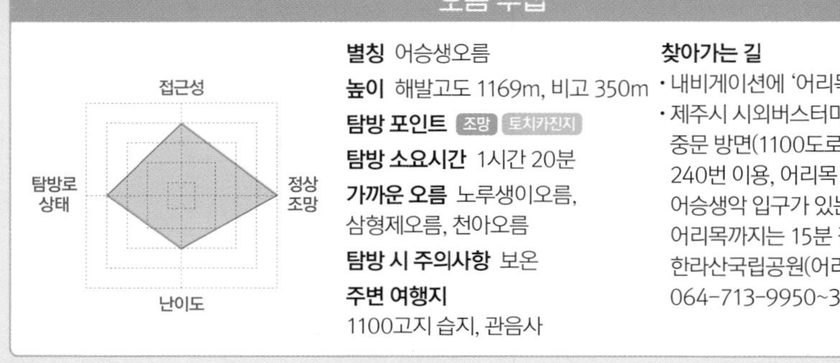

별칭 어승생오름

높이 해발고도 1169m, 비고 350m

탐방 포인트 조망 토치카진지

탐방 소요시간 1시간 20분

가까운 오름 노루생이오름, 삼형제오름, 천아오름

탐방 시 주의사항 보온

주변 여행지
1100고지 습지, 관음사

찾아가는 길

- 내비게이션에 '어리목' 입력
- 제주시 시외버스터미널에서 중문 방면(1100도로) 시외버스 240번 이용, 어리목 입구에 하차. 어승생악 입구가 있는 어리목까지는 15분 걸어야 한다.
  한라산국립공원(어리목) 064-713-9950~3

초겨울 첫눈이 내린 한라산 정상부.

임금의 말이 나고 자란 곳

제주는 옛날부터 말이 특산물이어서 조선시대에 제주로 파견된 목사의 주요 업무 중 하나가 바로 말 관리였다. 옛날 이 오름 자락에서 명마가 태어났는데, 이를 본 제주 목사가 그 말을 한양에 있는 임금님께 바치면서 어승생御乘生이란 이름이 생겨났다고 한다. 즉, 임금이 타는 말이 태어난 곳이란 의미다.

어승생악 탐방로.

한편 어승생악은 일제강점기의 생채기를 지닌 곳이기도 하다. 정상부엔 콘크리트를 퍼부어 만든 일제의 토치카 진지와 동굴진지가 그대로 남아 있다. 이 가운데 개방된 내부 모습을 살펴보는 것도 어승생악을 오른 자의 특권이다. 어승생악은 큰 비가 내리면 물이 고이는, 북서쪽으로 기울

MAP

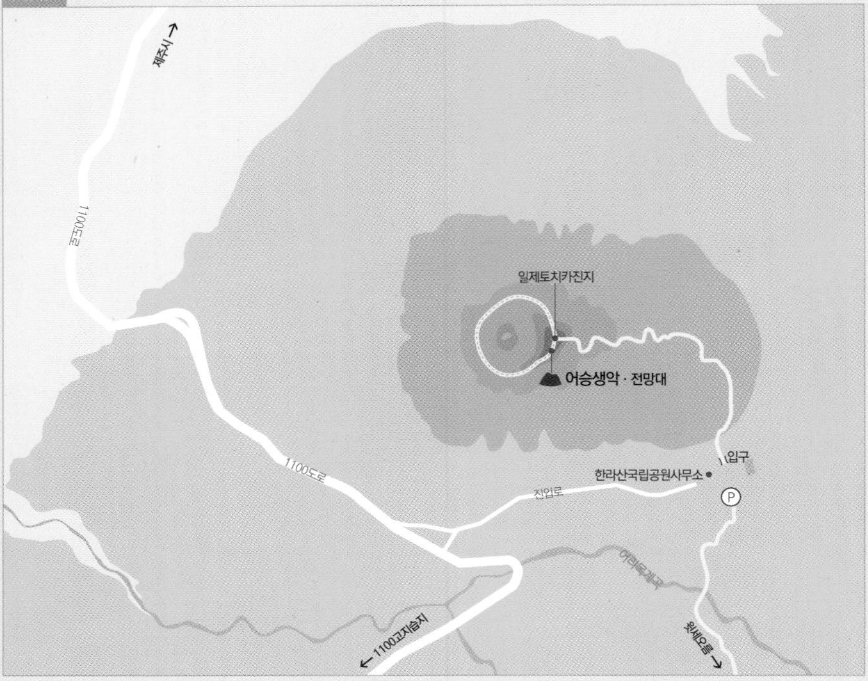

제주시 →
1100도로
일제토치카진지
어승생악 · 전망대
입구
한라산국립공원사무소
진입로
P
어리목계곡
← 1100고지습지
윗세오름 →

어리목 들머리의 숲.

여름날의 어승생악 탐방로

어진 커다란 굼부리를 가졌다. 예전엔 굼부리 능선을 따라 한 바퀴 돌 수 있었으나 지금은 길이 막혀서 정상에서 바라보기만 해야 해서 아쉬움이 크다. 게다가 숲이 무성해 정상 데크에서 화구 호수의 면모를 살피기는 쉽지 않다. 탐방로가 하나뿐인 어승생악이어서 하산은 올랐던 길을 따라 그대로 내려서야 한다.

토치카 진지에서 본 제주시.

어승생악 일제 토치카 진지.

좋아하는 사람과 걷기 좋은 숲길

어리목에 있는 한라산국립공원사무소 옆으로 어승생악 등산로가 시작된다. 많은 이들이 찾는 곳인 만큼 탐방로가 잘 조성되어 있다. 무엇보다 고지대 오름이어서 중산간의 여느 오름과는 다른 생태계가 펼쳐진다. 오름 표면을 따라서는 제주조릿대가 무성하고, 바위 위에 뿌리를 내리고 사는 기이한 나무도 여럿 만난다. 나무 종류 또한 무척 다양하다. 물박달나무와 구상나무, 주목, 당단풍나무, 산딸나무, 후박나무, 메밀잣밤나무 등이 무질서하게 어우러진 숲은 더없이 건강해 보인다. 하나의 바위 위에 서너 종류의

어승생악 정상.

나무가 함께 뒤섞여 뿌리내린 진풍경이 눈길을 끈다. 모든 풍광이 신비롭고, 길을 걷는 내내 고산의 정취가 물씬 느껴지는 숲. 오르내리는 동안 탐방로 옆으로 잘 만든 자연생태 해설판이 나타나며 친절한 안내도 해준다.

탐방로 바닥은 나무판과 통나무계단, 돌계단이 섞여 나타나고, 전체적으로 완만해 일행과 두런두런 이야기를 나누며 걷기에 좋다. 그래서 어린아이를 포함한 가족 단위 탐방객도 자주 마주친다. 출발 후 20분 남짓이면 정상부가 가까워지면서 숲 사이로 조금씩 조망이 트인다. 이즈음에 한라산 정상부도 모습을 드러낸다.

어승생악 일제 토치카 진지.

어리목계곡 위로 한라산이 어른거릴 때

장구목과 만세동산, 사제비동산 일대에서 발원한 무수천이 한라산에 깊은 골짜기를 냈다. 어리목계곡이다. 하도 깊어 바닥은 보이지도 않고 그냥 시커멓다. 그 위로 한라산 꼭대기인 백록담 화구벽이 견고하다. 1월 중순쯤 찾으

탐방로의 제주조릿대.

면 온통 하얀 눈에 덮인 설국을 만날 수 있다.

이렇듯 어승생악은 제주의 특별한 전망대 역할을 한다. 제주시와 제주 서쪽이 남김없이 다 드러나는 어승생악 정상에 서면 풍광은 황홀하기 그지없다. 서쪽으로 삼형제오름과 노로오름, 노꼬메와 바리매오름 같은 여러 오름이 늘어서며 멋진 하늘금을 펼치고, 그 너머로 멀리 제주바다도 가늠된다. 또 한라산을 이렇게 가슴 벅차게 바라볼 수 있는 곳도 드물다. 한라산 조망을 위한 망원경도 설치되어 있다.

백록담에서 본 어승생악(오른쪽 끝 붉은 산체).

정상석.

탐방로의 산수국.

신화의 땅에 솟아오르다

영실오름과 윗세오름

가을이 깊어진 영실분화구.

오름 수첩

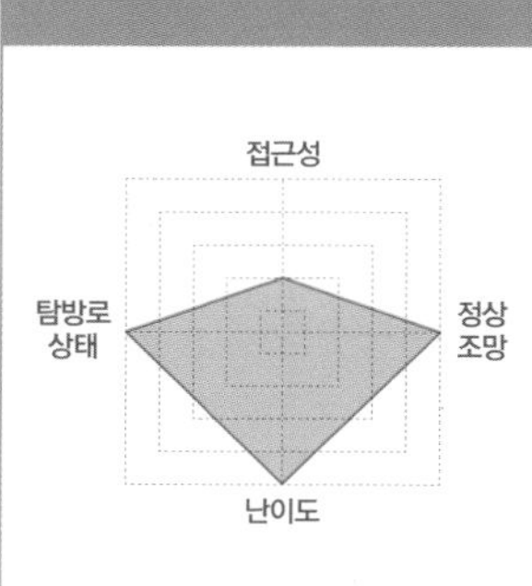

별칭 영실오름-영실, 오백장군, 천불봉, 윗세오름-웃세오름

높이 영실오름-1639.3m(389m), 윗세오름-1740m(75m)

탐방 포인트 조망 등산 사진 선작지왓 백록담 화구벽

탐방 소요시간 하산까지 5~6시간

가까운 오름
법정악, 삼형제오름, 거린오름

탐방 시 주의사항
산행 채비, 식수와 도시락 준비

주변 여행지 1100고지 습지, 서귀포자연휴양림(법정악)

찾아가는 길

- 내비게이션에 '영실' 입력
- 제주시 시외버스터미널에서 중문방면으로 가는 240번 시외버스가 영실 매표소까지 간다. 영실 매표소에서 영실 등산로 입구까지 2.5km는 택시를 타거나 걸어야 한다. 10인승 이하의 승용차는 등산로 입구까지 갈 수 있다.

오름의 분화구인 영실

영실에서 윗세오름대피소에 이르는 구간은 한라산의 여느 등산로 중에서도 아름답기로 첫손가락에 꼽힌다. 출발지인 영실靈室의 '실'은 골짜기의 옛말로, 실室이라는 한자어를 빌려 표기한 것이다. 즉 신의 기운으로 가득한 신령스러운 골짜기라는 뜻이다. 이 일대는 범상치 않은 기운으로 가득하다. 붉은 둥치의 아름드리 금강소나무 숲 사이를 흐르는 맑은 개울을 건너면 곧 오르막이 시작되며 영실분화구의 장관이 펼쳐진다. 둘레 3,309m에 바닥까지의 깊이가 389m, 2,000여 개의 기암으로 둘러싸인 이곳은 모든 이들을 압도하는 비주얼을 가졌다. 하도 넓어서 사람들은 이곳이 분화구라는 생각을 않고 단지 깊은 계

MAP

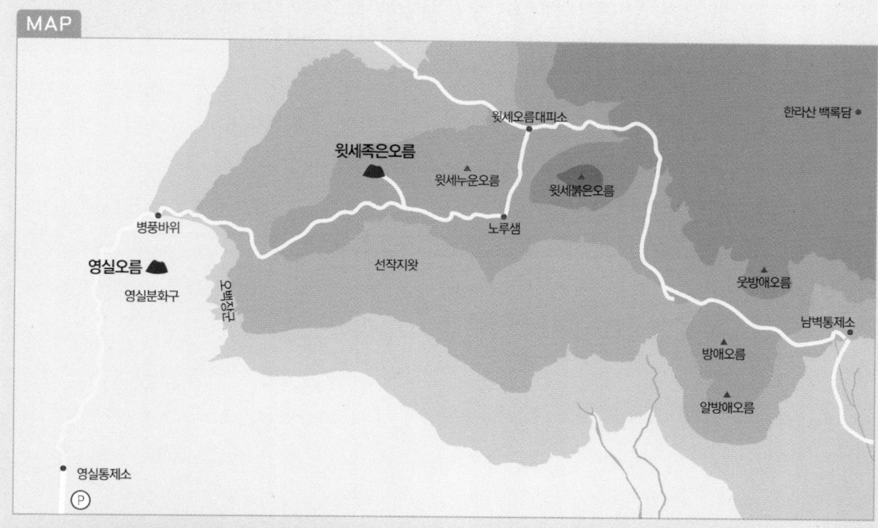

눈 덮인 영실분화구

곡으로 여긴다. 제주의 368개 오름 중 가장 넓고 깊고 큰 분화구다.

분화구의 위쪽은 온통 절벽지대. 이곳은 바위 형태가 동쪽과 서쪽이 서로 다른 모양을 하고 있다. 서쪽은 1,200개가 넘는 바위기둥이 한데 엉겨 붙은 '병풍바위'가 장관이고, 동쪽은 수십m의 돌기둥이 울창한 숲을 뚫고 우후죽순처럼 솟았다. 용암이 마구 분출하다가 그대로 굳은 것으로, 500명의 아들과 살던 어머니의 전설이 얽히며 '오백나한' 또는 '영실기암'이라 부른다.

고산의 신비로운 풍광

영실기암을 벗어나면 거대한 산상 고원인 선작지왓이 나타난다. 영실기암과 선작지왓의 경계엔 한라산 구상나무 군락이 넓게 띠를 이루는데, 고사한 개체가 많아서 안타까움을 자아내기도 한다. 선작지왓은 봄철 너른 고산평원을 화려하게 수놓는 털진달래와 제주조릿대가 장관인 관목지대다.

예쁜 길이 굽이굽이 돌아가는 선작지왓의 왼쪽에 우두커니 서 있는 세 개의 오름이 윗세

백록담 상공에서 본 윗세오름

영실분화구의 병풍바위.

윗세족은오름 탐방로.

영실분화구의 가을.

오름이다. 1100고지 서쪽의 삼형제오름을 달리 '세오름'이라고 부르는데, 한라산 백록담 서쪽에 나란히 누운 이 세 개의 오름도 그렇다. 아래에 있는 삼형제오름에 비해 위쪽에 있어서 '윗세오름'이다. 백록담에 가까운 순으로 붉은오름, 누운오름(1,712m), 족은오름(1,701m)이라는 이름을 가졌다. 이 세 오름은 모두 분화구가 없는 원추형 화산체다. 이 중 윗세족은오름에 탐방로가 나 있다.

탐방로는 지극히 단순하다. 한라산 등산로에서 계단을 따라 오름에 올랐다가 내려서는 게 전부다. 그러나 탐방이 가능한 제주의 오름 중 가장 높은 곳에 위치한 오름답게 정상에서 조망하는 풍광은 어떠한 말도 필요 없다. 동쪽으로 거칠고 신비로운 자태의 한라산 화구벽이 강력한 존재감을 뽐내고, 북쪽으로는 드넓은 고산평원 끝에 솟은 만세동산, 사재비동산, 이스렁오름 등이 눈길을 끈다.

윗세족은오름에서 본 누운오름과 백록담 화구벽.

사제비동산 부근에서 본 백록담과 윗세오름.

윗세족은오름에서 본 북쪽 풍광.

삼형제셋오름에서 본 영실분화구.

윗세족은오름에서 윗세오름대피소가 가깝고, 중간에 한라산의 모든 좋은 기운이 다 녹아든 듯 물맛 좋은 노루샘도 있다. 윗세오름대피소에서 선택할 수 있는 코스는 세 가지다. 대부분은 반대편의 어리목으로 내려선다. 고산평원의 이국적 풍광이 감동적으로 펼쳐지는 남벽 분기점을 지나 돈내코로 가는 길이 최상의 선택이다. 그러나 오후 1시 이후에는 출입이 통제된다. 시간이 어중간하다면 다시 영실로 되돌아가는 게 좋다.

영실분화구는 자체의 풍광이 빼어난 것은 물론, 흰진달래와 제주백회, 고채나무, 섬매자, 시로미 등 450종이 넘는 희귀식물의 자생지로도 주목을 받는다. 이들 숲이 만들어내는 봄의 신록과 여름의 무성한 숲, 가을의 황홀한 단풍, 눈 덮인 겨울 풍광은 황홀하기 그지없다. 거대한 함지박에 고이고이 채워 건네는 한라산의 선물 같다. 옛사람들이 왜 이곳을 '하늘로 통하는 문通天'이니 '신들의 거처靈室'라는 예사롭지 않은 이름으로 불렀는지 수긍이 가고도 남는다. 뒤돌아보면 입이 떡 벌어지는 제주가 펼쳐진다. 불레오름, 이스렁오름, 삼형제오름, 돌오름, 영아리오름, 왕이메오름, 당오름, 정물오름, 원물오름(원수악), 산방산, 송악산 등이 풍광을 채우며 제주가 왜 오름 왕국인지를 잘 보여준다.

제주 서부권
오름

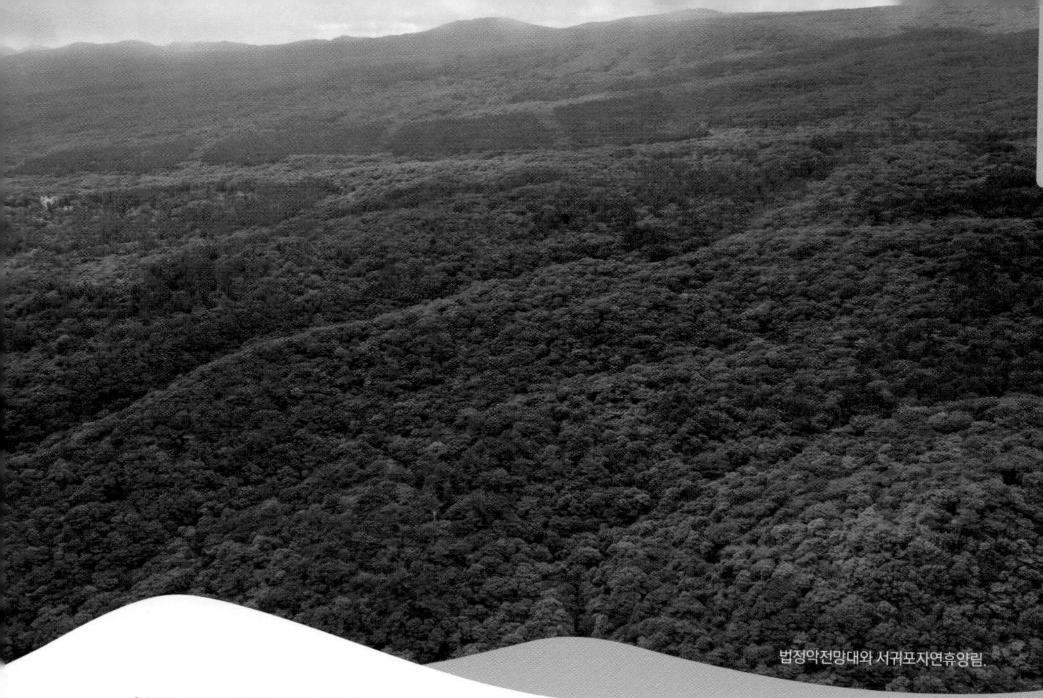

법정악전망대와 서귀포자연휴양림.

한라산 천연림의 아우성

법정악(서귀포자연휴양림)

법정악 오르는 탐방로.

오름 수첩

별칭 법정이

높이 해발고도 760.1m, 비고 90m

탐방 포인트 숲길 산책 / 한라산 천연림 조망

탐방 소요시간 1시간 30분

가까운 오름 거린사슴오름, 삼형제오름

주변 여행지 1100고지, 1100고지 습지

찾아가는 길

- 내비게이션에 '서귀포자연휴양림' 입력
- 제주버스터미널에서 1100도로를 지나 서귀포시의 제주국제컨벤션센터를 오가는 240번 버스가 서귀포자연휴양림 입구에 정차한다.

영실에서 발원한 이 계곡은 휴양림을 가로지른다.

남한 땅에서 가장 높으면서 신령스러운 산으로 꼽히는 한라산은 유네스코가 인정한 세계적인 보물이자 우리 산림자원의 보고다. 한라산의 중턱, 해발 700m대에 들어선 서귀포자연휴양림은 이 놀랍고 신비스러운, 천연의 한라산 숲을 터질 만큼 그 품에 끌어안았다. 그래서 우리나라 어느 휴양림보다 숲이 숲답다.

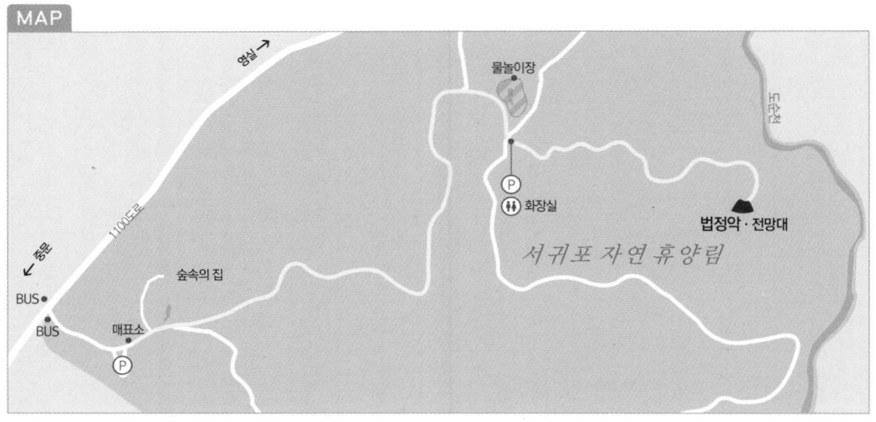

휴양림 곳곳에 마련된 나무평상.

널찍해서 나란히 걷기 좋은 전망대산책로.

쾌적하고 걷기 좋은 전망대산책로

350ha나 되는 광활한 면적에서 숙박동과 주차장 등 인공 시설이 차지하는 공간은 지극히 일부분이고, 나머지는 온대·난대·한대 수종이 어우러진 원시의 숲으로 울울창창하다. 휴양림에는 이 숲을 오롯이 즐길 수 있는 다양한 코스의 산책로가 조성되어 있다. 정문과 후문 사이를 오가는 '건강산책로'와 휴양림 전체를 한 바퀴 통째 도는 '숲길산책로', 휴양림 내의 오름인 법정악法井岳을 다녀오는 코스인 '전망대산책로'까지 길이도 다양한 걷기길이다.

해발고도가 760m, 오름 자체의 높이가 90m인 법정악은 전망대산책로 끝에서 만날 수 있다. 거대하고 울창한 숲에 뒤덮여 하늘에서 보면 오름인지 구분조차 쉽지 않다. '법정이'라고도 부르며, 옛날에 근처에 '법정사'라는 절이 있어서 붙은 이름이다.

매표소를 지나면 만나는 '생태관찰로' 시작 지점.

법정악 전망대서 본 한라산.

울창한 숲속에서 얼굴만 내민 법정악전망대.

거대하고 웅장하며 압도적인 숲

휴양림 입구에서 건강산책로를 따라 걷다가 계곡으로 내려선 후 왕복 1.2km인 전망대산책로를 따르는 게 가장 일반적인 코스다. 서귀포자연휴양림이 품은 최고의 숲을 좀 더 즐기고 싶다면 숲길산책로가 좋다. 전망대산책로 입구까지 차로 갈 수도 있다. 들머리에 화장실과 주차장이 마련되어 있다.

데크가 깔린 전망대산책로는 넓고 쾌적해 두 명이 나란히 서서 두런두런 이야기 나누며 걷기에 안성맞춤이다. 정상에 닿기까지 전망이 트이는 곳이 없는데도 주변 숲이 좋고, 그 기운이 그대로 느껴져 마음 깊은 곳까지 뻥 뚫리는 기분이다. 법정악이 가까워질 즈음 길은 평탄해진다. 굼부리가 없는 좁은 정상은 놀랍게도 무덤 한 기가 차지하고 있다. 좁지만 반듯하게 산담까지 둘렀다. 정상은 산담을 빈틈없이 감싼 나무들로 인해 사방이 막혔다. 대신 바로 남쪽에 전망대를 조성했다. 무덤에서 전망대는 코앞이다. 나무의 우듬지를 최대한 해치지 않는 선에서 전망대를 세우다 보니 바닥 모양이 독특하다.

전망대 끝에 서니 한라산 백록담에서 서귀포 앞바다까지 이어지는 제주 모습이 한눈에 들어온다. 과연 제주도가 한라산이며, 한라산이 제주도인 것이 체감되는 장면이다. 백록담에서 산록남로를 만나기까지는 참으로 거대하고 웅장하며 압도적인 풍광의 천연림이 두텁게 펼쳐졌다. 할 말을 잃게 만드는 곳이다.

혼자 걷기에 이만한 길이 또 있을까 싶다.

나무 우듬지를 살리며 조성한 법정악 전망대.

해질녘 풍광이 멋진 B코스 정상.

오후의 산책이 어울리는 곳

솔오름(미악산)

오름 수첩

접근성
탐방로 상태
정상 조망
난이도

별칭 미악산米岳山, 솔오름, 쌀오름

높이 해발고도 567.5m, 비고 113m

탐방 포인트 조망 숲길 산책

탐방 소요시간 1시간 30분

가까운 오름 고근산, 시오름

탐방 시 주의사항 간편한 복장, 식수

주변 여행지
돈내코유원지(원앙폭포)

찾아가는 길

- 내비게이션에 '솔오름' 또는 '솔오름전망대' 입력.
- 서귀포 치유의숲에서 토평동을 오가는 625번 버스가 '솔오름전망대' 정류장에 정차한다. 정류장 동쪽 회전 교차로 건너편에 솔오름 주차장과 들머리가 있다.

서귀포 구시가지의 정북쪽, 한라산 중턱에 솟은 솔오름은 최고의 숲과 멋들어진 탐방로, 쉼 그 자체인 편안한 조망을 품어서 사람들의 발걸음이 끊이지 않는 곳이다. 토평동과 동홍동의 경계에 걸친 산체는 남동쪽으로 희미한 말굽형 굼부리를 품은 채 동쪽 봉우리는 토평동에, 정상인 서쪽 봉우리는 동홍동에 풀어놓고 있다.

탐방로 주변의 생태환경이 좋다.

온몸을 정화시킬 듯한 숲

'미악米岳' 또는 '미악산米岳山'이라 표기하고, 순우리말로 '쌀오름', '술오름', '솔오름' 등 여러 가지 이름으로 불린다. 옛날 이 오름이 민둥산이었을 때, 그 모양이 바닥에 쌀을 수북하게 쌓아놓은 듯해서 이런 이름을 붙인 것이라는데, 이를 두고도 해석과 평가가 분분하다. 현재 오름 들머리의 안내도엔 '솔오름'이라고 적혀 있다.

솔오름 북쪽은 우리나라에서 유일한 극상 상태의 난대림 지대라고 한다. '극상림'에 대한 이해가 좀 난해하긴 하나, 귀하고 보호해야 할 최고의 숲인 것은 분명해 보인다. 그 때문

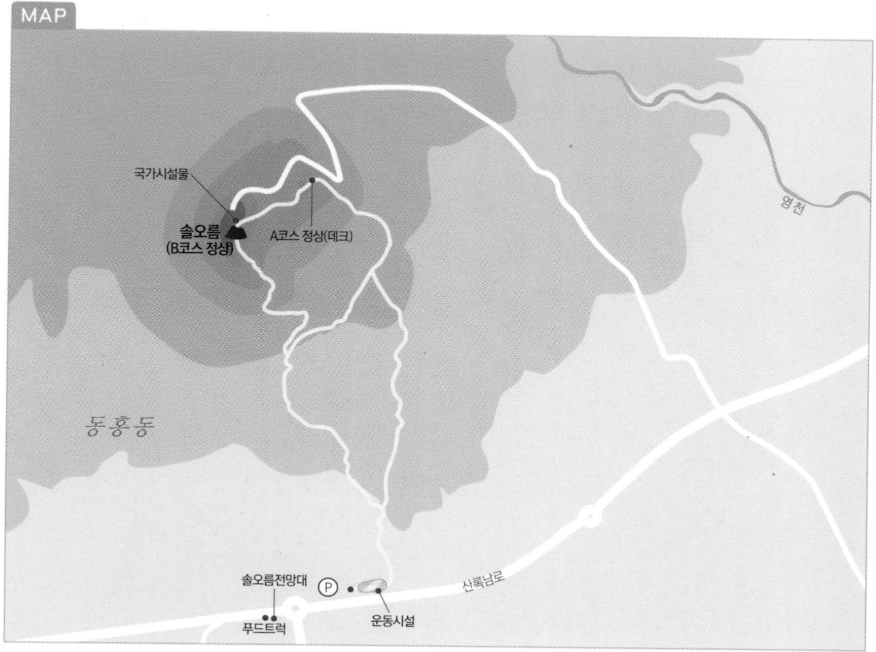

일까, 솔오름 오르는 탐방로 또한 빼어난 숲 환경의 연속이다. 지나기만 해도 몸이 정화될 것 같은 느낌의 편백나무와 해송, 삼나무 숲이 하늘을 가리고, 온갖 덩굴식물이 활엽수와 어우러진 자연 그대로의 수풀지대도 나타나며 온몸의 세포를 모두 열어 숨통을 트이게 하는 듯하다. 이 근사한 숲을 지나는 탐방로엔 데크를 깔거나 나무 계단을 설치해 궂은 날씨에도 쾌적한 환경을 조성했다.

정상에서 만나는 휴식 같은 풍광

오름 남쪽, 산록남로와 동홍로가 만나는 삼거리의 회전교차로 한쪽에 솔오름전망대가 있고, 그 앞에 몇 대의 푸드트럭이 영업 중이다. 전망대 동쪽 길 건너가 너른 주차장

청미래덩굴 열매가 꽃처럼 아름다운 길.

레이더 시설이 있는 B코스 정상부.

을 갖춘 들머리다. 초입의 운동시설을 지나 곧 만나는 갈림길. 직진하면 A코스, 왼쪽이 B코스다. A코스를 따라 정상에 올랐다가 B코스로 내려서는 동선이 애용된다. 갈림길을 지난 길은 울창한 편백나무 숲 사이로 파고든다. 어디 쯤을 지나고 있는지 파악이 힘들 만큼 이리저리 굽어 도는 길 주변의 숲은 청미래덩굴과 소나무, 삼나무, 단풍나무, 보리수나무, 관목지대 등이 나타나며 계속 얼굴을 바꾼다. 때로 가파른 곳이 나타나지만 잣성과 산담, 숲속 잔디밭 등이 뒤섞인 길은 대체로 완만하고 널찍해 야생의 정원을 걷는 기분이다.

길고 비스듬하게 데크가 깔린 A코스의 정상에서 평지 같은 안부를 지나야 진짜 정상을 만난다. 레이더 기지 시설물로 터가 좁아진 정상이지만, 한라산 남쪽이 남김없이 펼쳐지는 풍광이 압권이다. 고만고만하던 고근산도 여기서는 한류 스타 못잖게 멋져 보인다. 여기저기에 아무렇게나 앉아 이 풍광에 빠져든 이들, 이후의 스케줄은 이미 관심 밖인 얼굴들이다.

삼나무 숲 상단의 쉼터.

정상에서 보이는 한라산.

거친 오름의 매력

녹하지악

측면에서 본 녹하지악과 산방산.

삼나무 아래로 심겨진 활엽수.

오름 수첩

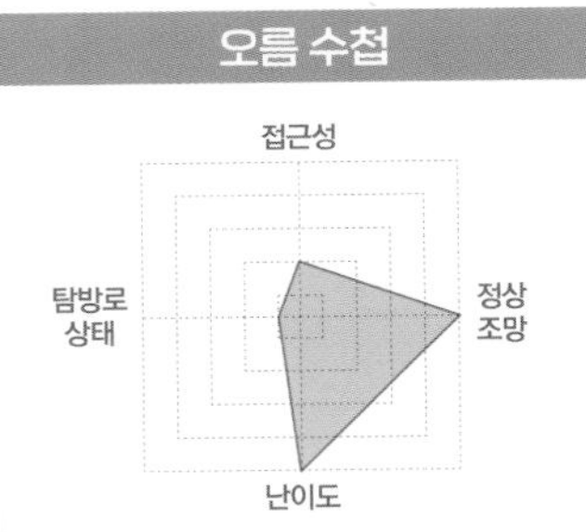

별칭 녹하지오름

높이 해발고도 620.5m, 비고 121m

탐방 포인트 한라산과 서귀포 조망

탐방 소요시간 1시간

가까운 오름 우보악, 거린사슴오름

탐방 시 주의사항 긴소매와 긴바지 의류, 등산화, 스틱, 자외선차단제

주변 여행지 본태박물관, 포도호텔, 방주교회

찾아가는 길

- 내비게이션에 '레이크힐스 제주CC' 입력. 주변으로 버스가 다니지 않는다.

숲 그늘에서 만난 한라돌쩌귀.

녹하지악은 산록남로에서도 한라산으로 한참 들어선 레이크힐스 골프장 한가운데에 솟았다. 남쪽으로 열린 말굽형 굼부리를 가졌는데, 북쪽 사면이 워낙 두텁고 탄탄해서 측면에서 보면 삿갓 모양이다. 오름의 남쪽과 북쪽, 서쪽은 골프장 홀이 기슭까지 파고들었다. 굼부리의 북쪽과 서쪽은 온통 활엽수다. 겨울에 한라산의 사슴이 무리지어 내려와 살았다고 해서 녹하지鹿下旨라는 이름이 붙었다고 한다.
주차장에서 북쪽으로 골프장 내의 도로를 따라 150m쯤 간 곳에서 왼쪽에 들머리가 보인다. 탐방로가 조성된 게 아니어서 희미한 흔적을 따라 올라야 한다. 초입의 울창한 삼나무 숲 상단부에서 길은 서쪽으로 수평이동을 하면서 활엽수 관목지대로 들어선다. 곧 억새밭과 산죽 구간이 차례로 나오며 하늘이 시원스레 열린다. 그런데 무성한 수풀에 가려져 길을 구분하기가 쉽지 않다. 발로 짚어가며 길을 찾아야 하는 구간이다. 산죽지대를 지나면 이동통신 기지국 철탑이 설치된 정상이 가깝다. 터가 좁은 정상에서는 철탑 때문에 남쪽 조망이 막혀 아쉽지만 한라산과 서쪽은 뻥 뚫린다. 거린사슴오름이 봉긋하고, 백록담에서 서쪽으로 물결처럼 이어진 오름 능선이 딴 세상 같다. 내려설 때는 올랐던 길을 되짚어야 한다.

MAP

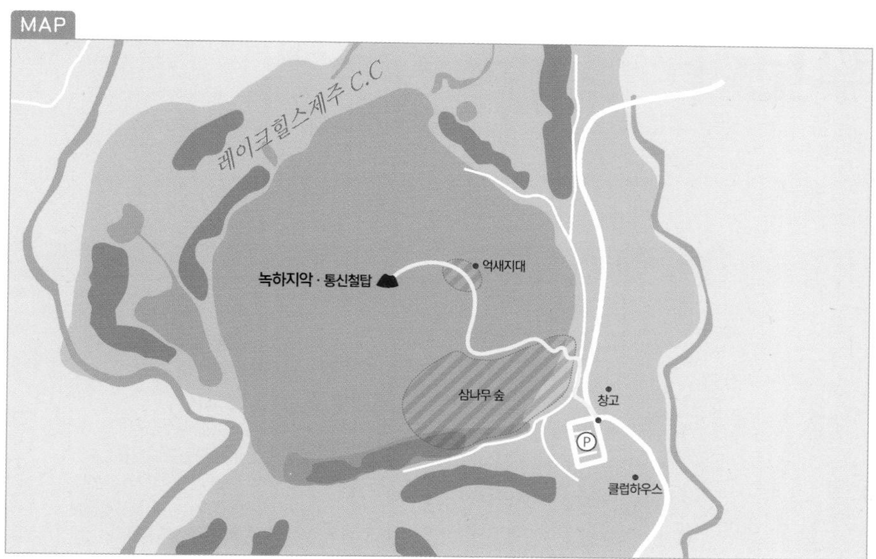

동쪽 상공에서 본 우보악.

소처럼 걸어볼까?

우보악

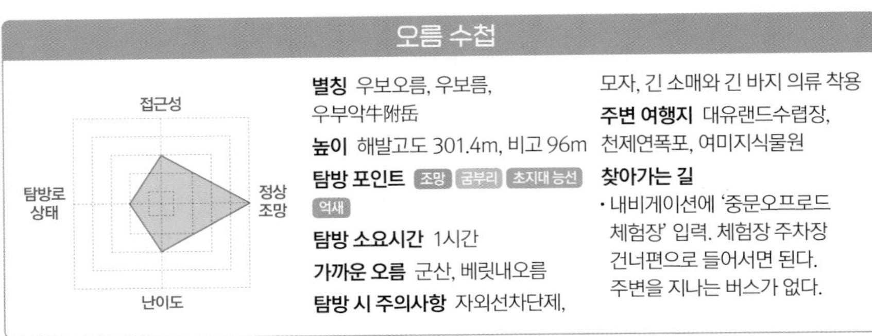

오름 수첩

별칭 우보오름, 우보름, 우부악牛附岳

높이 해발고도 301.4m, 비고 96m

탐방 포인트 조망 굼부리 초지대 능선 억새

탐방 소요시간 1시간

가까운 오름 군산, 베릿내오름

탐방 시 주의사항 자외선차단제, 모자, 긴 소매와 긴 바지 의류 착용

주변 여행지 대유랜드수렵장, 천제연폭포, 여미지식물원

찾아가는 길

- 내비게이션에 '중문오프로드 체험장' 입력. 체험장 주차장 건너편으로 들어서면 된다. 주변을 지나는 버스가 없다.

오프로드체험장과 우보악 서사면.

우보악 북쪽 사면의 추수 끝난 초지.

우보악은 색달동의 중산간, 대유랜드 동쪽에 우두커니 서 있다. 이름이 참 재밌다. 걸어가는 소의 모습을 닮았다고 해서 우보악牛步岳, 또는 소가 엎드려 있는 모양이어서 우부악牛附岳이라고도 했다는데, 지명에 얽힌 옛사람들의 안목은 알다가도 모를 때가 많다. 요리조리 아무리 재어 봐도 도무지 소를 찾아내긴 힘들다. 겉을 보는 것도 제대로 할 줄 모르니 선조들의 통찰을 감지하는 건 애초에 무리다.

정해진 길이 없지만 탐방은 쉬워

밋밋한 세 개의 봉우리를 가진 우보악은 마주 보는 남봉과 북봉의 직선거리가 500m에 달할 만큼 몸집이 거대하다. 동쪽으로 시원스레 뚫린 말굽형 굼부리가 눈길을 끈다. 꽤 깊은 굼부리 안에서는 귤농사와 밭농사를 짓고, 몇 채의 농가도 보인다. 가축 사료용 풀을 심어 가꾸는 초지로 이용되는 오름의 북쪽은 능선과 거의 같은 높이로 이어진다. 초지 너머엔 골프장이 조성되었다. 무척 완만한 서쪽 사면도 풀밭이 두텁게 자리를 잡았다. 그 아래론 ATV와 오프로드용 자동차 체험장이 들어섰다. 상대적으로

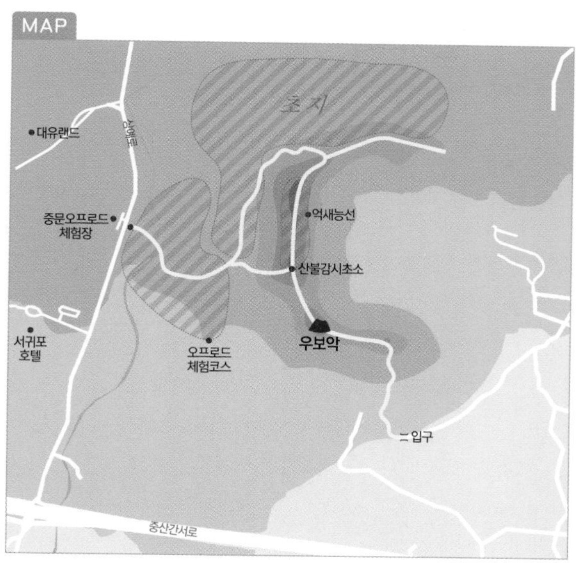

가파른 남쪽 사면은 삼나무와 해송이 주종을 이룬 숲으로 빼곡하다.
조성된 탐방로가 없어서 앞 사람의 발자취를 찾아 올라야 한다. 남쪽에서 오르는 길이 있으나 수풀에 뒤덮여 희미하다. 대부분은 서쪽, '중문오프로드체험장'을 들머리로 잡는다. 체험장의 거친 길을 따라 들어선 후 넓은 초지를 가로질러 서쪽 능선에 올라서면 된다. 방향을 잘 가늠하면서 자신만의 길을 찾아야 한다. 완만하고, 훤히 보이는 곳이다 보니 어렵지 않게 능선에 오를 수 있다. 오프로드체험장은 가을이면 억새와 수크령이 장관이다. 멀리 산방산, 군산, 송악산 등이 배경을 이뤄 풍광도 더할 나위 없다. 10월 중순이 지나면 초지의 풀베기가 끝난 때라서 오르내리기가 한결 수월해진다.

우보악 능선의 가을.

능선에서 마주하는 놀라운 풍광

서쪽 능선 입구에서 본 한라산.

능선에 올라서면 놀라움의 연속이다. 북쪽으로 그 넉넉하고 가없는 품을 한껏 펼친 한라산이 친근한 모습으로 서 있고, 거의 평지를 이룬 능선 아래로 깊이 내려간 굼부리도 흥미롭다. 그 모양이 고대 로마의 노천극장을 떠올리게 한다.

추수 끝난 초지를 걷는 기분이 참 좋다. 능선에서 발아래의 서귀포를 조망하는 것도 그렇다. 억새를 흔들고 불어온 바람도 마찬가지. 폭이 널찍한 서쪽 능선은 트랙의 100m 직선주로처럼 산불감시초소에 닿기까지 곧게 뻗어 있다. 수크령과 억새, 띠가 뒤덮은 길이어서 걷노라니 세상의 모든 가을풍광을 혼자 만끽하는 듯한 기분이 난다.

산불감시초소에서 남봉까지는 150m 거리지만, 수풀이 우거지는 때면 들어서기가 쉽지 않다. 사실 산불감시초소에서 조망하는 풍광만으로도 차고 넘칠 지경이다.

억새와 수크령, 띠가 섞인 서쪽 능선.

굼부리 둘레길과 한라산.

서귀포 넘버 원 전망대

고근산

고근산과 한라산.

굼부리 서쪽의 전망대.

오름 수첩

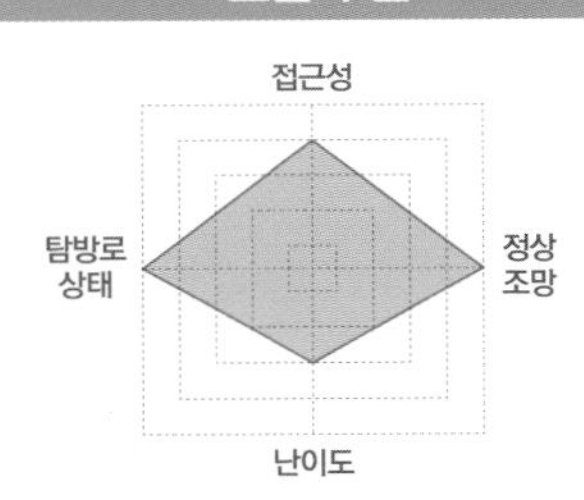

별칭 고공산, 호근산好近山

높이 해발고도 396.2m, 비고 171m

탐방 포인트 한라산 서귀포 조망

탐방 소요시간 2시간

가까운 오름 하논오름, 삼매봉

탐방 시 주의사항 자외선차단제, 방풍재킷

주변 여행지 서건도, 외돌개, 천지연폭포

찾아가는 길

- 내비게이션에 '고근산' 입력
- 천지연폭포를 중심으로 서귀포 일대를 오가는 641번, 644번, 691번 버스가 '고근산' 정류장에 정차한다. 여기서 오름 남서쪽 들머리까지는 서호동공동묘지를 지나 1km 거리다.

조선시대에 섬 남쪽의 정의현과 대정현을 가르던 고근산은 서귀포 신시가지를 감싸며 당찬 산세로 솟았다. 북서에서 동남으로 기운 타원형의 산체를 가졌고, 정상에 펑퍼짐한 원형 굼부리를 품었다. 설문대할망이 백록담에 머리를, 이 굼부리에 엉덩이를 대고 범섬엔 다리를 걸치고는 물장구치며 놀았다는 전설이 전해온다. 근처에 산이 없이 외로이 섰다고 '고근孤根'이라는 이름이 붙었고, 호근동에서는 '호근산'이라고 했다. 오름을 품은 서호동과 호근동 사람들은 예로부터 용맥이 흐르는 영산으로 여겨 중턱 이상엔 무덤을 서지 않는 금장지역으로 지켜오고 있다. 오름 남동 사면의 중간쯤엔 국상을 당했을 때 올라와 곡을 하던 망곡단望哭檀이 있었다고 하며, 남서 사면 아래쪽 숲엔 꿩사냥을 나선 강생이가 빠져 죽었다는 수직굴인 '강생이궤'가 시커먼 아가리를 벌리고 있다. 산 남록에는 서호동공동묘지가 들어섰다.

올레길을 걷는 게 아니라면 접근이 쉬운 남서쪽 들머리가 편하다. 여기서는 길이 두 갈레인데, 남쪽의 기존 등산로 입구에서 북쪽으로 80m쯤 들어서면 올레길 코스가 따로 있다. 이 두 길을 이용해 오르내리면 된다. 오름 자체의 높이는 171m로 꽤 높아서 탐방로는 살짝 가파르다. 삼나무와 활엽수로 울창한 숲 사이로 이어지는 계단길은 정비가 잘 되어 있다. 정상부는 원형의 굼부리를 한 바퀴 도는 둘레길이 조성되었고, 남서쪽엔 산방산 방향이 훤히 보이는 전망대도 있다.

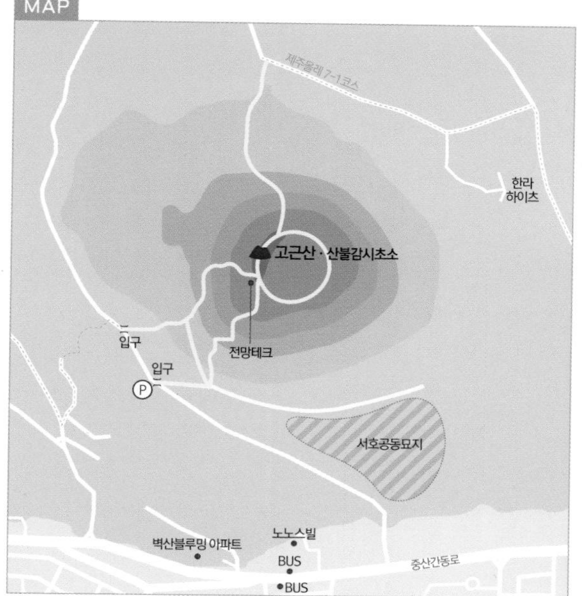

제주올레 7-1코스가 고근산을 지난다.

동쪽 하늘에서 본 베릿내오름.

중문에서 제일가는 산책로

베릿내오름

오름 수첩

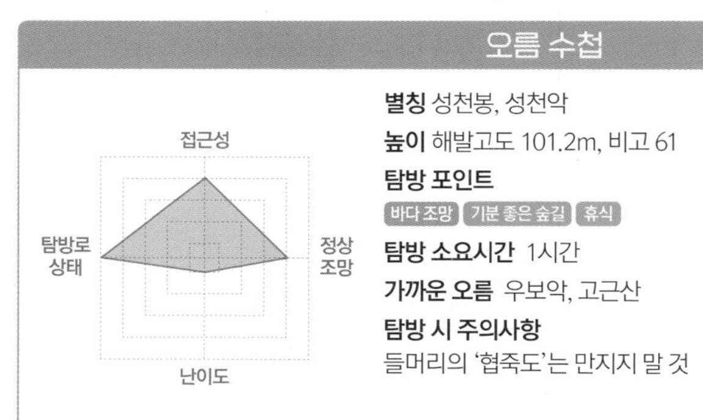

별칭 성천봉, 성천악

높이 해발고도 101.2m, 비고 61

탐방 포인트

바다 조망 · 기분 좋은 숲길 · 휴식

탐방 소요시간 1시간

가까운 오름 우보악, 고근산

탐방 시 주의사항

들머리의 '협죽도'는 만지지 말 것

주변 여행지

중문해수욕장, 천제연폭포

찾아가는 길

- 내비게이션에 '광명사' 입력
- 202번, 510번, 633번 등 여러 대의 버스가 정차하는 천제연폭포 입구에서 남쪽으로 500m쯤 내려선 곳에 베릿내오름의 들·날머리로 통하는 광명사가 있다.

'베릿내'는 중문천이 끝나는 천제연天帝淵 하류에 있던 작은 바닷가 마을 성천포星川浦를 말한다. 옛사람들은 중문천을 '별이 흐르는 내'라며 성천星川이라 불렀다. 개발로 인해 별이 흐르던 옛 마을은 사라졌어도 이름은 바로 옆의 오름에 남았다. 베릿내오름을 한자로 '성천봉星川峰', '성천악星川岳'으로 표기하는 것이다.

'베릿내'라는 이름을 두고 몇 가지 해석이 전해온다. 별의 제주방언인 '벨'이 변해 '베리'가 되었다는 것과 강과 바닷가의 깎아지른 절벽을 가리키는 벼루의 제주방언이 '베리'인데, 성천포 주변에 절벽이 있어서 베릿내라고 불렀다는 것이다. 후자가 정설로 통한다. 중문천에 접한 서쪽은 깎아지른 절벽을 이루고, 동남쪽은 야트막한 말굽형 굼부리를 품고 완만하다. 이 굼부리를 중심으로 동오름과 섯오름, 만지섬오름으로 불리는, 밋밋한 세 봉우리가 이어진다.

걷는 내내 즐겁고 신나는 길

들머리는 크게 세 곳이다. 광명사 입구에서 양쪽으로, 남쪽 천제2교 방면에서도 오를 수 있다. 덩치가 작다 보니 길이 복잡하거나 길지 않다. 그러나 풍광은 충분히 멋지다. 제주올레 8코스와 그대로 겹치는 베릿내오름 탐방로는 중문관광단지 내에 있기에 관리상태

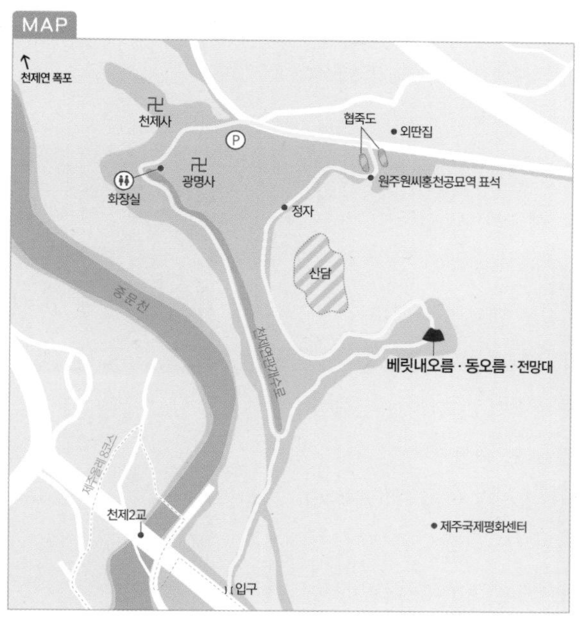

천제사 옆의 샘.
'만지샘'이라는 사람도 있다.

베릿내오름 분화구 안의 크고 작은 산담들.

가 좋고, 평탄하고 완만해 남녀노소 모두 걷기 편하다. 동오름 정상부를 제외하고는 모든 구간이 울창한 숲에 덮인 것도 장점이다.

보통 광명사 주차장을 기점으로 삼는다. 주차장 앞 동쪽의 고갯마루가 오름 들머리다. 유독성 식물인 '협죽도'가 늘어선 사이로 들어서면 '원주 원씨 홍천공 묘역' 표석 옆으로 나무 데크가 나타난다. 이후 길은 데크를 따른다. 굵은 둥치의 소나무 사이로 이리저리 굽어 도는 길, "아, 좋다!"는 말이 절로 터져 나온다. 숲이 쾌적하고, 멀리까지 훤히 가늠되어 시선도 편하다. 오른쪽으로 숲이 트이는 곳, 군산과 월라봉, 박수기정, 산방산이 겹쳐진 환상적인 제주가 눈길을 사로잡는다.

굼부리를 휘감고 돌며 잠시 낮아지는가 싶더니 넓은 전망

숲이 트인 곳에 군산과 월라봉, 박수기정, 산방산이 보인다.

해송 두 그루가 서 있는 동오름의 전망 데크.

소나무가 그늘을 드리운 숲길.

대를 갖춘 동오름 정상에 닿는다. 가운데를 차지한 해송 두 그루가 멋지다. 그 너머 멀리 아무리 봐도 질리지 않는 한라산이 반갑다. 서쪽으론 송악산과 가파도, 마라도까지 가늠된다. 탁 트인 제주 풍광으로 인해 마냥 앉아 머물고 싶은 동오름이다.

이후 만나는 삼거리에서 남쪽으로 내려서면 천제2교 방향 날머리가 가깝다. 하지만 오른쪽으로 꺾어 광명사로 돌아오는 길을 추천한다. 베릿내오름이 품은 아름다움이 이 길을 따라 넘쳐나기 때문이다. 일제강점기 전, 논농사를 위해 천제연의 물을 끌어오기 위해 바위를 깎고 뚫어 만든 관개수로도 지난다. 제주의 척박한 자연환경에 굴하지 않고 맞서 싸운 조상들의 소중한 유산이다.

하논분화구와 한라산.

제주에서 보기 드문 '벼 익는 들녘'

하논오름

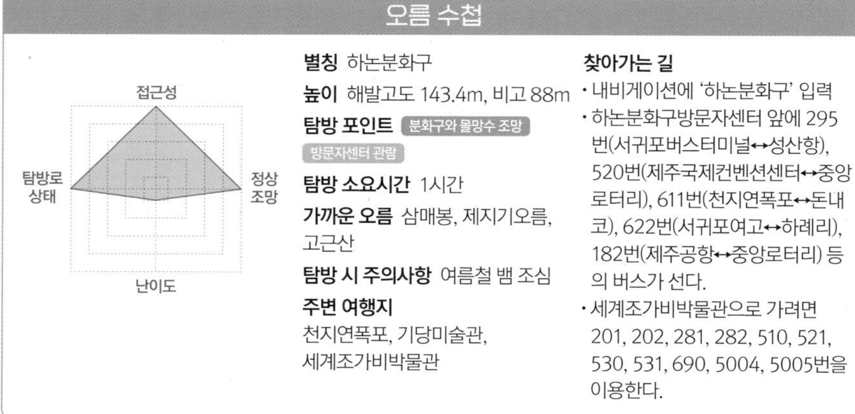

오름 수첩

별칭 하논분화구

높이 해발고도 143.4m, 비고 88m

탐방 포인트 분화구와 물망수 조망 방문자센터 관람

탐방 소요시간 1시간

가까운 오름 삼매봉, 제지기오름, 고근산

탐방 시 주의사항 여름철 뱀 조심

주변 여행지
천지연폭포, 기당미술관, 세계조가비박물관

찾아가는 길

- 내비게이션에 '하논분화구' 입력
- 하논분화구방문자센터 앞에 295번(서귀포버스터미널↔성산항), 520번(제주국제컨벤션센터↔중앙로터리), 611번(천지연폭포↔돈내코), 622번(서귀포여고↔하례리), 182번(제주공항↔중앙로터리) 등의 버스가 선다.
- 세계조가비박물관으로 가려면 201, 202, 281, 282, 510, 521, 530, 531, 690, 5004, 5005번을 이용한다.

제주도는 땅 전체가 물을 가두기 힘든 화산지형이어서 예부터 논농사를 위해 애썼지만 쉽지 않은 일이었다. 그런데 지금도 벼농사를 짓고 있는 땅이 있다. 한반도 유일의 마르maar형 분화구(화산의 급격한 분출로 생겨난 작은 언덕이 분화구 주변을 에워싼 형태)를 가진 하논오름이다.

하논분화구 방문자센터.

한반도 최대의 분화구 하논

하논오름은 한반도에서 가장 큰 분화구를 품었다. 직경이 1.2km가 넘고, 둘레는 3.8km에 달한다. 특히 하논오름은 이중 화산 분출로 화구 안에 작은 섬인 분석구(보름이)를 가졌다. 원래는 물이 넘실대는 호수였는데, 500년 전쯤 한 지관의 "화구벽의 동쪽을 파서 물꼬를 내라"는 말에 따라 화구벽 낮은 곳에 인공수로를 만들어 호수의 물을 바다로 흘려보내고 농경지로 만들었다는 이야기가 전해온다.

'하논'이라는 말은 제주어로 '큰 논'이라는 뜻이다. 분화구 안에는 하논마을과 한라산 남

MAP

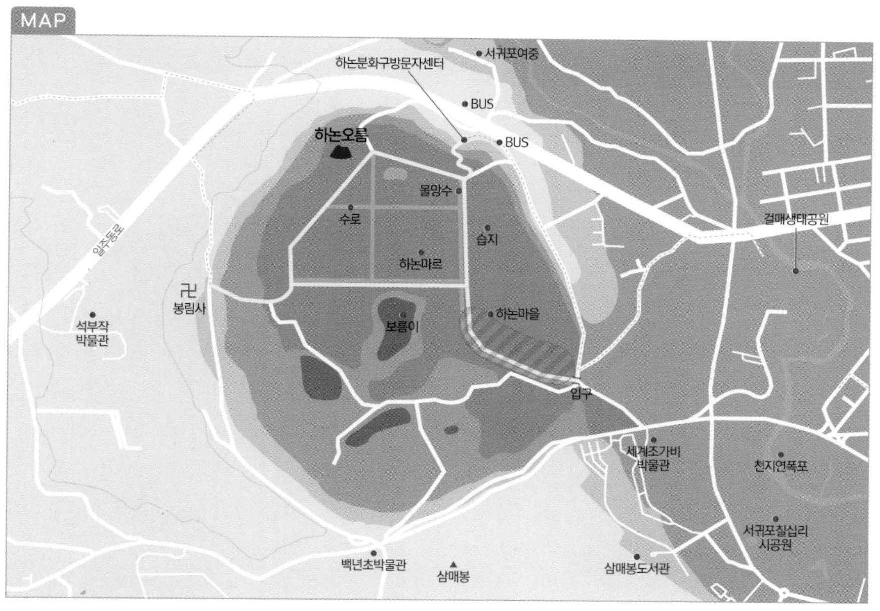

쪽 지역에서 최초로 세워진 하논성당도 있었다. 그런데 성당은 터를 옮겨갔고 하논마을은 4·3사건에 휘말리며 사라지고 말았다. 지금은 일제강점기 때 용주사라는 이름으로 들어섰다가 4·3 때 사라진 후 다시 지은 절집 봉림사와 4·3 이후 새로 들어선 마을이 있다. 분화구 안의 마을이라니, 생각만으로도 낭만 가득할 듯한데, 주민들에게 물어보니 워낙 습한 곳이라서 집 안 곳곳에 곰팡이 피해가 심하다고 한다.

분화구 북동쪽의 '몰망수'라는 샘에서 솟은 용천수가 격자형의 수로를 따라 분화구 곳곳으로 공급된다. 이 물은 다시 분화구 남쪽의 가장 낮은 곳을 통해 천지연폭포로 흘러든다. 물이 워낙 많다 보니 분화구 여기저기에 습지가 넓다.

독특한 풍광, 색다른 탐방

예전 호수로의 복원사업이 탄력을 받고 있는 하논분화구 탐방은 분화구 안의 물이 빠져나가는 남동쪽이나 북쪽의 방문자센터에서 시작하면 된다. 세계조가비박물관과 서귀포예술의전당문화예술공간 건너편으로 들어서면 하논분화구 마을로 이어진다. 제주올레 7-1코스를 따라 걷는 방법도 있다.

습지대와 논배미.

청정한 몰망수는 반영사진을 찍기에 좋다.

하논오름과 한라산

분화구에서 방문자센터로 오르는 나무 계단.

화구벽 북쪽 언덕에 하논분화구방문자센터가 있다. 분화구 바닥에서 계단을 걸어 올라야 만난다. 방문자센터엔 하논분화구 관련 자료와 사진이 전시되어 있다. 상근 중인 해설사로부터 하논분화구에 대한 설명도 들을 수 있다.

방문자센터 앞 전망대에 서면 드넓은 분화구가 한눈에 가늠된다. 화산섬 제주에서 만나는 독특하고 아름다운 풍광이다. 분화구의 반은 논이나 습지고, 그 너머 남쪽은 분석구인 보롬이를 시작으로 모두 귤밭이다. 그 숲 너머로 삼매봉과 서귀포 앞바다에 떠 있는 문섬, 범섬이 보이고, 남동쪽으로 시선을 옮기자 섶섬과 제지기오름(92m), 지귀도도 눈에 들어온다.

하논오름 상공에서 본 삼매봉과 문섬.

남쪽 하늘 붉은 별 보던 오름

삼매봉

정상의 팔각 정자인 '남성정(南星亭)'.

앞바다에서 본 외돌개와 삼매봉, 한라산.

오름 수첩

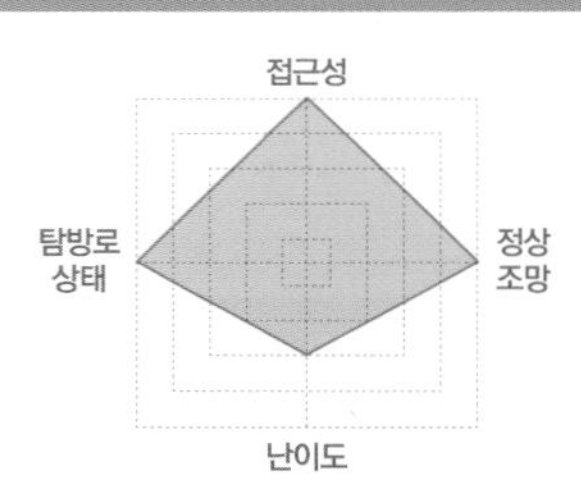

별칭 삼미봉三美峰

높이 해발고도 153.6m, 비고 104m

탐방 포인트 솔숲 조망 외돌개

탐방 소요시간 40분

가까운 오름 하논오름, 고근산, 월라봉

탐방 시 주의사항 편한 신발, 정상부 순환도로 차 조심

주변 여행지 새섬, 서귀포칠십리시공원, 천지연폭포

찾아가는 길

- 내비게이션에 '외돌개휴게소' 입력
- 하례리에서 외돌개를 오가는 615번, 천지연폭포에서 서귀포 신·구시가지를 오가는 692번, 서귀포 향토오일시장을 순환하는 880번 버스가 '외돌개' 정류장에 정차한다.

도심의 시민공원이 된 오름으로 제주시에 사라봉이 있다면 서귀포엔 삼매봉이 대표적이다. 오름의 남쪽엔 외돌개가 아름답고, 북쪽으로는 드넓은 하논분화구와의 사이에 미술관과 도서관이 자리를 잡았다.

매화처럼 아름다운 봉우리가 세 개 연달아 있어서 '삼매봉三梅峰' 또는 '삼미봉三美峰'이라 부른다는데, 지금 그 봉우리를 확인하기는 어렵다. 정상 동쪽엔 방송국 중계소 철탑이 우뚝하고, 정상에는 사라봉의 망양정과 흡사하게 생긴 '남성정南星亭'이라는 팔각 정자가 멋진 처마를 펼치고 섰다. 이는 예로부터 삼매봉 정상이 수평선 멀리 남극 부근 하늘에 뜨는 붉은 별인 노인성을 보던 조망대였기 때문이다. 조선시대엔 이곳에 봉수대가 설치되었다는데, 지금은 흔적을 찾을 수 없다. 삼매봉을 북쪽 하논오름의 정상으로 보는 견해도 있다.

남동쪽 자락에서 출발해 정상부를 한 바퀴 도는 도로가 나 있어서 차로도 오를 수 있다. 보통은 정상 남쪽의 외돌개주차장을 이용한다. 탐방로는 정상부 순환도로를 만나기까지 계단이 계속된다. 순환도로에서 정상은 금방이다. 멋지게 자란 소나무 사이로 운동시설이 들어선 정상의 남성정에 오르면 한라산과 서귀포 칠십리 앞바다가 시원스레 조망된다. 제주올레 7코스가 삼매봉을 지난다.

MAP

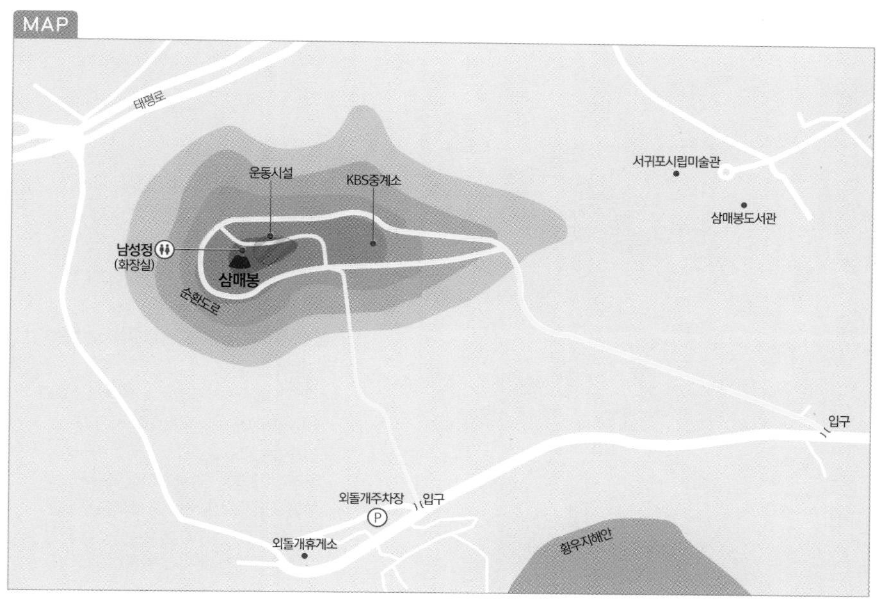

바다에서 본 제지기오름. 가운데에 굴이 있다.

솔숲으로 온몸을 두른 절오름

제지기오름

정상의 동쪽 전망대.

제주올레 6코스가 제지기오름을 지난다.

오름 수첩

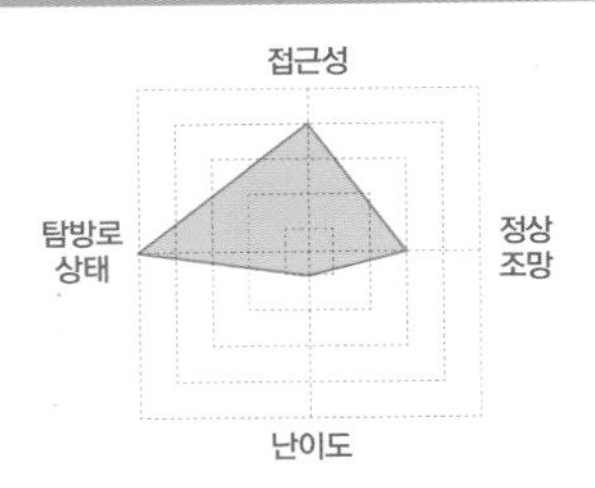

별칭 절오름, 사악

높이 해발고도 94.8m, 비고 85m

탐방 포인트 보목포구 조망

탐방 소요시간 40분

가까운 오름 월라봉(포제동산), 삼매봉, 하논오름

탐방 시 주의사항 탐방로 대부분이 계단

주변 여행지
소천지(제주올레 6코스), 소정방폭포와 정방폭포

찾아가는 길
- 내비게이션에 '제지기오름' 입력
- 서귀포향토오일시장과 보목포구를 오가는 630번 버스를 이용한다. 종점인 보목포구에서 제지기 오름이 가깝다.

서귀포시 보목포구 옆에 우두커니 선 제지기오름은 제주올레 6코스(쇠소깍-제주올레 여행자센터 올레)가 지난다. 옛날에 이 오름 남쪽의 중턱 굴에 절이 있어서 '절지기오름'이라 부르던 것이 제지기오름이 되었다. 해발고도가 94.8m로 높지 않으나 파도가 철썩이는 바닷가에 바투 서 있어 꽤나 존재감을 드러낸다.

솔숲으로 온몸을 두른 오름의 북쪽 사면은 완만한 등성이를 따라 여러 갈래의 골이 파였고, 남쪽 사면은 가파른 벼랑을 이뤘다. 지금은 길이 막혔지만 남쪽 벼랑 가운데에 바위굴과 절터가 있다. 1970년대까지만 해도 굴에 사람이 살았다고 한다. 절터 아래, 바다에 접한 곳에 길게 돌담을 쌓은 건물 한 채가 눈길을 끈다. 한때 대한민국의 안방을 웃음바다로 만들던 코미디언 고 이주일씨가 지은 별장이다. 그가 떠난 뒤 몇 차례 주인이 바뀌다가 한 카페가 오래 영업을 했는데, 지금은 간판이 사라졌다.

탐방로는 단순하다. 올레 코스를 따라 남서쪽이나 북동쪽 들머리를 통해 오르내린다. 지그재그 계단이 정상부까지 이어지지만 숲이 좋아서 힘들지 않다. 운동기구와 평상이 놓인 정상은 꽤 넓고, 소나무가 사방을 둘러 그늘도 좋다. 남쪽 양끝에 전망대가 하나씩 있는데, 모두 조망이 빼어나다. 서남쪽 전망대에 서면 1km 남짓 떨어진 섶섬과 보목포구가 훤하다.

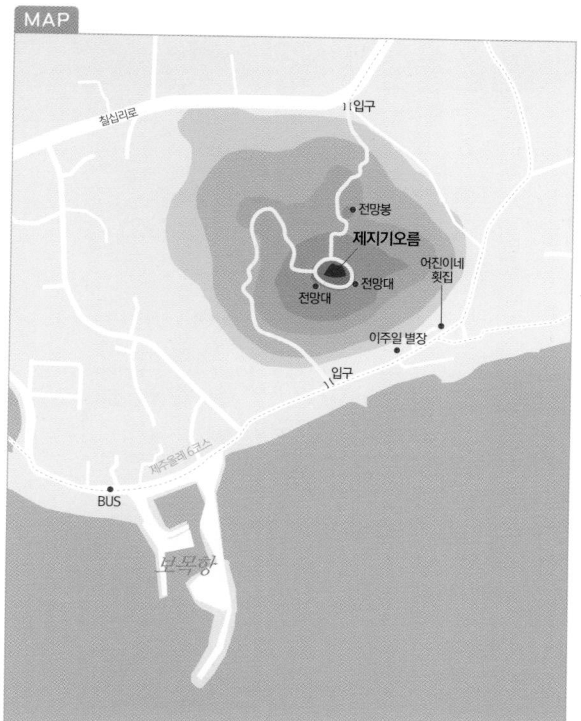

보목포구 쪽 들머리.

왕이메오름과 한라산.

왕이 기도하던 오름

왕이메오름

오름 수첩

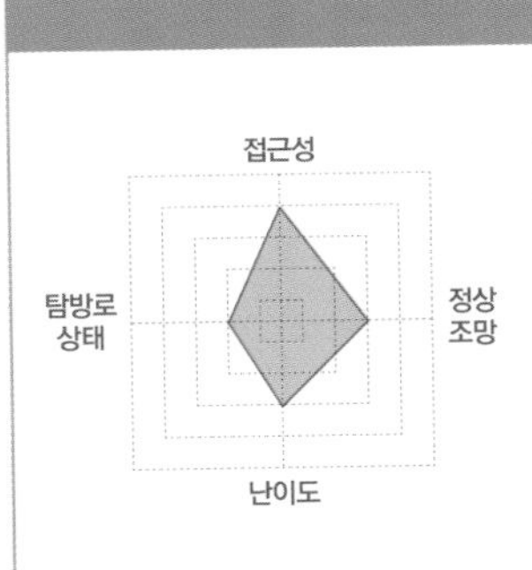

별칭 왕림악王臨岳, 왕이악王伊岳, 왕악王岳, 와우악臥牛岳

높이 해발고도 612.4m, 비고 92m

탐방 포인트 굼부리 야생화 수직동굴

탐방 소요시간 1시간 30분

가까운 오름 괴수치오름, 돔박이오름, 족은대비악

탐방 시 주의사항 뱀 주의, 긴 소매와 긴 바지 의류, 스틱, 2인 이상 동행

주변 여행지
성이시돌목장, 테쉬폰, 나홀로나무

찾아가는 길
- 내비게이션에 '왕이메오름' 입력
- 제주버스터미널에서 모슬포항을 오가는 251번, 252번, 253번, 254번 버스와 서귀포를 오가는 282번 버스가 평화로의 '화전마을' 정류장에 정차한다. 여기서 오름 들머리까지는 1.5km 거리다.

평화로의 봉성교차로에서 한라산 쪽으로 들어서는 길이 '화전로'다. 옛날, 제주를 대표하는 오지였던 이곳에 화전민이 모여 살던 솔도마을이 있었기에 이런 이름이 붙었다. 지도를 펴보면 화전로를 중심으로 북돌아진오름, 동물오름, 폭낭오름, 도래오름, 빈네오름, 이돈이오름, 서영아리오름, 돔박이오름, 괴수치오름, 왕이메오름이 포도송이처럼 뭉쳐 있다. 지금은 팻말만 남은 솔도마을 일대에 대형 골프장 세 곳이 성업 중이다. 왕이메는 화전로에서 처음 만나는 오름이다.

굼부리로 이어지는 폭이 좁은 탐방로.

굼부리 속 별세계

까마득한 옛날에 탐라국의 삼신왕이 이곳에 들어와서 사흘 동안 기도를 했다고 해서 '왕이메'라고 부른다. 달리 '왕림악王臨岳', '왕이악王伊岳', '왕악王岳'이라고도 하며, 누운 소처럼 생겨 '와우악臥牛岳'이라는 별명도 가졌다.

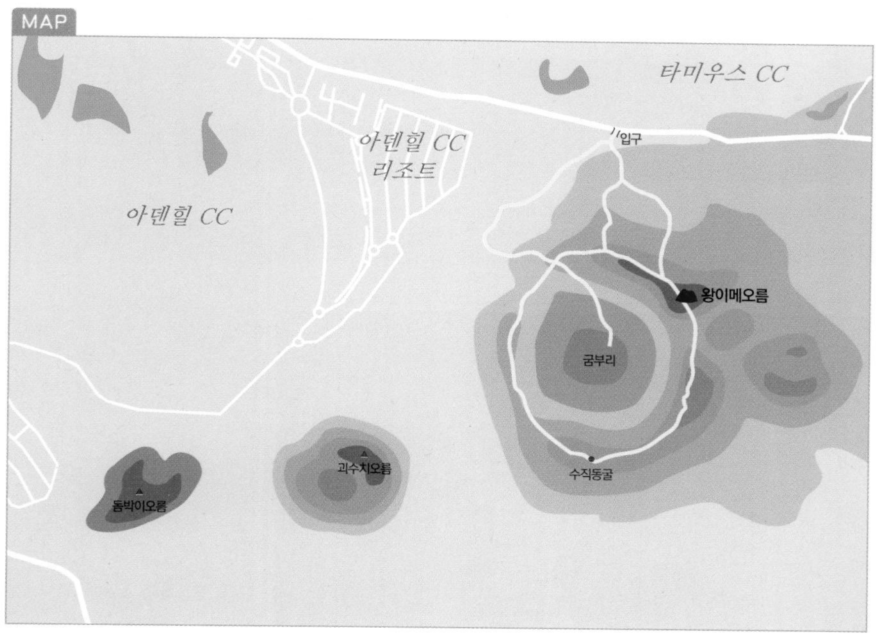

왕이메는 종종 동쪽의 산굼부리에 비교된다. 그만큼 굼부리가 깊고 넓기 때문이다. 하늘을 향해 뻥 뚫린 채 넓은 화구벽이 둘러싼 풍광이 압도적이다. 왕이메는 북쪽과 동쪽에 굼부리를 하나씩 더 가진 복합화산체다. 동쪽의 작고 야트막한 굼부리는 울창한 삼나무 숲에 둘러싸여 길이 막혔으나 북쪽 굼부리는 탐방로가 지난다.

화전로에서 바로 시작되는 탐방로는 몇 걸음 들어서자마자 양쪽으로 갈라진다. 직진하는 길은 초지를 이룬 북쪽 굼부리를 가로질러 능선에 바로 붙고, 오른쪽은 삼나무 숲길을 지나 굼부리 안으로 이어진다. 어느 길을 택해도 서로 만난다. 탐방로는 데크나 계단, 매트 같은 게 깔리지 않은 오솔길 그대로다. 불편할 수도 있지만 날것 그대로의 산길을 걷는 즐거움이 더 크다.

능선에서 만나는 수직동굴.

굼부리로 이어지는 삼나무 숲길.

들머리에서 능선으로 이어지는 길.

정상에서 본 서쪽 풍광.

인상적인 수직동굴

굼부리 안의 세복수초 군락지.

굼부리로 가는 삼나무 숲길은 평탄하고 폭신폭신해 걷는 기분이 좋다. 얼마 후 이정표가 나타나며 가장 낮은 북서쪽 능선을 넘어 굼부리로 들어선다. 사방으로 높은 능선이 두른 터라 굼부리 안은 적막하기까지 하다. 봄날이면 이곳은 들꽃세상이 된다. 굼부리 바닥 이곳저곳에서 세복수초와 꿩의바람꽃, 변산바람꽃, 노루귀에 개구리발톱, 현호색, 구슬붕이, 족도리풀 등이 피어나 발길을 붙잡는다.

활엽수림 사이를 지나는 능선 둘레길은 단장되지 않은 날것 그대로다. 그야말로 들새가 가는 길, 노루가 가는 길이다. 중간에 시커먼 아가리를 벌린 수직동굴 두 개도 만난다. 이후 길은 잠시 내려섰다가 만나는 정상에 닿는데, 조망이 그리 시원치 못해 아쉽다.

정상에서 북쪽으로 조금만 가면 오른쪽으로 길이 갈라진다. 북쪽 굼부리를 거쳐 출발지점으로 가는 짧은 길이다. 여기서 계속 능선을 이어 굼부리 들어서는 길을 만난 후 출발지로 돌아갈 수도 있다.

신비로운 영아리 습지.

신비로운 습지 품은 신령한 산

영아리오름(서영아리)

오름 수첩

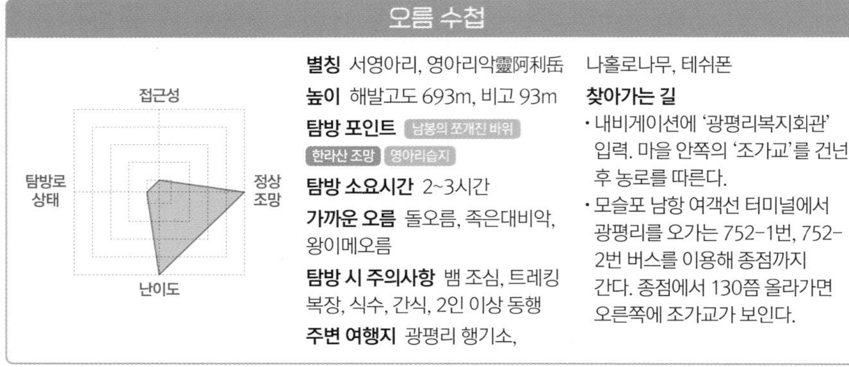

별칭 서영아리, 영아리악靈阿利岳

높이 해발고도 693m, 비고 93m

탐방 포인트 남봉의 쪼개진 바위 / 한라산 조망 / 영아리습지

탐방 소요시간 2~3시간

가까운 오름 돌오름, 족은대비악, 왕이메오름

탐방 시 주의사항 뱀 조심, 트레킹 복장, 식수, 간식, 2인 이상 동행

주변 여행지 광평리 행기소, 나홀로나무, 테쉬폰

찾아가는 길

- 내비게이션에 '광평리복지회관' 입력. 마을 안쪽의 '조가교'를 건넌 후 농로를 따른다.
- 모슬포 남항 여객선 터미널에서 광평리를 오가는 752-1번, 752-2번 버스를 이용해 종점까지 간다. 종점에서 130쯤 올라가면 오른쪽에 조가교가 보인다.

영아리오름은 제주의 수많은 오름 중에서도 특별하다. '신령할 영靈'에 산을 뜻하는 만주어 '아리'가 붙어서 '신령스러운 산'이라는 뜻으로, 오름마다 신이 산다고 여긴 제주에서도 격을 달리해 대접한 곳이다. '영아리'라는 이름의 오름은 모두 셋이다. 한라산 동쪽의 '물영아리오름'과 이웃한 '여문영아리오름' 그리고 한라산 서쪽의 이곳 '영아리오름'이다. 영아리오름을 동쪽의 두 오름과 구분해서 '서영아리오름'이라고도 한다. 주변의 오름 이름들을 이 오름을 기준삼아 붙인 것에서도 그 격이 다름을 짐작할 수 있다. 영아리오름 아래에 '마보기', '하늬보기'라는 오름이 있는데, 남풍을 '마파람', 서풍을 '하늬바람'이라 부르는 것처럼 영아리를 중심으로 명명한 것이다.

광평리에서 접근하는 게 짧다

영아리오름은 찾아가기가 까다롭다. 오름 남쪽의 안덕면위생매립장에서 임도 따라 1.6km 들어서면 오름 자락에 닿는다. 서쪽 제주의 가장 깊은 중간산 마을인 광평리의 조가교를 건너서 포장 농로를 이용하는 방법도 있다. 1.4km 간 농로 끝에서 나잇브릿지골프장 남쪽으로 800m 가면 오른쪽에 들머리가 보인다. 광평리에서 접근하는 게 길이 짧지만 농로 끝에 겨우 차량 한두 대를 댈 수

남봉 일대는 송이로 바닥이 붉다.

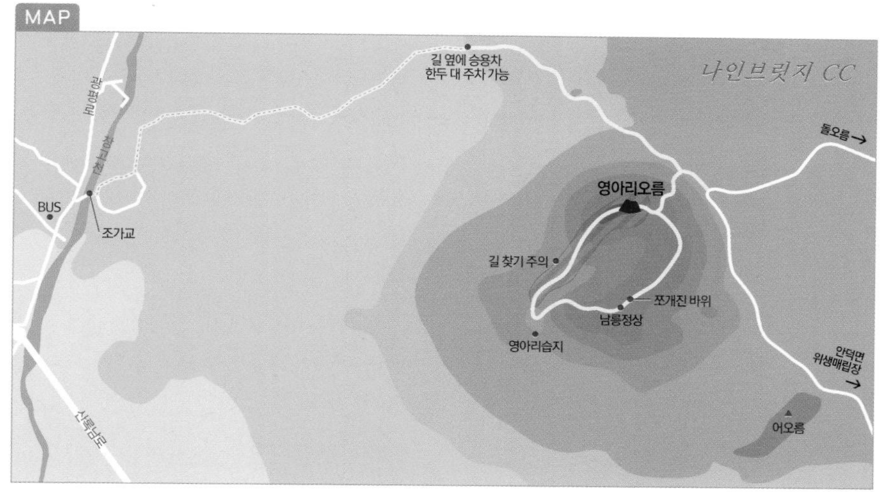

있는 공간뿐이다. 영실 입구 건너편의 한라산둘레길을 따라 접근할 수도 있다. 돌오름을 지나 무인지경의 숲을 헤집는 이 길은 제주도가 얼마나 깊고 넓고 아름다운 숲을 지닌 땅인지 온몸으로 느낄 수 있는 코스다. 그러나 길이 복잡하고 숲이 울창해 반드시 경험자와 동행해야 한다.

광평리 쪽 포장 농로.

오름 동쪽의 임도가 한라산 방향으로 급하게 꺾이는 지점에서 서쪽으로 난 오솔길로 들어서면 곧 왼쪽으로 탐방로가 나온다. 이렇다 할 이정표가 없고, 좁은 탐방로는 흙길 그대로다. 아주 작은 팻말이 선 들머리에서 능선까지는 꽤 가파른 길. 정상은 북쪽능선에 있지만 길이 사납고 숲이 울창해 대부분은 조망이 트이는 남쪽 봉우리로 향한다.

'숲의 눈동자' 영아리습지

바위 몇 개가 널브러진 남봉은 송이가 드러나 붉은 빛을 띤다. 일대가 초지대여서 사방 조망이 뻥 뚫린다. 한라산

영아리오름의 상징과도 같은 쪼개진 바위.

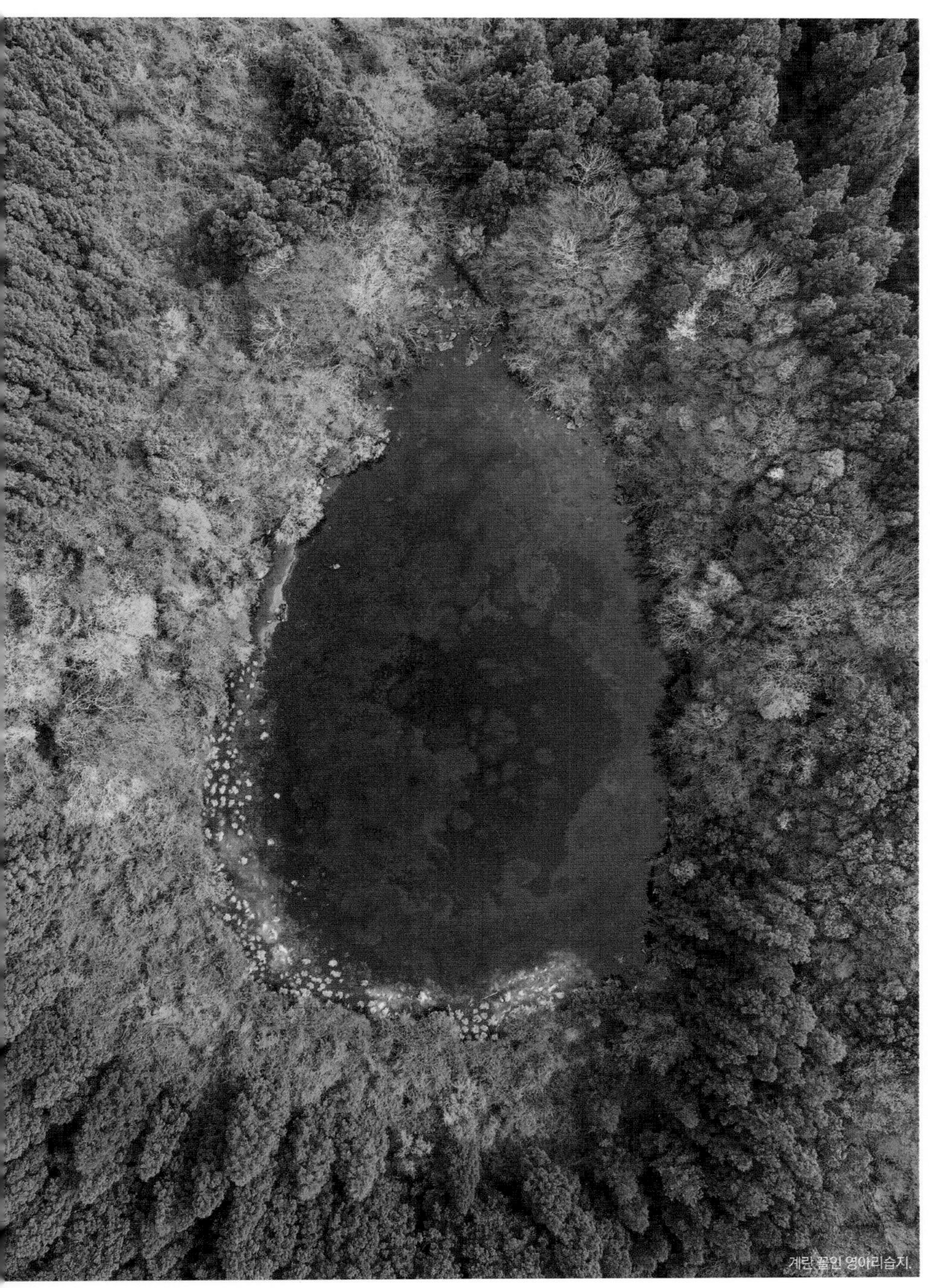

계란 꼴인 영아리습지.

광평리의 농로 끝에서 본 영아리오름.

남봉 정상.

영아리오름 탐방로.

영아리오름과 영아리습지.

이 훤하고, 왕이메와 괴수치, 족은대비악, 금오름, 정물오름, 당오름, 도너리오름 같은 오름이 늘어서며 멋들어진 풍광이 펼쳐진다. 정상 바로 아래에 쪼개진 채 마주보고 있는 바위가 눈길을 끈다. 영아리의 상징과도 같은 이 바위는 오름 아래의 광평마을을 수호하는 바위라는 이야기가 있다.

서쪽으로 열린 말굽형 굼부리를 가진 영아리오름은 남봉의 서쪽 아래에 신비로움으로 가득한 습지를 품고 있다. 남봉 끝, 돌출한 바위에서 서쪽으로 내려서면 남북의 지름이 60m쯤인 달걀 모양의 습지가 나온다. 하늘에서 보면 '숲의 눈동자' 같다. 골풀과 도깨비사초 같은 습지식물이 무리지어 사는 습지는 얕지만 사철 마르는 법이 없어서 산짐승들의 생명수 역할을 한다. 습지에 반영된 영아리오름이 장관이다. 여기서 하늬오름이나 마보기오름으로도 갈 수 있으나 다시 남봉으로 올라가서 되짚어 내려서는 게 편하고 안전하다.

원물오름에서 본 당오름과 정물오름, 금오름.

초지 능선에 올라 둘러보는 제주

당오름(동광리)

남동쪽으로 열린 원형의 당오름 굼부리.

굼부리 안에서 볼 수 있는 일제동굴진지 입구.

오름 수첩

별칭 당악堂岳

높이 해발고도 473m, 비고 118m

탐방 포인트 조망 굼부리 초지대 능선

탐방 소요시간 2시간

가까운 오름 정물오름, 금오름, 도너리오름

탐방 시 주의사항
날머리의 철조망 주의

주변 여행지 오설록 티뮤지엄, 제주항공우주박물관, 제주신화월드

찾아가는 길
- 내비게이션에 '당오름' 입력
- 근처에 버스가 정차하지 않아서 버스로 접근하는 것은 불편하다.

거칠고 척박한 섬, 제주에서 살았던 이들은 바다를 삼키는 강풍과 한 마을을 통째 쓸어버리는 폭우와 폭설, 불타는 듯한 가뭄 등 자연이 펼치는 도무지 알 수 없고 예측할 수 없는 것들과 싸워왔다. 이길 수 없는 불안한 이 싸움에 지친 사람들은 삶의 끈을 놓게 희망을 주는 무언가에 의지하려 했고, 그 결과 일만 팔천의 제주 신이 생겨났다. 바닷가나 마을마다 신당이 세워지고, 오름에는 당집이 만들어졌다. 이렇게 신당이 많았던 탓에 '당 오백, 절 오백'으로 제주를 말하기도 한다.

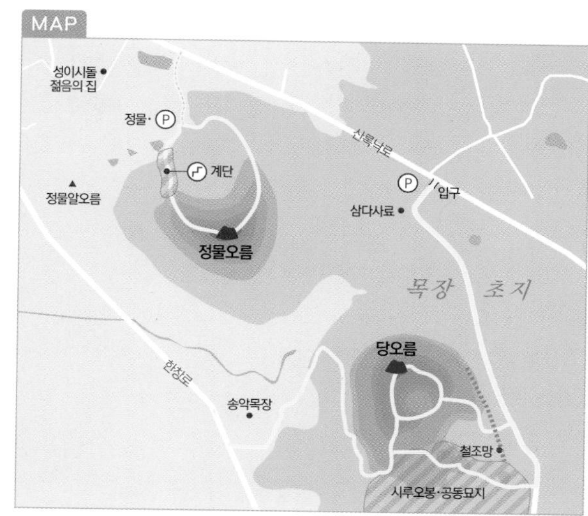

초지대인 당오름 정상.

제주도민의 의지처

제주엔 거의 모든 오름마다 당이 있었는데, 조선조 숙종 대에 제주목사로 부임한 이형상이 신당 129곳을 불태우고 사찰 5곳을 훼손했으며, 새마을운동이 전개될 때에도 많은 당이 뜯겨나갔다.

제주에는 구좌읍 송당리와 조천읍 와산리, 한경면 고산리에 당오름이 있고, 이곳 안덕면 동광리의 당오름도 예로부터 무당과 주민들이 찾아 축원을 드렸다고 한다. 지금은 당 터의 흔적을 찾을 수 없다. 서쪽의 정물오름과 기슭을 맞대고 나란히 솟은 당오름은 거리상으로는 지척에서 아주 정다운 듯 보이지만 둘이 서로 등을 돌리고 앉은 모양새다. 정상부에 원형의 굼부리를 가진 당오름은 남동쪽 서귀포를 향해, 정물오름은 한림항을 향해 말

원물오름에서 본 당오름과 정물오름, 금오름.

정상 아래에 굼부리를 품은 산담이 있다.

굽형 굼부리를 열어놓았다. 두 오름 사이로 시 경계가 지나 당오름은 서귀포시에, 정물오름은 제주시에 속한다.

일본군 진지가 구축되었던 곳

오름 들머리는 두 곳이다. 남서쪽 도너리오름과의 사이를 지나는 한창로에서 들어서는 길이 가장 짧다. 하지만 이곳은 따로 주차공간이 없다. 오름 북쪽 정물오름과의 사이, 제2산록도로(1115번)변에 푸른 지붕의 건물이 보인다. 사료회사인 이곳 입구 공터에 주차할 수 있다. 왼쪽 목초지 사이로 난 콘크리트 포장도를 따라 1km 남짓 간 곳에서 오른쪽으로 '경주김씨 득중공 후손 묘역'이 보이고, 묘역 가장자리를 따라 작은 봉우리에 올라서면 당오름까지 이어진 초지대가 시원스럽다. 당오름 동쪽 사면에 붙어 나타나는 이 봉우리들은 모두 다섯 개로, 떡 찌는 시루를 엎어둔 것 같다 해서 '시루오봉甑伍峰'이라 불린다. 시루오봉의 양지바른 곳은 산담을 두른 무덤으로 빼곡하다.

초지대를 따라 20여 분이면 화구벽 꼭대기에 닿는다. 굼

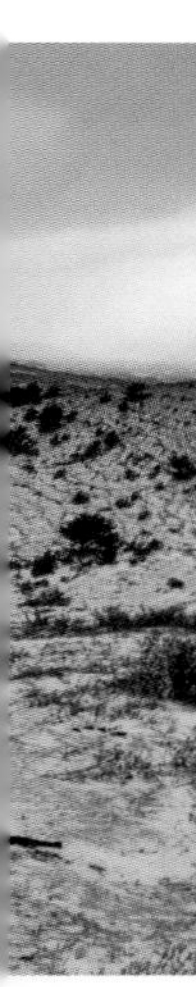

부리 안은 일제강점기에 일본군이 진지를 구축한 곳이다. 곳곳에 돌무더기가 남아 있고 화구 안에 동굴진지 입구도 여럿 보인다. 초지대인 굼부리 둘레 어디서든 한라산이 잘 보이고 이웃한 정물오름은 물론, 남쪽으로 출입이 통제된 도너리오름의 동그란 분화구와 산방산도 훤하다. 들머리에서 출발해 시루오봉을 거쳐 굼부리를 한 바퀴 돌아오는 거리는 4km쯤으로 2시간이면 넉넉하다.

제2산록남로에서 본 당오름(앞)과 정물오름.

원물오름과 감낭오름.

능선에 앉아 종일 쉬고 싶은 곳

원물오름과 감낭오름

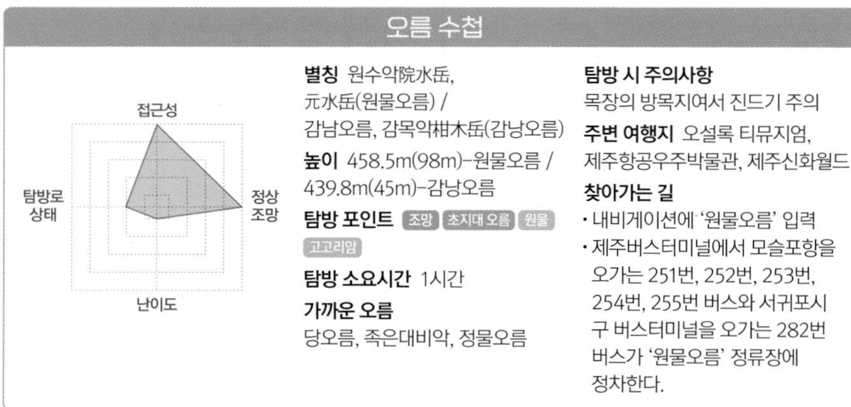

오름 수첩

별칭 원수악院水岳, 元水岳(원물오름) / 감남오름, 감목악柑木岳(감낭오름)

높이 458.5m(98m)-원물오름 / 439.8m(45m)-감낭오름

탐방 포인트 조망 초지대 오름 원물 고고리암

탐방 소요시간 1시간

가까운 오름
당오름, 족은대비악, 정물오름

탐방 시 주의사항
목장의 방목지여서 진드기 주의

주변 여행지 오설록 티뮤지엄, 제주항공우주박물관, 제주신화월드

찾아가는 길
- 내비게이션에 '원물오름' 입력
- 제주버스터미널에서 모슬포항을 오가는 251번, 252번, 253번, 254번, 255번 버스와 서귀포시 구 버스터미널을 오가는 282번 버스가 '원물오름' 정류장에 정차한다.

비가 많이 내리는 제주도지만 중산간 지역은 늘 물이 귀하다. 제주 지질의 대부분을 구성하는 구멍 많은 현무암이 그 많은 물을 순식간에 빨아들이기 때문이다. 그래서 어른들은 "낫 씻을 때 물 하영 쓰민 저승 강 그 물 다 먹어사 한다(얼굴 씻을 때 물 많이 쓰면 저승 가서 그 물 다 먹어야 한다)"며 늘 물 아낄 것을 강조했다. 오죽했으면 '물항아리 비는 집 빨리 망한다'는 속담까지 있을까.

동쪽 능선에서 본 감낭오름과 한라산.

오름 기슭의 '원물'에서 유래

이렇듯 물이 귀하다 보니 예부터 샘이나 물웅덩이가 있는 곳은 아예 지명에 정보를 담아 '여기 물 있소'라며 만천하에 알렸다. 오름 중에는 '물영아리', '거슨세미', '안세미', '정물오름' 등이 그 좋은 예로, '원물오름'도 그 중 하나다.

안덕면 동광리 북쪽에 솟은 원물오름은 제주도 하이웨이로 통하는 평화로 옆에 우두커니 서 있다. 오름 이름은 오름 남쪽 기슭의 원물이라는 샘에서 유래했다. 조선시대에 국영여관이던 원院이 있었고, 원에서 이용하는 물이 오름

MAP

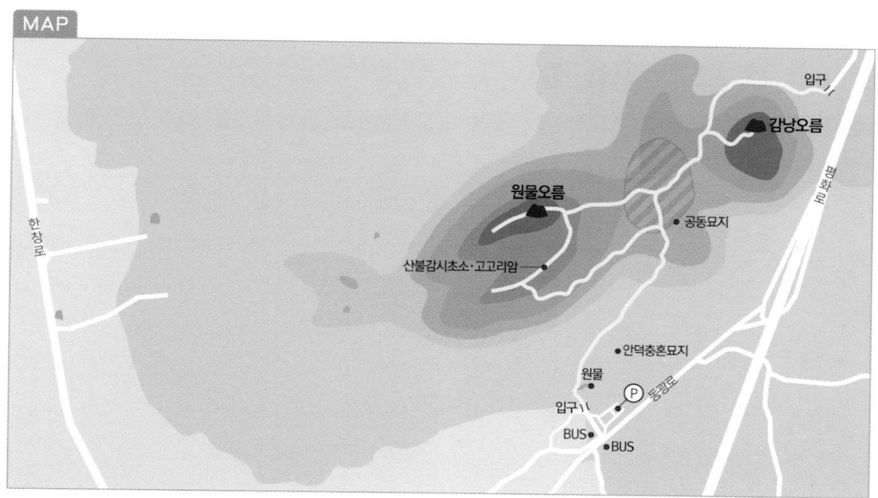

남쪽에 있어서 이름 붙었다거나, 고려시대에 원元나라가 이곳에 목장을 설치하고 산기슭의 물을 이용했기 때문에 원물이라 했다는 등 이름과 관련된 몇 가지 이야기가 전해 온다. 한자로는 원수악院水岳이라 부른다.

원물오름 트레킹을 위한 들머리가 이 '원물'이다. 원물 바로 옆에는 한국전쟁과 월남전 전몰용사들이 안장된 아담한 규모의 '안덕충혼묘지'가 있다. 원물의 물웅덩이를 지나면서 오르막이 시작된다.

초지대 사면을 오르는 제주 산꾼들.

초지대 오름의 정석

정해진 탐방로는 없다. 길은 오름 자락을 따라 얼마간 오른쪽으로 돌다가 이웃한 감낭오름과의 사이에 자리한 공동묘지가 보일 때쯤 왼쪽으로 꺾이며 정상으로 향한다. 이 일대는 온통 초지대다. 오름의 한 면 전체가 잔디와 키 작

광평리 초지대에서 본 원물오름과 감낭오름.

남쪽 능선의 고고리암.

언덕 같은 감낭오름.

탐방로 초입에서 만나는 원물.

은 억새로 가득해 풍광이 더없이 편안하고 보기 좋다.

들머리에서 정상부 능선까지는 20분이 채 걸리지 않는다. 서쪽으로 분화구가 트이며 'U' 자형을 이룬 능선 어디서라도 조망이 그야말로 장관이다. 군산, 산방산, 가파도는 물론, 한라산과 제주 서부의 오름 대부분이 시야를 가득 채운다. 오름의 초지대 능선 자체도 아름다워서 예쁜 사진을 찍을 수 있는 곳이다. 남쪽 능선엔 지역 주민들이 '고고리암'이라 부르는 바위가 있다. 고고리는 '이삭'을 뜻하는 제주어로, 옆에서 바위를 보면 잘 여문 벼 이삭이 고개를 살짝 숙인 모양새다.

공동묘지가 들어선 안부를 사이에 두고 북동쪽으로 언덕 같은 감낭오름이 이어진다. 북동쪽으로 벌어진 말굽형 화구를 가진 감낭오름은 완만하고 낮아서 오르내리는 게 금방이다. '감낭'은 감나무의 제주어다.

북쪽 능선에서 본 남쪽 능선과 산방산.

대병악(왼쪽)과 소병악.

참꽃나무 뿌리내린 쌍둥이오름

대병악과 소병악

오름 남쪽 억새밭에서 본 소병악(왼쪽)과 한라산.

오름 수첩

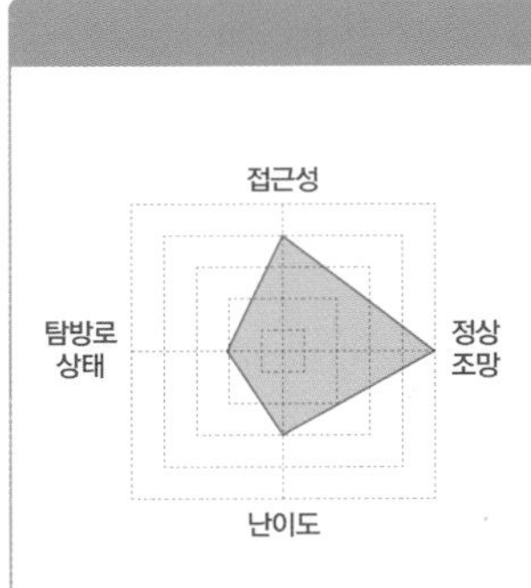

별칭 큰오름, 골른오름, 여진머리오름–대병악 / 족은오름–소병악

높이 491.9m(132m)–대병악 / 473m(93m)–소병악

탐방 포인트 화순곶자왈과 오름 조망 참꽃나무

탐방 소요시간 1시간 30분

가까운 오름 하늬오름, 마보기오름, 영아리오름, 족은대비악

탐방 시 주의사항 긴 소매와 긴 바지, 식수, 등산화, 스틱

주변 여행지 방주교회, 본태박물관

찾아가는 길

- 내비게이션에 '상천리복지회관' 입력. 오름 들머리까지는 200m.
- 모슬포항에서 광평리를 오가는 752-2번 버스가 '상천리사무소' 정류장에 정차한다.

대병악 남쪽의 걷기 좋은 계단길.

서귀포시 안덕면 상창리에 있는 병악竝岳은 나란히 솟은 두 개의 오름이다. 서쪽이 대병악, 동쪽의 조금 작은 오름이 소병악이다. 두 산이 나란히 서 있어서 병악竝岳이라고 부른다. 대병악은 북쪽으로, 소병악은 서쪽으로 트인 말굽형 분화구를 가졌다. 풍수적으로 소병악 동쪽이 좋아서 그곳에 상천리가 들어섰고, 농사도 잘 된다고 한다.

소병악에서 대병악 방향이 수월

탐방로는 편치 않다. 그래서 병악은 제주사람들에게도 익숙하지 않아 발길이 뜸하다. 카멜리아힐을 지나 북쪽으로 가다가 상천마을로 도로가 꺾이는 지점 왼쪽으로 소병악 들머리가 있다. 길을 모르면 입구 찾기란 불가능할 만큼 이렇다 할 표시가 없는 곳이다. 목장의 끝지점이다. 목장 초지대를 가로질러 솔숲으로 들어서면 통나무 계단이 나온다.

MAP

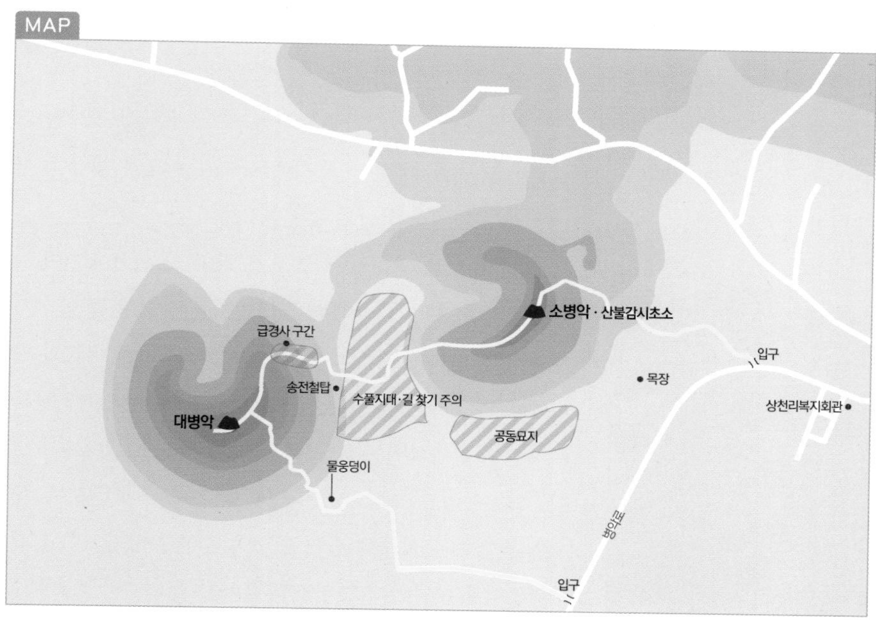

동쪽 상공에서 본 소병악(오른쪽)과 대병악.

산불감시초소가 지키는 소병악 정상에서 남동쪽 풍광이 압권이다. 특히 마보기·하늬보기·영아리오름 너머로 너른 품을 펼치며 솟은 한라산은 아무리 봐도 감동이다. 여기서 근무하는 산불감시원은 얼마나 좋을까!

길은 초소를 지나 서쪽으로 내려선다. 지그재그를 그리는 예쁜 나무 계단은 찾는 이가 드문 티가 고스란하다. 대병악과의 사이는 무인지경의 수풀지대로, 너무 빼곡해 발을 들여놓기가 주저될 정도다. 희미한 길을 짚어 대병악 자락의 송전철탑까지 간 후 철탑 관리용으로 만든 듯한 길 따라 북쪽으로 가면 곧 왼쪽에 대병악 탐방로가 나온다. 여차하면 지나치기 십상일 만큼 입구가 희미하다. 바닥엔 폐타이어를 이용해 만든 매트가 흙과 잔디에 덮였고, 낡은 줄이 매진 오르막이 이어진다. 꽤 가파르지만 무성한 활엽수들 사이로 구불구불 오르는 게 재밌다. 20분쯤이면 조망이 트이는 정상부 능선에 닿는다. 대병악을 향해 분화구를 활짝 연 소병악이 손바닥처럼 훤하고, 그 뒤로 한라산이 병풍처럼 펼쳐진다.

두 오름 사이 수풀지대의 꽃향유.

대병악 날머리의 우마용 물웅덩이.

소병악 들머리는 목장지대를 통과한다.

말과 노루의 쉼터, 대병악

등받이 벤치가 있는 정상은 안덕면의 최고 전망대다. 군산과 월라봉, 산방산을 지나 바굼지오름에 모슬봉까지 안덕과 대정의 바닷가 오름들이 그림처럼 펼쳐지고, 송악산과 형제섬, 가파도, 마라도도 잘 보인다. 오른쪽 아래론 광활한 화순곶자왈이 아름답다. 병악 두 오름의 분화구가 터져 남쪽으로 돌아 흐르며 화순곶자왈을 만들었다고 한다. 정상 남쪽사면엔 참꽃나무가 많다. 참꽃나무는 한라산에 자생하는 우리 식물로, 진달래의 한 종류다.

하산은 정상에서 잠시 되돌아온 능선에서 남쪽으로 계단길을 따른다. 활엽수 사이로 예쁘게 뒤틀리며 이어진 나무계단이 여간 예쁜 게 아녀서 걸음이 즐겁다. 10분쯤이면 왼쪽으로 우마牛馬용 물웅덩이가 보이는 날머리다.

안덕의 오름이 조망되는 대병악 정상.

대평포구 상공에서 본 군산과 한라산.

눈앞엔 섬이, 등 뒤엔 한라산이

군산(군메오름)

오름 수첩

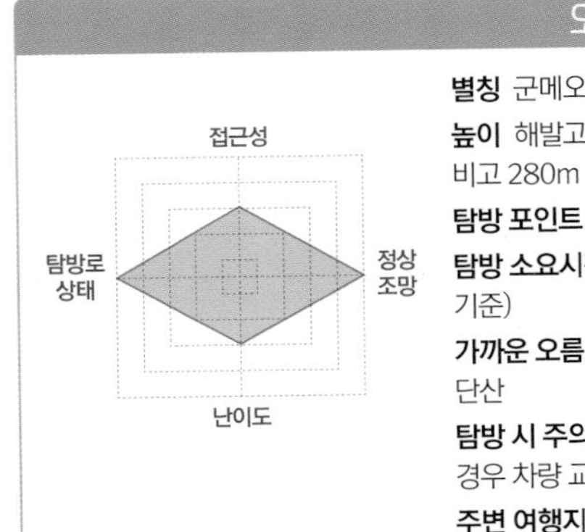

별칭 군메오름, 굴메오름

높이 해발고도 334.5m, 비고 280m

탐방 포인트 조망 진지동굴 샘

탐방 소요시간 1시간 30분(동쪽 기준)

가까운 오름 월라봉, 우보악, 군산, 단산

탐방 시 주의사항 서쪽에서 오를 경우 차량 교행 주의

주변 여행지
안덕계곡, 용머리해안, 산방굴사

찾아가는 길

- 내비게이션에 '군산' 입력(창천리 방향)
- 제주버스터미널에서 서귀포환승정류장을 오가는 202번 간선버스가 군산 들머리인 '상예2동' 정류장에 선다. 정류장에서 오름 들머리(상예공동묘지 입구)까지는 1km쯤 걸어야 한다. 서쪽 들머리로 가는 대중교통은 불편하다. 안덕의 택시를 이용하는 게 좋다.

군산은 '산'이란 이름을 가진 몇 안 되는 오름 중 하나다. 군용 천막을 쳐놓은 것 같아서 붙은 이름이라 알려지기도 했다. 남녘의 대평에서 보면 딱 그 모양이기 때문이다. 하지만 김종철 선생은 '쓸데없는', '가외의'라는 의미를 지닌 접두사 '군-'이 '산山'에 붙어서 생긴 말이라고 했다. 즉 나중에 갑자기 생겨난 산, 덧생긴 산, 가외로 생긴 산이란 의미다. '군메오름', '굴메오름'으로도 불린다. 창고천 아래에 동서로 길게 가로누운 군산은 정상부에 '쌍선망월석雙仙望月石'이라 부르는 두 뿔 모양의 바위가 솟아 독특한 외형을 보여준다.

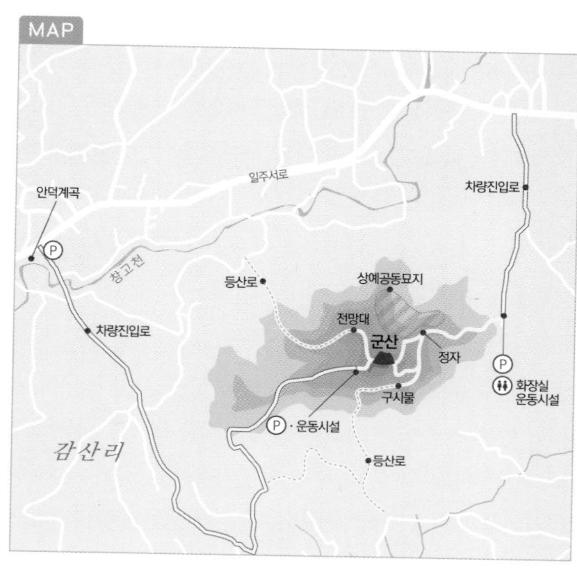

구시물 옆의 진지동굴 내부.

간절한 마음이 고여 있는, 영험한 오름

군산은 세 곳에서 오를 수 있다. 서쪽의 대평과 감산을 잇는 고개인 '진마루' 중간쯤에서 승용차 한 대가 다닐 만한 콘크리트 포장도로가 군산 정상 턱밑까지 이어진다. 그러나 길이 매우 가파르고 좁아서 차량 교행이 쉽지 않다. 그래도 차로 갈 수 있고, 정상까지 걸어서 5분 남짓이면 닿을 수 있어서 많은 이들이 애용한다.

동쪽은 차량으로 접근할 수 있는 상예공동묘지 입구에서 탐방로가 시작된다. 운동 시설과 화장실을 갖춘 이곳에서 정상까지는 700m쯤. 그다지 가파르지 않은 산길은 곳곳에서 조망이 트이며 눈을 즐겁게 한다. 상예공동묘지 꼭대기를 스쳐 지날 즈음 길이 갈린다. 남쪽의 '구시물'을 지나 정상으로 가거나 사자암과 진지동굴을 거쳐 곧장 정상으로 가도 된다. 구시물 앞에서는 남쪽 대평으로도 길이 이어진다. 구시물은 '굇물'이라고도 한다. 분화구가 없는 군산을 숫오름으로 여겨 이곳 구시물의 물을 떠 놓고 소원을 빌면 아들을 낳을 수 있다는 이야기가 전해온다. 암반에서 이끼를 타고 떨어져 내리는 구시물은 물맛도 좋아서 주변 사람들이 운동 삼아 길어가곤 한다.

군산 정상부에는 무덤이 보이지 않는다. 예로부터 기우제를 지내던 곳으로, 무덤을 쓸 수 없는 금장지禁葬地였기 때문. 이곳에 무덤을 쓰면 홍수가 나거나 극심한 가뭄이 든다는 전설이 있는데, 한번은 심한 가뭄이 들었을 때 이곳에 암매장한 무덤을 찾아 파헤치자 그날로 비가 내렸다고 한다. 군산에서 기우제를 지낼 때 남쪽의 구시물에서 물을 길어 썼다. 그러니까 구시물은 아무리 가물어도 마르지 않았다는 말이다.

정상에서 본 서쪽 풍광.

최고의 조망이 펼쳐지는 군산 정상.

서쪽 들머리의 유채밭.

기우제 때 썼다는 구시물.

예쁘게 돌담을 두른 상예공동묘지의 한 무덤.

상예공동묘지 끝에서 본 군산 정상.

군산 정상(동봉)과 한라산.

남쪽 제주를 굽어보려거든 군산으로

구시물에서 군산 정상으로 이어지는 길은 군산에서 유일하게 가파른 곳. 통나무 계단이 정상 직전까지 지그재그로 나 있지만 그리 길진 않다. 군산의 두 봉우리 중 동쪽이 정상이다. 제주의 숱한 오름 중 손꼽을 만큼 빼어난 조망이 펼쳐지는 명당이다. 터가 넓지 않아서 대여섯 명이면 꽉 차지만, 조망의 시원스러움은 정말 혀를 내두를 정도다. 한라산은 물론, 산방산과 월라봉, 모슬봉, 송악산, 형제섬, 마라도, 가파도와 대병악, 소병악, 영아리오름, 원물오름, 고근산, 범섬, 문섬, 섶섬 등 사방의 숱한 오름과 섬들을 다 볼 수 있다. 더할 나위 없는 조망명소지만 바람이 거센 게 흠이다. 이렇듯 조망이 탁 트이는 곳이다 보니 옛날에 일제가 이곳을 가만두었을 리 만무하다. 군산의 좁은 정상부에 여섯 개의 진지동굴을 팠고, 군산 전체엔 아홉 곳이나 구축했다.

구시물 옆 진지동굴 안에서 본 입구.

들머리에 만개한 무꽃.

북쪽능선의 전망대.

박수기정과 월라봉.
뒤로 군산과 한라산이 보인다.

깎아지른 절벽 품고도 시치미 뚝!

월라봉

오름 수첩

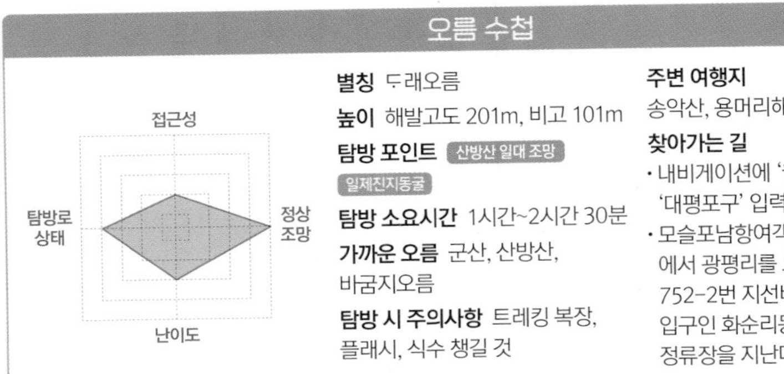

별칭 두래오름

높이 해발고도 201m, 비고 101m

탐방 포인트 산방산 일대 조망 일제진지동굴

탐방 소요시간 1시간~2시간 30분

가까운 오름 군산, 산방산, 바굼지오름

탐방 시 주의사항 트레킹 복장, 플래시, 식수 챙길 것

주변 여행지
송악산, 용머리해안, 안덕계곡

찾아가는 길
- 내비게이션에 '월라봉 입구' 또는 '대평포구' 입력
- 모슬포남항여객선터미널(운진항)에서 광평리를 오가는 752-1번과 752-2번 지선버스가 월라봉 입구인 화순리동하동경로당 정류장을 지난다.

'월라봉月羅峰'은 기슭에 명승인 안덕계곡이 지나는 높이 201m의 오름이다. 옛사람들은 'ᄃᆞ래오름'이라 불렀다. 'ᄃᆞ래'란 우리나라 산중에서 나는 덩굴나무의 열매인 '다래'나 하늘에 뜬 '달' 또는 '달達'이라는 설이 있다. 《오름나그네》의 저자 김종철 선생은 이 중 '달達'이 가장 유력하다고 했다.

월라봉 올레길에서 만난 으름덩굴 암꽃.

해안절벽 박수기정과 월라봉

월라봉은 제주올레 9코스를 걷다가 만나는 깎아지른 해안절벽을 품고 있다. 오름의 남쪽이 이 절벽으로, 월라봉의 끝을 바다가 집어삼킨 모양새다. 절벽 위는 고려 시절, 원나라로 보내는 말을 키웠다는 초지인 '박수기정'이다. '박수기정'의 박수는 '바가지로 떠 마시는 샘물'이고, 기정은 '벼랑'의 제주방언이니 '바가지로 떠 마실 수 있는 샘물이 솟는 높은 절벽'이란 뜻이다.

월라봉은 두 코스를 이용해 오르내릴 수 있다. 제주올레 9코스(대평-화순올레)가 월라

MAP

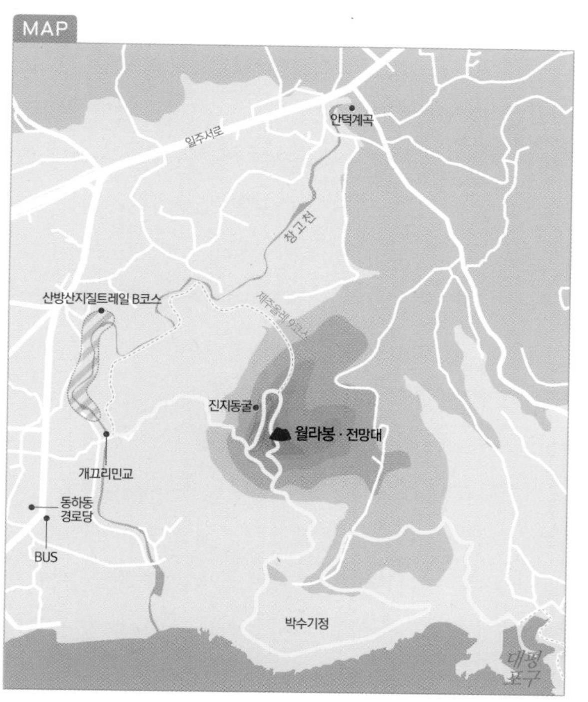

진지동굴이 늘어선 길.

전망 좋은 동굴진지 앞 탐방로.

벽을 따라 양치식물이 가득한 한 진지동굴.

대평포구에서 들어서자 만나는 '몰질'.

봉을 감싸며 지난다. 올레길을 따르면 대평포구에서 화순항까지 긴 거리를 걸어야 한다. 말을 실어내기 위한 길인 '몰질'과 박수기정의 농지, 수풀지대를 지나는 멋진 올레다. 짧게 월라봉만 다녀올 수도 있다. 화순항에서 화순삼거리로 이어지는 도로에서 오른쪽으로 오름 이정표가 보인다. 이 길 따라 300m쯤 간 곳에서 안덕계곡 위에 걸린 '개끄리민교'를 건넌다. 곧 한 채의 민가 뒤로 월라봉 등산 안내도가 나타나고, 여기서 본격적인 탐방이 시작된다.

조망 좋은 정상과 7개의 진지동굴

목재 데크가 깔린 완만한 경사의 탐방로가 칡이 뒤덮은 넓은 묵밭을 지나 개활지로 접어든다. 여기서 데크가 끝나며 산길이 시작된다. 대체로 큰 힘 들이지 않고 오를 수 있다. 산길로 접어들어 얼마 지나지 않아 갈림길을 만나는데, 양쪽 어느 방향으로 가도 좋다. 길이 정상부를 길쭉하게 한 바퀴 도는 원형 탐방로를 이루기 때문인데, 오른쪽을 추천한다. 월라봉은 두 개의 말굽형 굼부리를 가졌다. 북동쪽 군산 방향으로 트인 굼부리가 크고,

산방산과 용머리 해안이 보이는 화순 쪽 풍광.

남서쪽으로도 우묵하게 벌어진 굼부리가 있다. 정상부 북동쪽 굼부리는 조망이 막히고 길도 없다. 그러나 탐방로 곳곳에서 바다와 어우러진 화순과 산방산, 송악산 풍광은 원 없이 감상할 수 있다. 조망이 좋은 곳마다 전망대와 벤치가 설치되어 있어서 쉬어가기도 좋다.

이렇듯 남쪽 바다를 훤히 살필 수 있는 곳이다 보니 일제강점기 말, 미국과의 태평양전쟁에서 밀리던 일제는 월라봉을 요새로 만들었다. 봉우리 북서쪽 상단부의 7개 동굴은 그 흔적이다. 아이러니하게도 전쟁을 위해 뚫은 진지동굴이 바라보는 산방산 일대의 풍광은 제주를 대표할 만큼 평화롭고 아름답다.

정상으로 향하는 계단.

서쪽 상공에서 본 산방산과 용머리해안 그리고 한라산.

옥황상제가 뽑아 던진 한라산 꼭대기

산방산

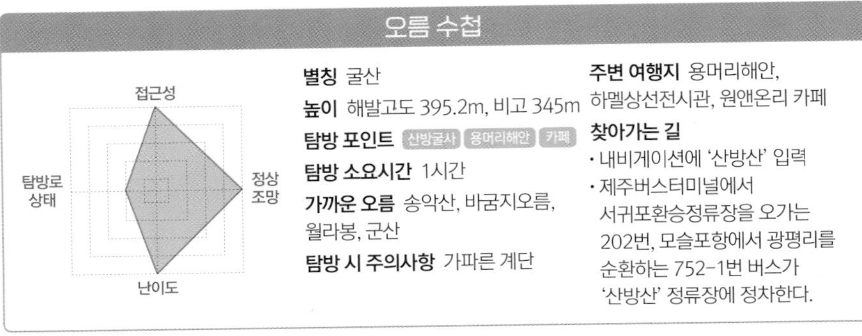

오름 수첩

별칭 굴산

높이 해발고도 395.2m, 비고 345m

탐방 포인트 산방굴사 용머리해안 카페

탐방 소요시간 1시간

가까운 오름 송악산, 바굼지오름, 월라봉, 군산

탐방 시 주의사항 가파른 계단

주변 여행지 용머리해안, 하멜상선전시관, 원앤온리 카페

찾아가는 길

- 내비게이션에 '산방산' 입력
- 제주버스터미널에서 서귀포환승정류장을 오가는 202번, 모슬포항에서 광평리를 순환하는 752-1번 버스가 '산방산' 정류장에 정차한다.

최고의 전망이 펼쳐지는 산방산 정상.(사진제공 〈사람과 산〉)

제주엔 어디서건 눈에 들어오는 세 봉우리가 있다. 동쪽의 성산일출봉과 한라산 백록담 그리고 남서쪽의 산방산이다. 특히 산방산은 제주 남서부를 여행할 때면 언제나 풍광의 배경을 이룬다. 그도 그럴 것이 바닷가에 우뚝 솟은 산체가 345m로, 제주의 숱한 오름 중에서 최고봉이며, 풍화된 조면암 기둥이 곧추서며 거대한 암골岩骨을 이룬 터라 존재감은 따라올 게 없다.

산 전체가 천연기념물

옛날에 한 사냥꾼이 잘못 쏜 화살이 옥황상제의 옆구리를 건드리고 말았는데, 화가 난 옥황상제가 한라산의 꼭대기를 뽑아 던져버렸다고 한다. 뽑힌 자리가 지금의 백록담이고, 날아간 봉우리가 떨어진 게 산방산이라는 전설이 전해온다. 전설일 뿐이지만, 실제 백록담 화구 크기와 산방산의 둘레가 비슷하고, 구성하고 있는 암질도 같다고 하니 신비롭다.

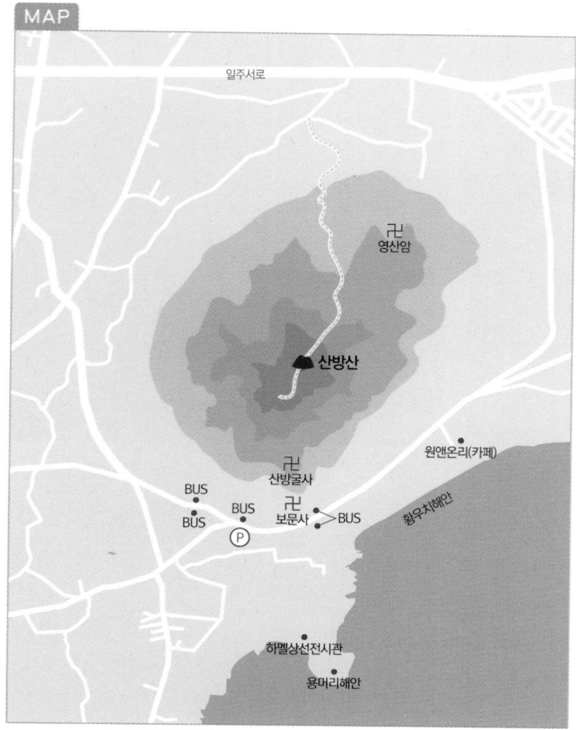

학자들에 따르면 산방산의 연대 측정치는 70만~80만 년으로, 제주에서 가장 먼저 형성된 용암이라고 한다. 그러니까 제주의 할아버지의 할아버지쯤 되는 오름인 셈. 산봉우리 근처는 상록수 숲으로 울창하고, 바위지대를 따라 섬회양목과 지네발란 같은 희귀한 식물이 자생해 천연기념물 제182~185호까지

지정되어 보호받고 있다.

바닷가에 높이 솟은 산이다 보니 구름이 꼭대기에 걸린 풍광을 자주 볼 수 있다. 산의 서쪽에서는 수확한 보리가 잘 말랐지만 동쪽은 마르지 않아 애를 태웠을 정도로 실제로 일대의 기상에 영향을 미치기도 한다.

영주십경에 드는 산방굴사 품어

산방산은 바다에 접한 남쪽과 동쪽, 서쪽은 깎아 세운 듯한 수직의 암벽을 이루고, 그에 비해 북사면은 비교적 완만한 능선이 발달한 사이로 깊은 골이 파여 있다. 이곳으로 정상까지 이르는 몇 개 코스의 탐방로가 나 있지만 지금은 모두 출입이 통제된 상태다. '선인탑仙仁榻'이라는 산 정상의 바위에 올라서면 사계리 들판과 송악산, 형제섬, 가파도와 마라도,

산방산과 바굼지오름, 형제섬이 어우러진 풍광.

용머리해안과 산방산.

산방굴사.

유채꽃이 만발한 봄날의 산방산.

이웃한 군산과 멀리 한라산까지 제주 남서부의 모든 풍광이 환상적으로 펼쳐진다. 현재 산방산에서 오를 수 있는 곳은 남쪽 중턱의 산방굴사까지다. 영주십경에도 드는 산방굴사는 산방山房산의 이름을 낳게 한 곳으로, 고려 말의 혜일선사가 창건한 곳이다. 다성茶聖으로 통하는 초의선사가 수도한 곳이기도 한 산방굴사엔 여신 산방덕의 눈물이라는 전설이 얽힌 낙수샘이 있다.

곧추선 조면암 기둥으로 이뤄진 산방산.

산방굴사에서는 소나무 사이로 앞바다의 형제섬이 도드라진다. 여기서 보면 바다에 솟은 바위섬이 산방굴사 앞마당의 불탑처럼 느껴진다. 산방산 남쪽으로 툭 튀어나온 용머리해안이 볼 만하고, 근사한 카페가 여럿 있어서 제주 바다를 감상하며 차 한잔 마시기에 좋다.

남송이오름은 뒤편에 굼부리 두 개를 감추고 있다.

반전 매력 뽐내는 오설록 뒷산

남송이오름

오름 수첩

접근성
탐방로 상태
정상 조망
난이도

별칭 남소로기, 남송악南松岳

높이 해발고도 339m, 비고 139m

탐방 포인트 굼부리 조망 녹차밭

탐방 소요시간 1시간 30분

가까운 오름 문도지오름, 원물오름, 북오름

탐방 시 주의사항 긴 소매와 긴 바지 의류, 스틱, 길 찾기 주의, 2인 이상 동행

주변 여행지 오설록티뮤지엄, 제주항공우주박물관, 제주신화월드

찾아가는 길

- 내비게이션에 '남송이오름' 입력. 남송이오름 남쪽 편의점 앞으로 안내된다. 여기서 오설록티뮤지엄 방면으로 345m 간 후 우회전, 480m 더 들어서야 한다.
- 제주버스터미널에서 모슬포항을 오가는 151번 급행버스가 '오설록' 정류장에 정차한다. 여기서 오름 들머리까지는 2km 거리다.

남송이오름은 드넓은 녹차밭으로 사랑 받는 오설록의 뒷산이다. 앞으로는 국내 최대 규모의 녹차생산지인 서광다원이 초록빛으로 눈부시고, 뒤로는 제주의 허파 곶자왈이 바다처럼 광활하다. 남송이는 합죽선으로 얼굴을 가린 수수께끼의 여인 같다. 남쪽에서는 여인의 눈썹처럼 부드러운 곡선을 그리지만 뒷모습은 전혀 딴 얼굴이다. 서북쪽으로 열린 말굽형 굼부리와 북쪽의 원형 화구가 선명하다.

더할 나위 없이 좋은 풍광

오름의 전체에 걸쳐 소나무가 많아 '남송南松'이라는 이름이 붙었다고 한다. 한자로는 '남송악南松岳'이라고 적는다. 이곳 사람들은 '남소로기'라고 불러왔다. '소로기'는 솔개의 제주어로, 오름 모양이 날개를 펼친 솔개 같아서다. 북쪽 끝의 알오름을 '소로기촐리'라고 부르는 것을 보면 이쪽에 더 무게가 실리는 듯도 하다. '촐리'는 꼬리를 일컫는

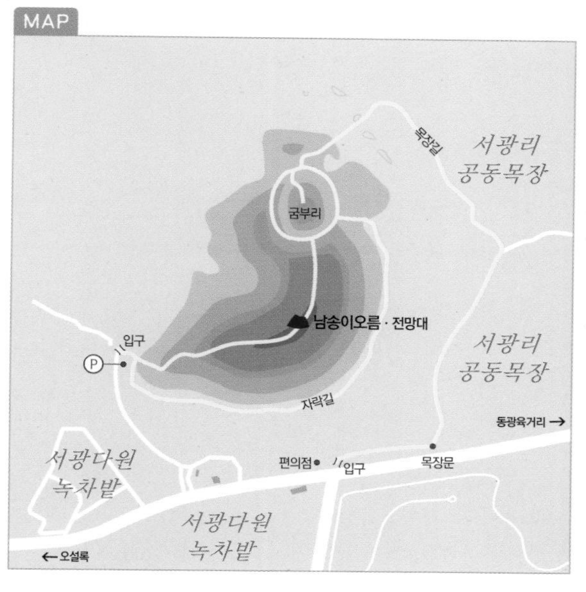

능선의 순한 길옆으로 덩굴식물이 많다.

제주어다.

서광다원을 동서로 가로지른 신화역사로에서 오름 서록으로 이어지는 농로를 따라 500m쯤 들어선 곳이 들머리다. 앞에 주차공간도 갖췄다. 들어서자마자 길이 양쪽으로 갈린다. 오른쪽은 오름 남쪽에서 북쪽까지 이어진 자락길이고, 정상은 왼쪽으로 간다. 처음부터 길이 가파르고, 오래 되어 삭은 야자매트 때문인지 미끄덩거린다. 그러나 해송이 지천이어서 걷는 기분이 좋다.

능선 동쪽의 굼부리 둘레길.

능선에 올라서면 온갖 넝쿨이 녹색의 벽을 이룬 사이로 평탄한 길이 구불구불 정겹다. 정상에는 산불감시초소 위에 세운 널찍한 전망대가 있다. 바로 아래 신화월드와 오설록 녹차밭이 훤하고, 모슬봉부터 산방산, 군산으로 이어지는 남쪽 바다 풍광은 그림 같다. 동북쪽엔 신화역사로 주변으로 북오름과 원물오름, 병악, 도너리, 당오름 등이 봉긋봉긋하다.

전망대 남쪽 풍광.

굼부리 안쪽은 삼나무가 빼곡하다.

굼부리 입구의 초지대 탱자나무.

바닥에 내려갈 수 있는 북쪽 굼부리

탐방로는 북쪽으로 조금씩 방향을 틀면서 내려서다가 북쪽의 원형 굼부리를 만나며 갈래를 친다. 두 굼부리 사이를 지나는 왼쪽 길은 주능선의 흐름을 이어 북동쪽으로 완만하게 굽어 돌고, 오른쪽 통나무 계단길은 짙은 숲속으로 급히 내려선다. 두 길은 반대편에서 만나는데, 오른쪽 길은 중간에 또 오른쪽으로 갈라진다. 초입의 자락길과 연결되는 듯하다.

북쪽 굼부리는 바닥까지 내려갈 수 있다. 비밀의 공간이 열리는 느낌이다. 햇살이 비쳐드는 바닥엔 둥근 돌담이 쌓인 삼나무 숲 사이로 평상 두 개가 놓였다. 굼부리 앞에서 동북쪽으로 난 오솔길을 따르면 서광서리공동목장의 넓은 길을 만나고, 여기서 오른쪽으로 900m쯤 가면 신화역사로에 접한 목장 입구에 닿는다.

바굼지오름과 산방산

골리앗 앞에 선 다윗

바굼지오름

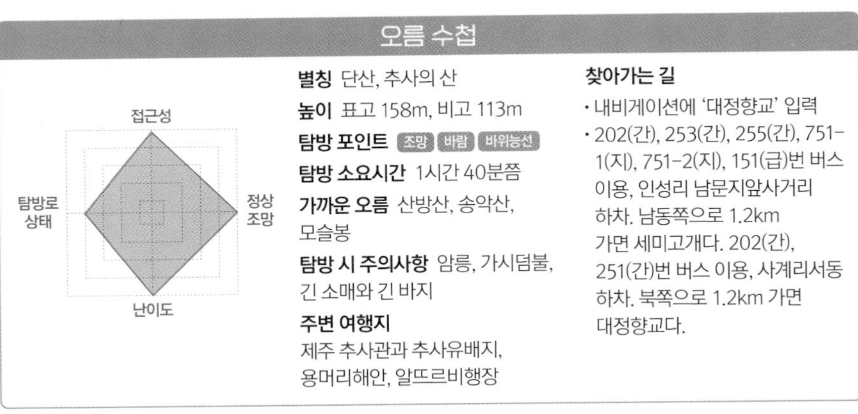

오름 수첩

별칭 단산, 추사의 산

높이 표고 158m, 비고 113m

탐방 포인트 조망 바람 바위능선

탐방 소요시간 1시간 40분쯤

가까운 오름 산방산, 송악산, 모슬봉

탐방 시 주의사항 암릉, 가시덤불, 긴 소매와 긴 바지

주변 여행지
제주 추사관과 추사유배지, 용머리해안, 알뜨르비행장

찾아가는 길

- 내비게이션에 '대정향교' 입력
- 202(간), 253(간), 255(간), 751-1(지), 751-2(지), 151(급)번 버스 이용, 인성리 남문지앞사거리 하차. 남동쪽으로 1.2km 가면 세미고개다. 202(간), 251(간)번 버스 이용, 사계리서동 하차. 북쪽으로 1.2km 가면 대정향교다.

'바굼지오름'이라는 독특한 이름은 바구니의 제주방언인 '바굼지'에서 왔다고 한다. 옛날 일대가 물에 잠겼을 때 이 오름이 바굼지만큼만 보였다는 전설에서 '바굼지오름'이라 불렸고, 나중에 소쿠리 단자를 써서 '단산簞山'이라 기록했던 것. 혹은 전체 모양이 박쥐를 닮아서 박쥐의 제주방언대로 '바구미오름'이라 부르던 것이 와전되어 바굼지오름이 되었다는 설도 있다. 대정에서 8년의 귀양살이를 했던 추사 김정희가 바굼지오름 아래의 대정향교와 세미물을 자주 찾았다고 하니 그 걸음에 한두 번쯤은 바굼지오름도 올라보았을 테다. 그래서 어떤 이는 바굼지오름을 '추사의 산'이라고도 한다.

동봉 옆의 좁은 바위길.

작지만 단단하고 유려하다

골리앗 앞에 선 다윗의 모양새가 딱 이랬겠다 싶다. 바굼지오름이 산방산에 비해 덩치나 높이에서 비교가 안 될 정도로 작고 낮기 때문이다. 그러나 산방산의 거대함에 절대

MAP

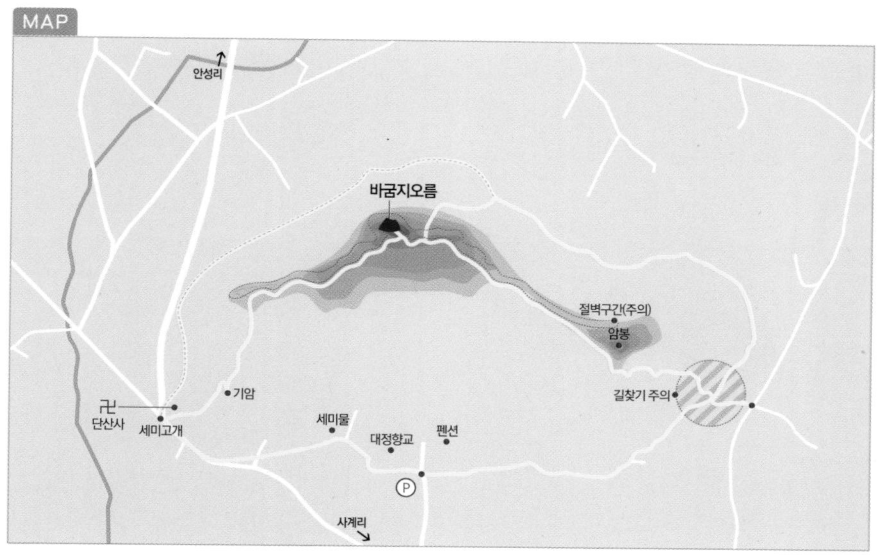

남쪽에서 본 바굼지오름.

일주도로에서 본 바굼지오름과 산방산.

밀리지 않을 강력하고도 독특한 자태를 지녔다.
바굼지오름은 정상 높이가 158m로 단숨에 오르내릴 만큼 낮다. 그러나 전체적으로 암릉이 골격을 이뤄 탐방은 생각보다 만만치 않다. 오름 들머리는 크게 세 곳. 남서쪽 단산사가 있는 세미고개와 동쪽 암봉 아래, 그리고 인성리 들판과 이어지는 북쪽이다. 주차장을 갖춘 남쪽 자락의 대정향교를 기점으로 삼고 단산사를 거쳐 정상에 올랐다가 동쪽 암봉을 지나 내려선 후 다시 주차장으로 돌아오는 코스가 인기다. 3km쯤 된다.

산방산과 어깨 나란히 하며 걷는 길

바굼지오름은 사방 조망이 빼어나다. 자동차 여행을 하면서는 상상도 할 수 없는 너무나도 멋진 모습의 제주가 그곳에 있다. 남쪽으로 형제섬과 가파도, 마라도를 품은 맑고 푸른 제주 바다가 송악산 앞으로 시원스레 펼쳐지고, 걷는 내내 시야를 가득 채우는 산방산은 감탄 그 자체다. 절벽을 이룬 북사면 아래로 인성리와 보성리의 크고 작은 밭들이 초록빛 조각보를 덧댄 듯 싱그럽고, 중간 중간의 샛노란 유채꽃이 만발한 밭들은 금 조각을 뿌려놓은 것처럼 매혹적이다. 그 뒤로 끝이 없을 것 같은 평야지대와 그 지평선에서 솟은 여러 오름이 그려내는 제주의 풍광은 할 말을 잃게 만든다. 이 모든 절경이 시작된 한라산까지, 그야말로 일망무제로 펼쳐지는 제주가 이 작은 오름에서 다 보인다.
탐방로 곳곳에 찔레나무와 덤불이 무성한 구간이 있고, 북쪽사면은 절벽지대라 주의가 필요하다. 바위투성이인 동봉은 제주의 산악인들이 암벽훈련을 하던 곳으로, 전문 장비를 갖추지 않고는 오를 수 없는 곳이다. 대신 남쪽 허리를 따라 줄이 매진 좁은 길이 나 있다.

바굼지오름 남쪽 자락의 대정향교.

단산사 위의 기암.

셋알오름 상공에서 본 송악산.

모슬포 제일의 망루를 걷다

송악산

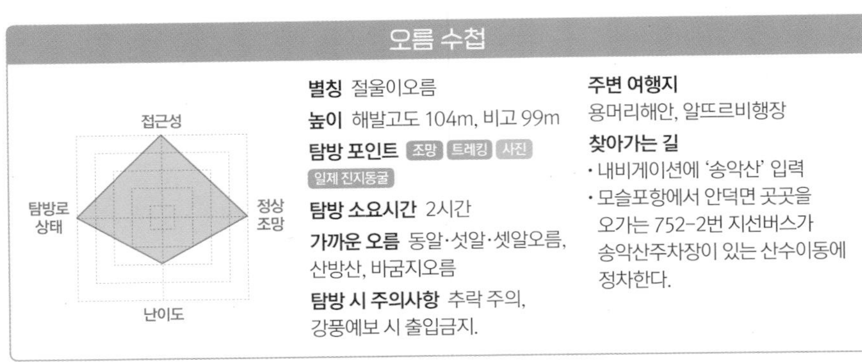

오름 수첩

별칭 절울이오름

높이 해발고도 104m, 비고 99m

탐방 포인트 조망 트레킹 사진 일제 진지동굴

탐방 소요시간 2시간

가까운 오름 동알·섯알·셋알오름, 산방산, 바굼지오름

탐방 시 주의사항 추락 주의, 강풍예보 시 출입금지.

주변 여행지
용머리해안, 알뜨르비행장

찾아가는 길
- 내비게이션에 '송악산' 입력
- 모슬포항에서 안덕면 곳곳을 오가는 752-2번 지선버스가 송악산주차장이 있는 산수이동에 정차한다.

소나무가 많아서 이름 붙은 송악산松岳山은 지금은 잊혀진 '절울이'라는 예쁜 우리말 이름을 가졌다. 거친 파도가 절벽에 부딪히는 소리가 우레 같아서다. 99개의 봉우리로 이뤄졌다고 해서 '99봉'으로도 불린다. 모슬포 앞바다를 향해 망루마냥 툭 튀어나온 송악산은 바다에 접한 면이 전부 깎아지른 절벽을 이룬 채 쉴 새 없이 파도에 맞닥뜨리고 있다.

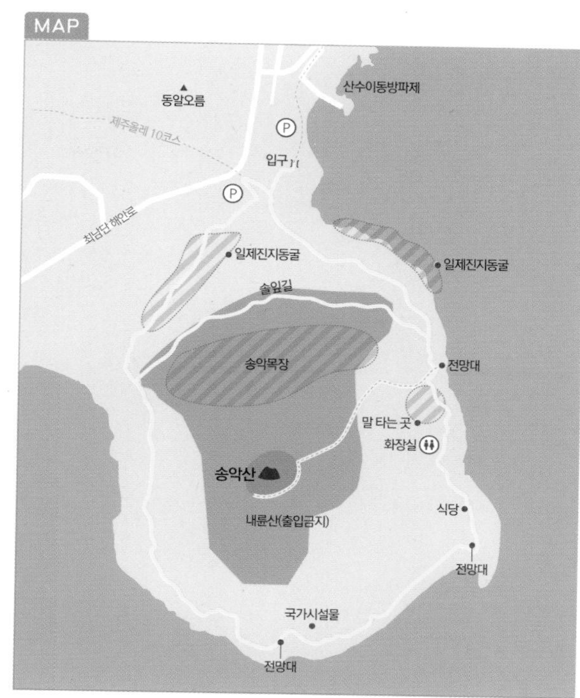

트레킹코스로 만나는 송악산

송악산은 제주의 대표적인 관광지다. 송악산을 찾은 이들 대부분은 말 타는 곳을 지나 전망대가 있는 곳까지 느릿느릿 걸어갔다가 돌아온다. 그러나 이런 관광 모드가 아닌 오름 트레킹코스로 둘러봐야 송악산의 진짜 매력을 만날 수 있다. 송악산 표석을 지나 둘레길

말타기 체험장.

하늘에서 본 내륜산 굼부리.

송악산 동쪽의 형제섬.

절울이오름의 파도.

파도치는 송악산 둘레길.

에 접어들면서 왼쪽으로 펼쳐지는 바다는 아무리 봐도 질리지 않는 감동이다. 송악산과 산방산, 월라봉, 군산에 폭 안긴 바다 한가운데의 형제섬이 신비롭고, 산방산 너머 멀리 한라산이 있는 듯 없는 듯 배경을 이룬 이곳에서의 조망은 광치기해변에서 보는 성산일출봉만큼이나 제주를 대표하는 명풍광으로 꼽힌다.

오름 코스로 송악산을 탐방하기 위해서는 샛알오름과의 사이 안부로 오른 후 왼쪽으로 접어들어야 한다. 곧 솔숲이 나오며 그 사이로 완만하고 너른 길이 이어진다. 길 주변의 울창한 숲 아래로 진지동굴이 많이 보인다. 일제가 송악산의 외륜산에 뚫은 진지동굴의 총 길이는 1433m로, 출입구가 무려 41개나 되며 내부는 지네의 발처럼 복잡하게 연결되었다고 한다. 일제는 태평양전쟁 막바지에 제주 곳곳, 특히 오름에 수많은 진지동굴을 구축했다. 이 모든 동굴은 제주 사람들을 강제로 동원해 변변한 장비나 먹을 것도 제공하지 않은 채 노역을 시켰다고 하니 이는 부인할 수 없는 전쟁광의 증거이자 우리 선조들이 겪었던 고통과 참상의 현장이다.

송악산에서 본 산방산과 한라산.

관광객들이 찾는 송악산 탐방 끝 지점.

송악산의 진지동굴.

송악산 동쪽 절벽의 해안동굴.

반짝반짝 빛나는 올레길

솔숲 산책로는 곧 고개를 만나고 여기서 길은 양쪽으로 갈린다. 오른쪽은 송악산 절벽을 따라 도는 둘레길로 제주올레 10코스와 겹친다. 오름 트레킹 코스는 왼쪽이다. 들어서자마자 듬성듬성 소나무가 자라는 호젓한 능선길이 나타난다. 송악산의 외륜산 화구벽이다. 송악산은 성산의 말산뫼, 고산의 당오름처럼 굼부리 안에 알오름을 가진 이중식화산체다. 송악산의 외륜산, 즉 제1굼부리는 직경 500m쯤에 둘레는 1.7km나 되는 큰 화산으로, 남쪽 화구벽은 파도에 침식되어 사라졌다. 그 속에 둘레 400m, 화구 깊이가 69m인 내륜산을 품었다. '솔잎길'이라는 이름의 이 능선길을 걷노라면 외륜산이 감싼 알오름의 거친 외벽과 화구원 등 관광코스에서는 볼 수 없는 송악산을 만나게 된다. 내륜산과 외륜산 사이 화구원엔 목장이 들어섰다.

20분쯤이면 솔잎길이 끝나고 주차장에서 이어진 관광코스 탐방로로 내려서게 된다. 여기서 남쪽 절벽을 따라 이어지는 둘레길을 한 바퀴 돌면 다시 출발지로 되돌아온다. 생각보다는 길고 시간이 걸리지만, 걷는 내내 마음속 모든 시름을 날려버릴 멋진 풍광이 함께한다. 곳곳에 전망대와 벤치가 있으며, 시원스레 트인 바다에서 가파도와 마라도를 찾아보는 것도 재미있다.

둘레길의 끝 지점.

저 멀리 가파도가 보인다.

절벽을 따르는 송악산 둘레길.

셋알오름 입구에서 본 산방산.

진지동굴 속 슬픈 역사 품은 두 오름

셋알오름과 섯알오름

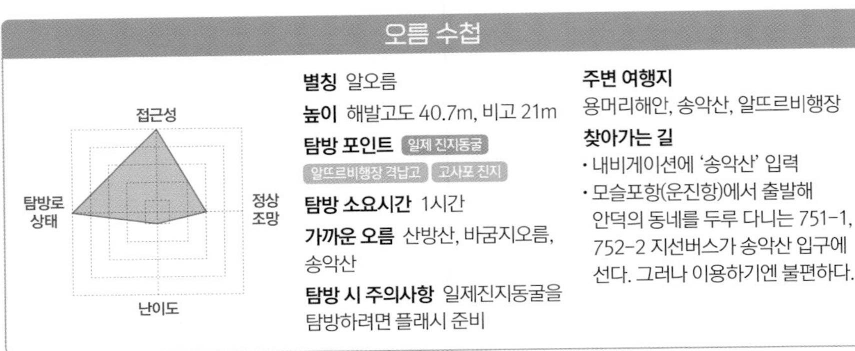

오름 수첩

별칭 알오름

높이 해발고도 40.7m, 비고 21m

탐방 포인트 일제 진지동굴 / 알뜨르비행장 격납고 / 고사포 진지

탐방 소요시간 1시간

가까운 오름 산방산, 바굼지오름, 송악산

탐방 시 주의사항 일제진지동굴을 탐방하려면 플래시 준비

주변 여행지
용머리해안, 송악산, 알뜨르비행장

찾아가는 길

- 내비게이션에 '송악산' 입력
- 모슬포항(운진항)에서 출발해 안덕의 동네를 두루 다니는 751-1, 752-2 지선버스가 송악산 입구에 선다. 그러나 이용하기엔 불편하다.

MAP

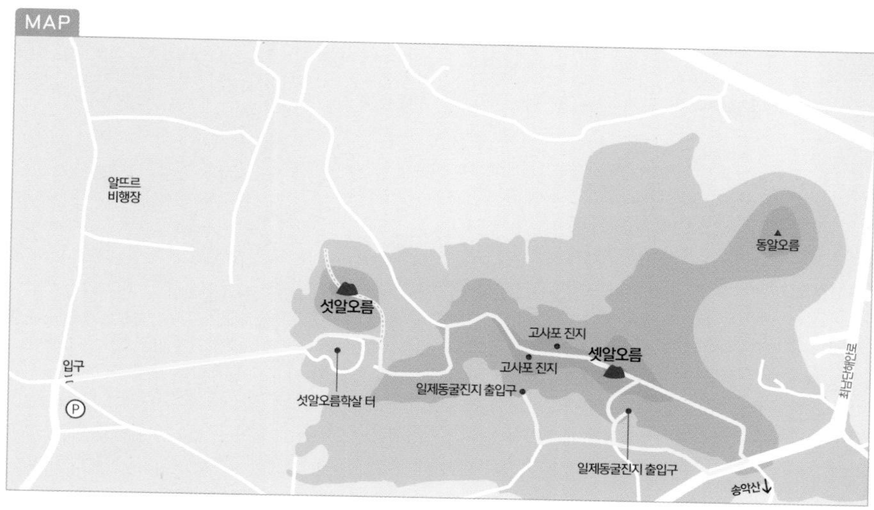

원래 이름이 '절울이오름'인 송악산 북쪽엔 탯줄처럼 이어진 세 곳의 야트막한 동산이 있다. 작고 나지막한 세 봉우리는 저마다 말굽형 화구를 가진 오름이다. 마을 사람들은 이 세 오름이 송악산에 붙은 것이라 하여 '알오름'이라 부른다. 산이수동 가까운 것은 동쪽에 있어서 '동알오름', 알뜨르비행장에 붙은 것은 서쪽에 있어서 '섯알오름'이다. 동알과 섯알 사이에도 희미한 굼부리가 하나 더 있다. 이 오름은 '사이'와 '둘째'의 뜻을 가진 제주어 '셋'을 붙여서 '셋알오름'이라 한다. 송악산과의 사이 도로에서 셋알오름 탐방이 시작된다.

격납고와 감자밭.

해발고도가 가장 낮은 두 오름

이 작고 낮은 동산들은 일제가 가장 중요한 시설로 여기던 알뜨르비행장과 맞닿아 있다. 그래서 제주의 어느 오름보다 더 치밀한 계획 하에 진지동굴을 구축했다. 세 오름 중 가운데에 있는 셋알오름에 집중된 이 시설들은 제주도 내 동굴진지 중에서 동굴의 폭과 넓이가 으뜸이다. 오름 정상부엔 미군의 폭격기 공습에 대비해 설치한 고사포진지도 보인다. '고사포'는 항공기를 사격하기 위한 것으로, 달리 '고각포'라고도 부른다.

셋알오름을 지나 밭 사잇길을 잠시 걷다 보면 또 하나의 오름을 만난다. 하도 낮아서 오름이라기보다 그냥 작은 언덕 같다. 알뜨르비행장과 맞닿은 '섯알오름'이다. 섯알에 얽힌 일련의 사건은 참으로 비통하고 참담한 것이다. 오름 남쪽에 일본군이 탄약고로 사용하던 움푹 파인 지대가 있는데, '송악산 탄약고'라고 부르던 이곳은 한국전쟁 당시 '예비검속법'에 따라 우리 군경에 의해 민간인 학살이 자행된 참혹한 현장이기도 하다.

섯알오름 서쪽으로 드넓은 평지가 펼쳐진다. '알뜨르비행장'이다. '알뜨르'는 아래를 뜻하는 제주어 '알'과 벌판을

격납고를 활용한 설치미술작품.

알뜨르비행장의 구조물.

셋알오름과 고사포진지.

알뜨르비행장 조형물인 〈파랑새〉.

셋알오름의 진지동굴 입구.

뜻하는 '드르'가 합해져 생긴 말로, 상모리 아래의 넓은 벌판을 가리킨다. '알뜨르비행장'은 일제강점기에 제주도민을 비롯한 한국인을 동원해 만든 군용 비행장이다. 1937년에 중일전쟁이 일어나자 일본은 이 비행장을 전초기지로 삼았고, 제2차 세계대전이 끝나갈 무렵에는 가미카제 특공대원들을 이곳에서 훈련시켰다. 알뜨르비행장엔 총 38개의 격납고를 만들었는데, 현재 19개가 온전한 형태로 남아 있고, 활주로 터와 지하벙커도 살펴볼 수 있다. 가슴 아픈 우리 역사의 현장이다.

고통의 기억은 시간 앞에 무기력하다. 수많은 양민의 시체가 '멜젓 담듯이' 구덩이로 던져지던 학살의 현장을 품은 이 '아래 들판'은 이제 우리에게 희망 가득한 내일을 이야기하자는 듯 평화롭기만 하다. 일제에 빼앗겼던 알뜨르비행장도 원래 소유주의 후손들이 되찾아 농사를 짓고 있다.

가시오름과 모슬봉, 산방산.

신의 팔레트, 난드르 들판

가시오름

가시오름 정상부.

둘레길 중간에 만나는 볼레낭(보리수나무).

오름 수첩

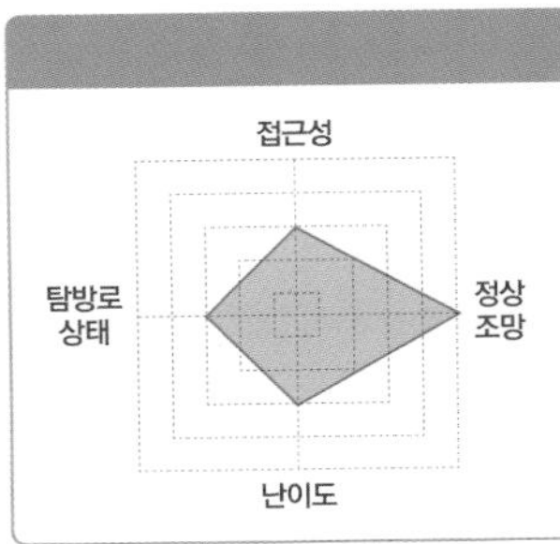

별칭 가스름, 가시악加時岳

높이 해발고도 106.5m, 비고 77m

탐방 포인트 굼부리 조망

탐방 소요시간 1시간

가까운 오름 모슬봉, 바굼지오름

탐방 시 주의사항 긴 소매와 긴 바지 의류, 스틱, 자외선차단제

주변 여행지
추사관과 김정희 유배지

찾아가는 길
- 내비게이션에 '가시오름' 입력 주변을 지나는 버스편이 없다.

주변에 이렇다 할 산이 없어서 더욱 도드라지는 가시오름은 옛날에 가시나무가 많아서 이름이 붙었다고 한다. 원추형처럼 보이지만 남서록에 귤밭이 들어선 얕은 말굽형 굼부리를 품었다. 넓은 평지인 정상부도 둥글넓적한 모양의 굼부리가 아닐까 싶은데, 김종철 선생의 책이나 제주도에서 발간한 오름 책자에 별다른 언급이 없다. 정상부 초지 한쪽엔 아주 작지만 오목한 습지도 보인다.

도로에서 바로 시작되는 탐방로

오름 주변이 온통 평야지대다. 보기만 해도 마음이 풍요로워지는 이 들판의 이름은 '난드르'. 마을에서 멀찍이 떨어진 들판을 일컫는 '난들'의 제주어다. 난드르엔 맑은 물이 샘솟는 샘이 많아서 까마득한 옛날부터 사람이 살았다고 한다. 오름 남서쪽의 밭 한가운데에 그 흔적인 고인돌(일과리지석묘)이 있다.

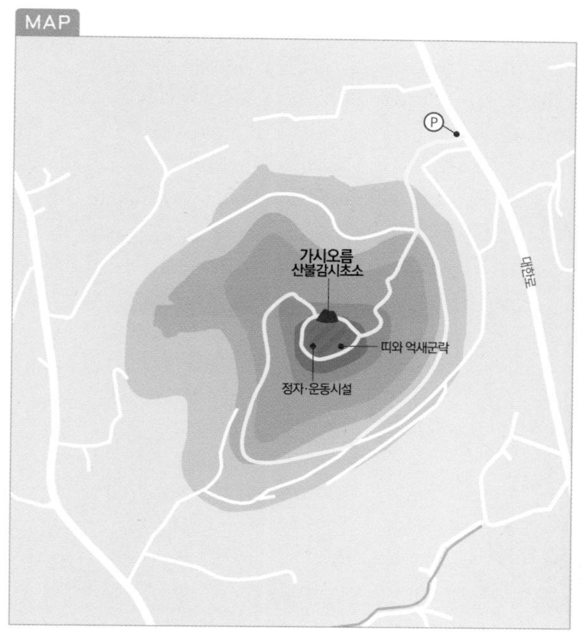

널찍한 오름 둘레길.

무슨 이유인지 몰라도 오름에 산담이 거의 없다. 주변이 평야지대고, 산이라고는 가시오름 하나인데, 오름 전체에 겨우 예닐곱 개의 산담이 확인될 뿐. 대신 동남쪽 들판의 밭뙈기마다 산담이 들어섰고, 직선거리로 1.7km 떨어진 모슬봉은 아예 오름 자체가 공동묘지 같다.

오름의 동북쪽을 스쳐 지나는 1120번 지방도(대한로)에서 바로 탐방로가 시작된다. 북동쪽 사면을 가로질러 곧장 정상까지 가는 이 길은 나무 계단과 초지가 번갈아 나타난다. 주변은 물론, 탐방로에도 풀이 많다. 관리기관에서 풀베기를 하지만 때를 잘못 맞추면 수풀을 헤치느라 고생이다.

오름 남서쪽의 일과리 들판과 바다

띠밭을 이룬 정상.

한켠엔 억새가 많다.

한갓진 수렛길로 하산

정상은 꽤 넓은 초지대로, 띠가 무성하다. 사료용으로 부러 가꾸는 듯 반쯤은 베어갔다. 북쪽엔 산불감시초소가, 남쪽엔 사각정자가 서 있고, 정자 앞으로는 벤치와 운동시설도 보인다. 난드르에서 홀로 우뚝하다보니 바람이 시원하고, 사방으로 조망도 빼어나다. 동남쪽으로 한라산을 닮은 모슬봉이 대지에 덮어둔 보자기 마냥 부드럽게 솟았고, 그 뒤로 바굼지오름과 산방산, 군산이 해안선을 따라 멋진 자태를 뽐낸다. 가시오름에서는 무엇보다 난드르 들판이 풍광의 주인공이다. 초록빛깔이 이리도 다채로웠나 싶을 정도로 밭뙈기마다 조금씩 톤이 다른 초록 작물로 채워졌다. 화가의 팔레트가 이처럼 예쁠까 싶다. 보고 또 봐도 기분 좋은 조망이다.

내려설 때는 산불감시초소 앞에서 시작되는 비포장 수렛길을 따르는 편이 좋다. 이 길은 서 · 남 · 동쪽사면을 거치며 오름 중턱을 한 바퀴 돈 후 북동쪽에서 탐방로를 만나 출발지로 간다. 완만하게 굽어 돌기에 힘들지 않고, 길섶으로 억새와 수크령, 볼레낭 등이 나타나 눈도 즐겁다. 중간에 벤치가 나오고, 그늘도 적당하다.

울창한 숲에 덮인 저지오름.

굼부리 한가운데까지 닿다

저지오름

오름 수첩

접근성
탐방로 상태
정상 조망
난이도

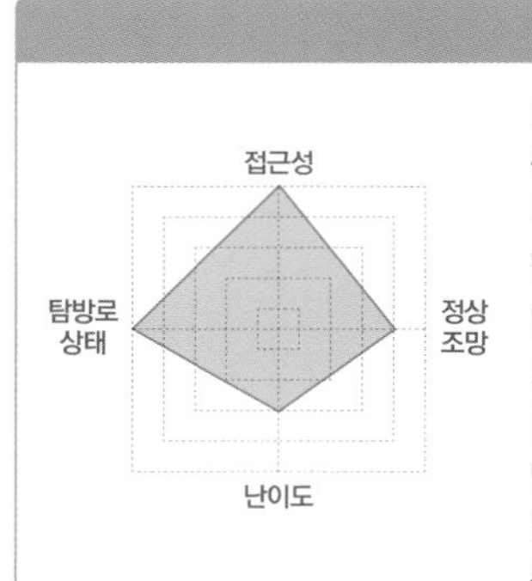

별칭 닥몰오름, 새오름, 저지악
높이 해발고도 239.3m, 비고 104m
탐방 포인트 조망 분화구 탐방 가메창
탐방 소요시간 1시간 30분
가까운 오름 문도지오름, 남송이오름, 금오름
탐방 시 주의사항
반드시 굼부리 관찰로 다녀올 것
주변 여행지 생각하는 정원, 저지예술인마을, 제주도립 김창렬미술관, 제주현대미술관

찾아가는 길
- 내비게이션에 '저지오름' 입력
- 수월봉과 동광육거리를 오가는 771-1번, 고산리와 저지리, 산양리를 도는 772-2번, 한림과 협재를 지나 동광육거리를 오가는 784-1번 버스가 '저지남동' 정류장에 정차한다. 오름 입구까지는 1km를 걸어야 한다.

제주도 서남쪽 한경면의 중산간 벌판에 있는 저지오름은 해발고도 239m, 오름 자체의 높이가 100m에 불과하나 그 존재감은 대단하다. 깔때기 모양의 원형 굼부리를 가진 오름으로, 굼부리 둘레가 800m에 화구의 깊이는 62m로 꽤 깊다.

둥지처럼 동그랗고 깊은 분화구

'저지楮旨'라는 이름은 오름 동쪽의 마을 '저지'에서 유래한 것으로 예전엔 '닥몰오름'이라 불렀다. 저지의 옛 이름이 '닥무루'였다는데, 닥나무楮가 많아서 붙은 것이다. 지금도 저지리엔 '닥마루'라는 간판을 단 가게가 있고, 이곳 사람들은 저지리와 저지오름을 여전히 '닥무루'와 '닥몰오름'으로 부른다. 달리 '새오름'이란 이름도 가졌다. 오름 형태가 새 둥지를 닮았기 때문이다. 실제로 화구 안의 울창한 숲은 수많은 새의 보금자리다.

옛날엔 제주 초가집의 지붕을 덮던 띠(새)가 많았다지만 지금은 분화구 바깥쪽이 소나무로 빼곡하고, 안쪽은 해송과 상산 등 낙엽송과 상록수, 칡 같은 덩굴식물이 뒤엉킨 채 밀림을 이뤘다. 오름의 북서쪽 사면을 따라서는 널따랗게 공동묘지가 조성되었고, 남서쪽엔 이곳 사람들이 '가메창'이라 부르는 커다란 가마솥 모양의 움푹 파인 신비로운 구덩이도 눈길을 끈다. 제주도에서 발행한 책자엔 둘레 300m쯤인 가메창을 오름으로 분류한다.

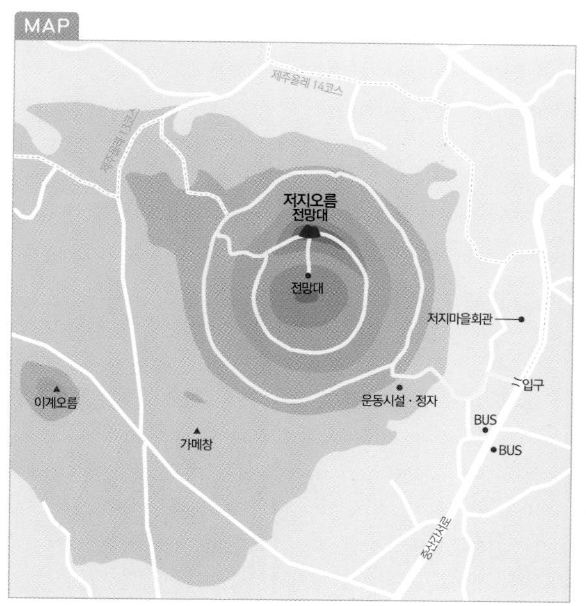

능선에서 굼부리 안으로 이어진 계단.

굼부리 안 전망대서 본 풍광.

화구벽 속 아늑한 별천지

저지오름에는 탐방로가 조성된 대부분의 오름과 마찬가지로 오름 자락을 따라 이어지는 오름 둘레길과 화구벽 능선을 한 바퀴 도는 굼부리 둘레길이 있다. 오름 둘레길은 1.55km며, 원형의 굼부리 둘레길은 800m쯤이다. 들머리에서 능선까지는 30분이면 넉넉히 닿는다. 능선은 원형이어서 양쪽 어느 방향으로 가도 좋다. 숲에 둘러싸인 곳이 대부분이지만 걷는 동안 산방산과 바굼지오름, 금오름, 돌오름, 대병악과 소병악 등을 볼 수 있다. 화구벽 북쪽의 정상에는 튼튼하게 만든 2층 구조의 목재 전망대가 우뚝하다. 느지리오름과 당오름, 정물오름, 도너리오름, 산방산 등 제주 서쪽의 한라산 자락에 깃든 숱한 오름을 가늠할 수 있다.

걷기 좋은 저지오름 둘레길.

정상에서 본 저지오름의 화구.

저지오름과 산방산 사이에 곶자왈이 있다.

전망대에서 분화구 안으로 내려서는 굼부리 관찰로가 갈린다. 살짝 급경사를 이루는 계단길이지만 깊은 굼부리로 내려서는 느낌이 낯설고도 신비롭다. 굼부리 중간쯤의 전망대에 다다르면 동그랗게 둘러쳐진 화구벽이 바깥세상을 차단해 저지오름만의 안락한 별천지를 이룬다. 제주의 숱한 오름에서 이처럼 동그랗게 원을 그리는 깊은 굼부리를 가진 오름은 산굼부리와 백약이오름, 아부오름, 다랑쉬오름, 도너리오름, 느지리오름, 비양봉 등 손가락에 꼽을 정도다. 그중에서 굼부리 안까지 내려갈 수 있는 곳은 이곳 저지오름뿐이다. 제주올레 13코스가 저지오름을 지난다.

북쪽으로 굼부리가 열린 가운데 알오름이 또렷하다.

엉알길 거닐며 제주 서쪽 바다를 품다

당산봉과 수월봉

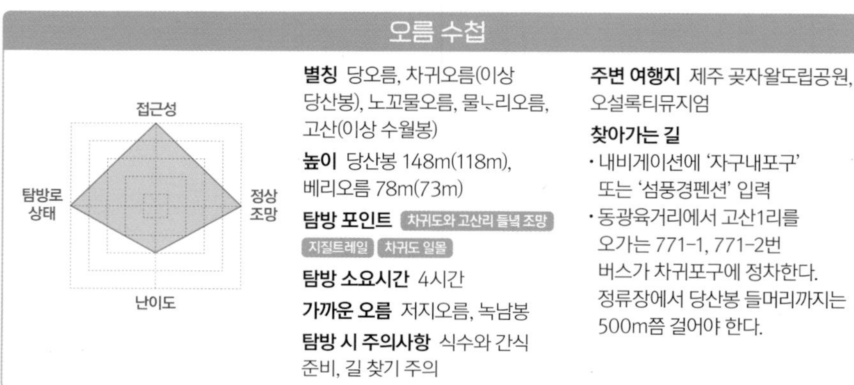

오름 수첩

별칭 당오름, 차귀오름(이상 당산봉), 노꼬물오름, 물ㄴ리오름, 고산(이상 수월봉)

높이 당산봉 148m(118m), 베리오름 78m(73m)

탐방 포인트 차귀도와 고산리 들녘 조망 지질트레일 차귀도 일몰

탐방 소요시간 4시간

가까운 오름 저지오름, 녹남봉

탐방 시 주의사항 식수와 간식 준비, 길 찾기 주의

주변 여행지 제주 곶자왈도립공원, 오설록티뮤지엄

찾아가는 길

- 내비게이션에 '자구내포구' 또는 '섬풍경펜션' 입력
- 동광육거리에서 고산1리를 오가는 771-1, 771-2번 버스가 차귀포구에 정차한다. 정류장에서 당산봉 들머리까지는 500m쯤 걸어야 한다.

고산평야 끝에 솟은 수월봉.

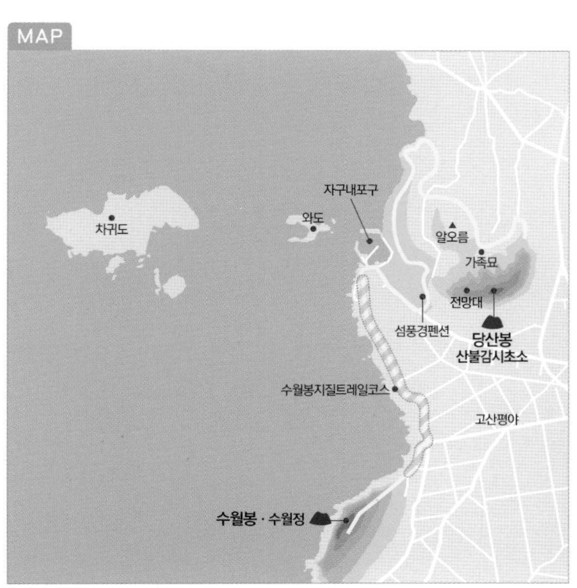

능선이 끝나며 굼부리 안으로 들어선다.

당산봉은 겉으로 볼 적엔 바닷가에 솟은 고만고만한 바위산 정도의 느낌이다. 그러나 막상 올라보면 곧 그 거대함에 사로잡히게 된다. 바다를 뚫고 솟은 커다란 덩치를 가진 오름으로, 해발고도는 148m에 불과하나 오름 자체의 높이도 거의 같다. 옛날에 이곳에 '차귀당'이라는 당이 있어서 당산봉이라는 이름이 붙었으며, '당오름'과 같은 의미다.

전체적으로 남동쪽과 바다에 접한 서쪽은 절벽지대를 이루고, 북쪽은 말굽형 굼부리가 열리며 낮은 모양을 하고 있다. 굼부리 안엔 알오름이 솟아 있다. 하늘에서 보면 그 모습이 완벽한 말발굽이다. 앞바다엔 차귀도가 손에 잡힐 듯 떠 있고, 남쪽엔 유명한 수월봉이, 강총각과 고처녀의 애달픈 사랑 이야기가 전해오는 절부암節婦岩으로 유명한 용수리 포구가 북쪽으로 가깝다. 오름 남동쪽으론 제주를 대표하는 널따란 곡창지대가 장관이다.

당산봉 서쪽 능선으로 오르는 길.

자구내포구에서 본 차귀도 일몰.

전망대 부근에서 본 고산평야와 수월봉.

완벽한 말발굽 모양인 당산봉.

완벽한 말발굽형 굼부리

들머리는 두 곳이다. 북쪽 절부암이 있는 용수포구에서 제주올레 12코스를 따라 오르거나 남쪽 자구내포구 부근의 '섬풍경펜션' 방면으로 들어서도 된다. 펜션 뒤로 난 길을 따라 조금만 오르면 능선 안부에 닿는다. 여기서 길은 여러 갈래로 나뉜다. 왼쪽으로 철조망이 둘러쳐진 건물이 있는 곳은 조선시대의 '당산봉수대' 터고, 이 서쪽 능선을 타고 올레가 지난다. 오른쪽 능선은 당산봉 정상으로 이어진다. 중간의 전망대에 올라 바라보는 고산평야가 압권이다. 곧이어 산불감시초소가 자리한 정상에 닿는데, 펼쳐지는 풍광이 전망대 못지않다.

이후 능선을 따라 내려선 굼부리의 농경지에서 왼쪽으로 가다가 중간에 만나는 '제주도 세계지질공원' 이정표를 따르면 얼마 후 제주올레 12코스가 지나는 해안을 만난다. 여기서 바다에 접한 당산봉의 서쪽 능선을 타고 출발지점으로 돌아오게 된다. 서쪽 능선길은 푸른 제주 바다와 손에 잡을 듯한 차귀도를 조망하며 이어진다.

하늘에서 본 차귀도.

수월봉 지질트레일의 해안 절경.

지질트레일 중에 만나는 일제 갱도진지.

수월봉 정상의 육각정자인 수월정.

수월봉 해안에서 볼 수 있는 순비기나무와 꽃.

수월봉과 엉알길 그리고 지질트레일

당산봉과 해안선을 따라 이어진 수월봉은 한 세트처럼 둘러보게 되는 곳이다. '수월봉水月峰'이라는 이름과 관련해서는 '물 위에 뜬 달'과 같고 '석양에 물든 반달'과 같은 모양이라는 이야기가 전해오고 있다. 조선시대엔 '고산高山'이라고 불렀다. 그러나 제주인들은 예로부터 '노꼬물오름(또는 노꼬무루)'이라고 했다. 바닷가의 절벽 틈에서 '노꼬물'이라는 샘이 흘러나오기 때문이다. 벼랑에서 물이 떨어져 내린다고 '물ᄂᆞ리오름'이라고도 불렀다. 당오름에서 남쪽으로 1km쯤 떨어진 수월봉은 해발고도가 78m에 불과하나 광활한 고산평야의 끝, 바닷가에 바투 서 있어서 높이에 비해 두드러진다. 옛날, 기우제를 지내던 수월봉 정상은 일몰 명소여서 해넘이를 보려는 이들이 많이 찾는다. 수월봉의 또 다른 매력은 해안 풍광이다. 화산탄과 화산재가 뒤섞이며 쌓인 아름다운 지층이 해안을 따라 길게 노출된 이 길은 '수월봉 지질공원 지오트레일' 코스로, 2011년부터 매년 트레일 행사가 펼쳐진다. 중간에 만나는 일제의 갱도진지도 눈길을 끈다.

작지만 또렷한 가메오름 굼부리.

초록바다를 헤엄치는 한 마리의 물고기

가메오름

여름날의 분화구 능선.

하늘에서 본 가메오름과 습지.

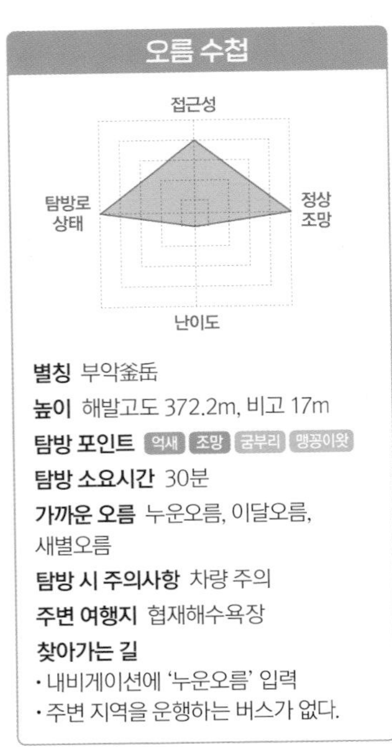

오름 수첩

별칭 부악釜岳

높이 해발고도 372.2m, 비고 17m

탐방 포인트 억새 조망 굼부리 맹꽁이왓

탐방 소요시간 30분

가까운 오름 누운오름, 이달오름, 새별오름

탐방 시 주의사항 차량 주의

주변 여행지 협재해수욕장

찾아가는 길

- 내비게이션에 '누운오름' 입력
- 주변 지역을 운행하는 버스가 없다.

'가메'는 가마솥을 말하는 제주어로, 작고 아담한 굼부리를 가진 오름 모양이 가마솥을 닮아서 붙은 이름이다. 해발고도가 372.2m로 중산간에 위치한 이 오름은 오름 자체의 높이가 17m에 불과하다. 차에서 내려 굼부리 능선까지 오르는데 단 1분이면 된다. 이쯤 되면 오름이 아니라 언덕이라고 불러야 할 판. 그러나 요렇게 작아도 가운데 움푹 파인 굼부리가 또렷하고, 오름 능선에서의 조망 또한 빼어나다.

초지대를 이룬 오름 능선엔 봄날이면 산자고와 할미꽃, 봄구슬붕이, 자주괴불주머니, 개불알풀, 개별꽃 같은 우리 풀꽃이 빈틈없이 피어난다. 꽃이 만발한 능선에 서면 이웃한 이달봉과 새별오름이 손에 잡힐 듯하고, 그 너머로 바리매와 족은바리메, 큰노꼬메, 족은노꼬메가 겹쳐진 가운데 한라산이 우뚝한 멋진 풍광을 조망할 수 있다. 오름 능선을 한 바퀴 도는데 채 10분이 걸리지 않는 가메오름은 온통 억새로 가득 덮였다. 그래서 10월쯤의 아침이나 저녁 무렵에 찾으면 멋진 풍광이 기다린다. 하늘에서 내려다보면 초록바다를 헤엄치는 한 마리의 물고기를 떠올리게 한다.

북쪽 능선에 서면 바로 아래로 널따란 밭이 보인다. 가운데에 동그랗고 얕은 습지가 있는데, 습지 가장자리를 따라 습지식물이 자라서 밭과 습지를 구분시켜준다. 그 모양이 오름 분화구처럼 신비롭고 예쁘다. 혹자는 이 습지를 '맹꽁이왓'이라고도 부른다.

MAP

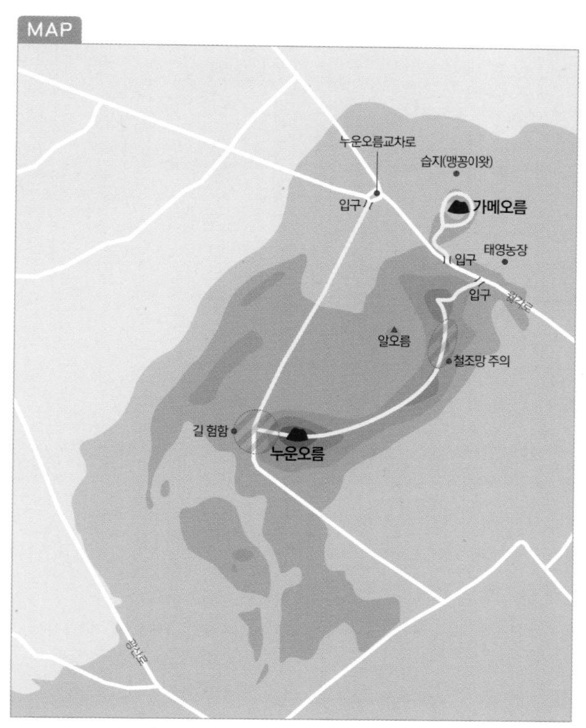

누운 소처럼 평화롭다

누운오름

오름 수첩

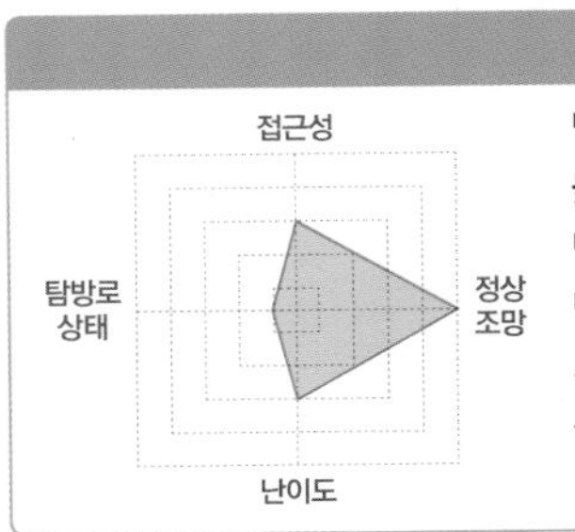

별칭 눈오름, 와악臥岳

높이 해발고도 407m, 비고 57m

탐방 포인트 조망 산책 사진

탐방 소요시간 1시간

가까운 오름 가메오름, 이달오름, 새별오름, 금오름, 세미소오름

탐방 시 주의사항 긴 팔·긴 소매 의류, 늦가을-초봄이 탐방 적기

주변 여행지 성이시돌목장, 테쉬폰, 나홀로나무

찾아가는 길

- 내비게이션에 '누운오름' 입력
- 주변 지역으로 운행하는 버스가 없다.

북쪽 봉우리에서 본 누운오름.

MAP p.425 참고 누운오름은 애월과 한림을 가르며 지나는 월각로를 사이에 두고 가메오름과 마주보고 있다. 부드럽고 야트막한 능선이 커다란 네모 모양으로 이어지는 이 오름은 소가 한가로이 누운 모습을 닮아서 붙은 이름으로, 제주 오름 중에서는 가장 편한 모양새다. 하늘에서 보면 꼬리까지 갖췄다. 높이에 비해 펼쳐진 굼부리가 꽤 넓다. 분화구 안은 무나 메밀, 감자 농사를 짓는 경작지나 목초지로 이용된다. 굼부리를 반으로 가르며 차가 다니는 널찍한 농로도 지난다.

여름엔 웃자란 풀 때문에 길이 사납다.

해발고도가 407m지만 오름 자체의 높이는 50m를 살짝 넘고, 실제 오르는 높이는 30m가 안 되니 들머리에서 금세 능선에 닿는다. 그러나 누운오름이 보여주는 감동은 아주 높고 크다. 공식적인 탐방로가 조성되어 있지는 않다. 보통 태영농장 건너편의 도롯가에서 탐방을 시작한다. 가메오름을 마주한 북쪽 봉우리로 올랐다가 능선을 따라 남쪽의 정상까지 간 후 굼부리 가운데를 지나는 농로를 이용해 돌아오는 코스가 애용된다.

늦가을부터 초봄까지가 탐방 적기

초지대를 이루는 북쪽 봉우리에서 널따란 밭뙈기를 품은 오름 전체가 가늠된다. 솔숲에 덮인 남쪽의 정상 봉우리와 굼부리 중앙의 농로, 그 건너편의 너른 밭뙈기와 서쪽 화구벽 능선까지 어느 것 하나 풍광이 거칠지 않고 편안하다. 서남쪽 능선 너머론 금오름과 비양도가 눈길을 끈다.

여기서 내려다보는 가메오름의 작고 앙증맞은 굼부리는 더 신비롭고 예쁘다. 누가 부러

누워 있는 소 형상이라는 누운오름. 멀리 꼬리도 보인다.

굼부리 안 무덤에서 본 정상.

정상으로 이어지는 동쪽 능선.

초지대를 이룬 북쪽 봉우리.

메밀이 자라는 서쪽 밭뙈기.

누운오름의 알오름.

흙을 퍼 날라 만든 듯 아기자기한 느낌이다. 가메오름 건너론 이달봉과 새별오름, 바리메, 노꼬메오름의 하늘금이 얽히고설킨 가운데 한라산이 배경을 이뤘고, 북돌아진오름과 당오름, 정물오름 등 제주 서부 중산간의 오름이 한눈에 들어온다. 굼부리 안에는 작은 알오름이 솟았는데, 땅속 동굴이 함몰된 듯 한쪽이 푹 꺼져 있다.

누운오름 능선은 낮고 완만하며 사방으로 확 트였다. 평지를 걷듯 쉬엄쉬엄, 주변 풍광을 감상하며 룰루랄라 걷기에 그만이다. 천천히 가도 20분이면 남쪽의 정상에 닿고, 여기서 잠시 내려서면 굼부리 안의 농로를 만난다. 보통은 여기서 농로를 따라 출발지로 돌아 나오는 코스로 탐방이 이뤄진다. 서쪽 능선을 이어서 가려면 다시 밭을 가로질러 들어서야 한다. 딱히 탐방로가 조성되지 않았기에 눈대중으로 찾아가야 한다.

능선은 억새와 찔레, 복분자, 장딸기 등이 뒤섞여서 봄부터 가을까지는 보기와 달리 길이 사납다. 반드시 긴 소매와 긴 바지 차림에 등산화와 스틱도 갖추는 게 좋다. 소나무가 많은 정상에서 내려서는 길이 희미하다. 길을 잃더라도 농로로 방향을 잡고 내려서면 된다.

동쪽 상공에서 본 금오름.

백록담 버금가는 금악담의 아름다움

금오름

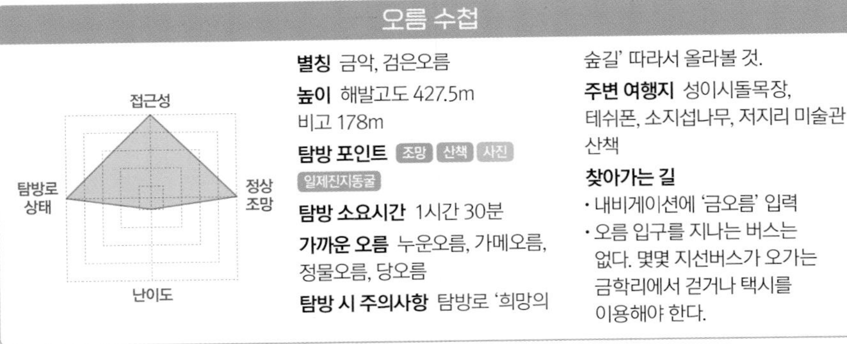

오름 수첩

별칭 금악, 검은오름

높이 해발고도 427.5m 비고 178m

탐방 포인트 조망 산책 사진 일제진지동굴

탐방 소요시간 1시간 30분

가까운 오름 누운오름, 가메오름, 정물오름, 당오름

탐방 시 주의사항 탐방로 '희망의 숲길' 따라서 올라볼 것.

주변 여행지 성이시돌목장, 테쉬폰, 소지섭나무, 저지리 미술관 산책

찾아가는 길
- 내비게이션에 '금오름' 입력
- 오름 입구를 지나는 버스는 없다. 몇몇 지선버스가 오가는 금학리에서 걷거나 택시를 이용해야 한다.

정상부 화구에 물웅덩이를 가진 오름 중 가장 많은 이들이 찾는 곳이 제주 서부의 금오름이다. '금오름'이라니, 이름만으로는 '갑甲'이겠다. 그런데 금은동의 그 '금金'이 아니다. 정확한 유래는 전해지지 않으나 조선시대의 고지도에 오름 자락의 마을인 금악리를 '흑악黑岳' 또는 '흑악촌黑岳村'이라 표기한 것을 미루어 '검은오름'이 변해 금今오름이 된 게 아닐까라는 게 오름의 대부 김종철 선생의 주장이다. 금오름이 금악리의 뒷산이지만 오름 들머리는 마을에서 한창로를 따라 동남쪽으로 1.3킬로미터 가야 만난다. 오름 입구에 목장과 꽤 너른 주차장, 화장실이 있다.

걷는 즐거움으로 충만한 '희망의 숲길' 탐방로

금오름은 '차로 정상까지 오를 수 있는 유일한 오름'으로 익히 알려진 곳. 그러나 건강과 오름보호 차원에서 걷는 편이 좋다. 오름의 해발고도가 427.5m지만 오름 자체의 높이는 178m에 불과하며, 주차장에서 정상까지 천천히 걸어도 30분이면 닿는다.

출발하자마자 양쪽으로 작은 물웅덩이가 보인다. 오른쪽은 '생이못'이라는 재밌는 이름을 가졌다. 자주 마르는 못이어서 생이(새)나 먹을 정도의 물 또는 새가 많이 모여들어 먹던 물이어서 붙은 이름이란다. 왼쪽은 가축용으로 부러 판 것이다. 콘크리트 포장도를 따라 조금 가니 왼쪽으로 '희망의 숲길'이라는 탐방로가 나온다. 대부분의 사람들은 뻥 뚫린 포장도 따라 정상으로 곧장 오른다. 그러나 이 왼쪽 탐방로가 훨씬 매력적이다. 해송 숲

MAP

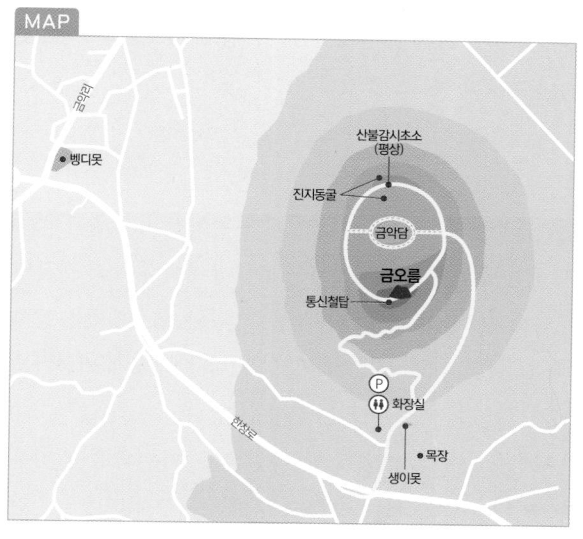

금오름 화구 둘레길.

오름에서 내려다보이는 밭.
금오름에서 보이는 비양도.

사이로 지그재그로 이어지는 길은 전망이 트일 때마다 문도지오름과 모슬봉, 저지오름, 남송이오름, 산방산, 한라산 백록담도 보여 걸음이 즐겁다.

백록담만큼 아름답다, 금악담

이윽고 닿은 정상부 능선. 탄성이 절로 나오는 풍광이 눈앞 가득 펼쳐진다. 남쪽과 북쪽이 높고 동서가 낮은 화구벽은 정상인 남쪽 일부를 제외하곤 온통 풀밭이다. 분화구 복판에는 물웅덩이가 있어서 전체 모양이 백록담을 축소시켜 놓은 것 같다. 물웅덩이는 동쪽이나 서쪽 능선에서 더 잘 보인다. '금악담今岳潭'이라는 이름도 가졌다. 백록담에 버금가는 격이다. 수량이 많지는 않으나 어지간한 가뭄에도 마르는 법이 없다.
무엇보다 화구벽을 따라 이어진 탐방로가 무척 정겹다. 누구랑 걸어도 기분 좋을 것 같은 오솔길이 꿈길인양 아름답게 이어진다. 바람도 좋다. 오름에서 만난 제주의 바람은 질린

금오름과 한라산.

금오름 화구호인 금악담.

누구와 걸어도 기분 좋은 금오름길.

금오름에서 보이는 저지오름과 당산봉.

금오름에 담긴 한라산.
금오름의 일본진지동굴 입구.
들머리의 생이못.

적이 없다. 분화구의 억새를 지나 온 바람이 온 몸을 스치는 느낌은 말로 다 못한다. 산불감시초소가 있는 북쪽 능선에 서니 서부 제주 대부분이 훤하다. 한라산부터 노로오름과 노꼬메오름, 바리메오름, 새별오름, 이달봉이 한눈에 들어오고, 남동쪽으로도 내로라하는 숱한 오름이 날 좀 봐달라며 고개를 든다. 금악리가 여기서는 손바닥처럼 선명하다. 푸릇푸릇한 밭뙈기들 사이로 낮고 알록달록한 지붕들이 한없이 정겹다. 그 너머 서쪽 끝으로 '코끼리를 삼킨 보아뱀' 모양을 한 비양도가 존재감을 드러낸다. 초소 옆의 평상 하나, 이보다 값진 풍광을 품은 평상이 또 있을까? 아무렇게나 걸터앉으니 세상을 다 가진 기분이다.

동쪽 상공에서 본 정물오름.

굼부리 속 샘, 탁 트인 능선

정물오름

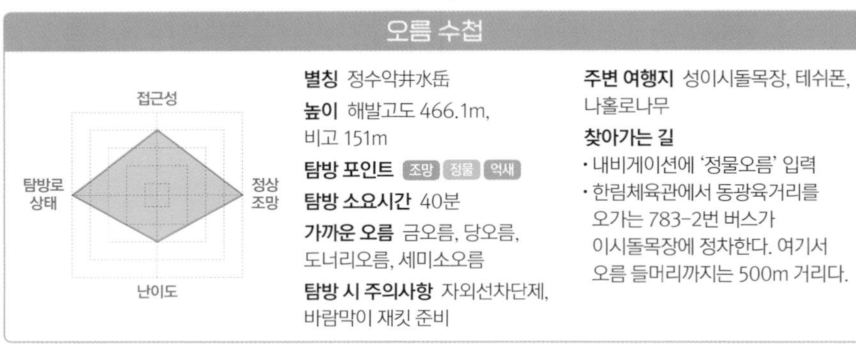

오름 수첩

별칭 정수악井水岳

높이 해발고도 466.1m, 비고 151m

탐방 포인트 조망 정물 억새

탐방 소요시간 40분

가까운 오름 금오름, 당오름, 도너리오름, 세미소오름

탐방 시 주의사항 자외선차단제, 바람막이 재킷 준비

주변 여행지 성이시돌목장, 테쉬폰, 나홀로나무

찾아가는 길

- 내비게이션에 '정물오름' 입력
- 한림체육관에서 동광육거리를 오가는 783-2번 버스가 이시돌목장에 정차한다. 여기서 오름 들머리까지는 500m 거리다.

MAP p.367 참고 평화로를 타고 제주시에서 서귀포 쪽으로 달리다보면 새별오름을 지나고부터 오른쪽으로 오름 세 개가 늘어선 풍광이 한동안 펼쳐진다. 가까운 쪽부터 당오름과 정물오름, 금오름이다. 이시돌목장을 굽어보며 솟은 정물오름은 오름 굼부리 안에 '정물'이라는 샘이 있어서 이름 붙었다. 한자로는 '정수악井水岳'이라고 쓴다.

북동쪽 능선에서 본 한라산과 오름들

'안경샘'이라고도 하는 정물

광평교차로에서 제2산록남로를 따라 이시돌목장 쪽으로 가다가 목장 출입구 조금 못 미처 왼쪽으로 정물오름 이정표가 보인다. 여기서 200m 남짓 들어선 곳이 꽤 너른 주차장을 갖춘 들머리다. 주차장 바로 옆에 '안경샘'이라고도 부르는 샘이 있다. 옛날 일대 주민들이 매일 몇 시간씩 걸어와 물을 길어가던 정물샘이다. 좀 더 안쪽의 두 수원지와 수로로 연결된 커다란 원형의 우물이 제법 깊고 푸르다. 정물오름 동쪽의 광활한 벌판은 조선시대에 말을 기르던 6소장이었는데, 이 샘을 이용했다고 한다.

도너리오름 쪽에서 본 정물오름 남사면. 온통 솔숲이다.

오름 이름을 낳게 한 샘 '정물'.

북동쪽 능선 시작지점.

북서쪽으로 두 팔을 벌린 듯 굼부리가 트인 정물오름은 이웃한 당오름과는 등을 돌려 앉은 모양새다. 샘이 있는 들머리에서 보면 대부분은 초지대다. 그러나 정상 너머 남록엔 소나무가 빼곡하다. 완만한 지형의 굼부리 품 안에 산담이 여럿 보인다. 정물오름엔 '개가 가리켜 준 옥녀금차형玉女金叉形의 명당 터' 이야기가 전해온다. 가까운 금악리에 살던 한 사람이 죽자 그가 기르던 개가 상제의 옷자락을 끌어 이곳의 명당 터를 알려주었고, 그 후 후손이 큰 복을 받았다는 것이다. 그 자리가 어디인지 확인할 수는 없지만 여느 오름처럼 이곳도 숱한 산담이 들어섰다. 오름의 서남쪽에는 소나무로 울창한 작은 구릉이 있다. '정물알오름'이다. 그러나 길이 연결되지는 않는다.

수많은 계단으로 이어지는 남서쪽 능선.

정물오름 북동쪽 능선에서 본 성이시돌목장과 금오름.

사방으로 조망이 열린 정물오름 정상.

남서쪽 탐방로는 온통 계단

탐방로는 정물샘을 중심으로 펼쳐진 양쪽 능선을 따른다. 길이 완만하고 한라산과 일대 조망이 좋은 북동쪽 능선으로 오르는 게 좋다. 반대편 쪽은 계단이 많다. 주변으로 억새가 무성한 탐방로는 어디라도 풍광이 탁 트인다. 정물오름 정상에 서면 한라산 백록담부터 수월봉에 이르는 제주 서쪽을 한 자리에서 조망할 수 있다. 이웃한 당오름과 도너리오름이 손에 잡힐 듯하고, 이달오름과 새별오름, 원물오름, 조근대비악, 돌오름, 남송이오름, 금오름이 사방으로 펼쳐진 가운데 탁 트인 서쪽 제주가 가슴 속 모든 답답함을 한방에 뚫어주는 듯 시원스럽다. 한참을 멍하니 머물고 싶은 능선이다.

내려서는 남서쪽 길은 곧 소나무 숲을 만나며 가팔라지고, 바닥도 전부 나무 계단으로 바뀐다. 주차장에서 출발해 정물오름을 한 바퀴 돌아내리는 탐방로는 1.3km로, 40분쯤 걸린다.

문도지오름과 곶자왈 그리고 한라산.

곶자왈이 품은 생명석

문도지오름

오름 수첩

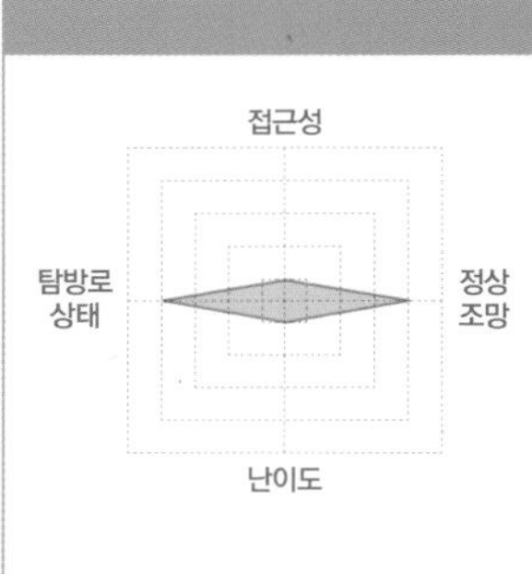

별칭 문도지악文道之岳, 문돗지

높이 해발고도 260.3m 비고 55m

탐방 포인트 곶자왈 조망 초지오름

탐방 소요시간 30분

가까운 오름 남송이오름, 저지오름, 도너리오름

탐방 시 주의사항 자외선차단제, 2인 이상 동행

주변 여행지 오설록티뮤지엄, 제주항공우주박물관, 저지문화예술인마을

찾아가는 길

- 내비게이션에 '문도지오름' 입력
- 버스가 다니지 않는다. 제주올레 14-1코스를 따라 걸어야 한다. 저지문화예술인마을이나 오설록티뮤지엄을 들머리로 잡으면 된다.

등머리에서 본 부드러운 능선

대정읍의 영어교육도시 북서쪽에서부터 저지리와 정물오름에 이르는 지역은 제주를 대표하는 곶자왈이다. 무인지경의 곶자왈 지대는 보는 것만으로도 무한한 감동을 준다. '생명의 숲'으로 통하는 제주 곶자왈은 숲뿐만 아니라 숲이 올라선 땅의 속성도 규정짓는 말이다. 최근의 가장 신뢰할 만한 정의는 '용암류로 이뤄진 크고 작은 돌무더기와 그 위의 숲이나 덤불'을 말한다. 땅속 깊은 곳까지 빗물이 스며들고, 다시 그곳으로부터 수증기가 뿜어져 나와 숲을 키우는 곳이다. 이처럼 숨 쉬는 땅 곶자왈의 깊은 곳에 문도지오름이 있다. '문도지'라는 이름에 대해서는 알려진 유래가 없다.

올레코스를 따라 탐방하는 게 최고

오름 형태가 독특하다. 동쪽으로 열린 말굽형 굼부리를 품은 산체가 신라시대 금관을 장식하던, 생명을 상징한다고 여긴 곡옥曲玉을 빼다 박았다. 또 생명의 숲 곶자왈과 탯줄로 이어진 자궁 속 태아 같기도 하다. 그런데 옛 사람들은 풍수지리로 접근해 돼지 형국인 문도지가 좋지 못한 땅이라 여겼다. 그래서 여기에 묘를 쓰지 않고, 밭을 경작치도 않았다고 한다. 현재는 오름 둘레로 밭이 빼곡하고, 산담도 몇 기 보인다. 오름의 남쪽과 자락

MAP

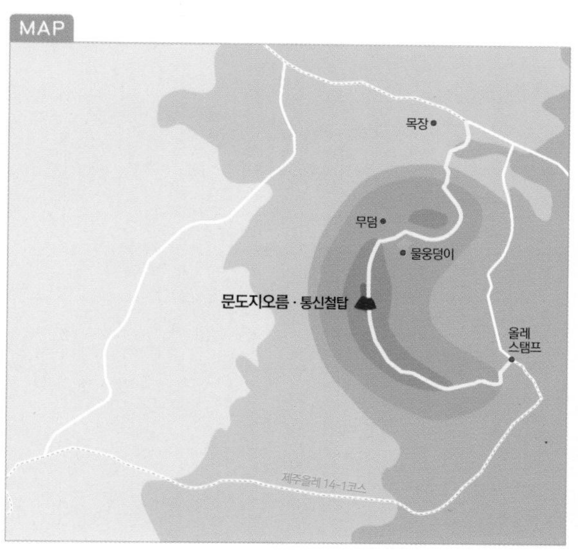

남쪽은 삼나무와 관목이 뒤섞인 숲이다.

을 따라서는 삼나무가 울창하고, 나머지는 대부분 풀밭 능선이다. 예전엔 억새로 뒤덮였다는데, 지금은 거의 찾아볼 수 없다.
덩치가 작고 낮은 오름이다 보니 탐방로가 짧고 단순해서 금세 둘러볼 수 있다. 문제는 오름까지의 접근이 쉽지 않다는 것. 저지리에서 곶자왈 사이로 난 콘크리트 포장도를 따라 3km쯤을 들어와야 하는데, 차량이 없다면 왕복 6km는 쉽지 않은 거리다. 가장 좋은 방법은 곶자왈과 문도지오름을 거치는 제주올레 14-1코스를 걷는 것이다. 생명의 숲을 걷고 생명석을 닮은 오름에도 오를 수 있으니 금상첨화다.

북쪽 끝 탐방로에서 뒤돌아 본 능선.

부드러운 초지대를 이룬 북쪽능선.

오름 입구에 올레 스탬프가 있다.

북쪽 산담 바로 앞의 습지.

곶자왈 바다에 떠 있는 섬들

남동쪽이나 북쪽 중 어디를 들머리로 잡아도 좋다. 남동쪽에서는 밭 사이로 난 좁은 길을 따라 오르는데, 입구에 길을 내어준 마음에 고마움을 가지고 조용히, 청결하게 탐방을 해달라는 메시지가 걸렸다. 삼나무가 많은 숲은 금방 끝나고 영화의 한 장면 같은 풀밭 능선이 펼쳐진다. 정상엔 이동통신 기지국 철탑이 서 있다. 풀밭 능선 어디서라도 조망이 최고다. 특히 굼부리가 열린 동쪽은 온통 곶자왈이다. 여기서는 도너리와 정물오름, 당오름, 멀리 바리메와 한라산까지 모두 곶자왈 바다에 떠 있는 섬처럼 보인다.

북쪽의 산담 앞 수풀 속에 습지가 있다. 제법 널찍한 터에 물도 꽤 고였다. 일대 들짐승과 날짐승에게 생명의 샘이겠다. 습지에서 북쪽 날머리가 가까운데, 풀밭 오름의 아름다움과 그 풍광에 취해 걸음이 떨어지질 않는다.

봉수대 터 위에 세워진 정상의 전망대.

깊고 둥근 두 개의 '작박암메'

느지리오름

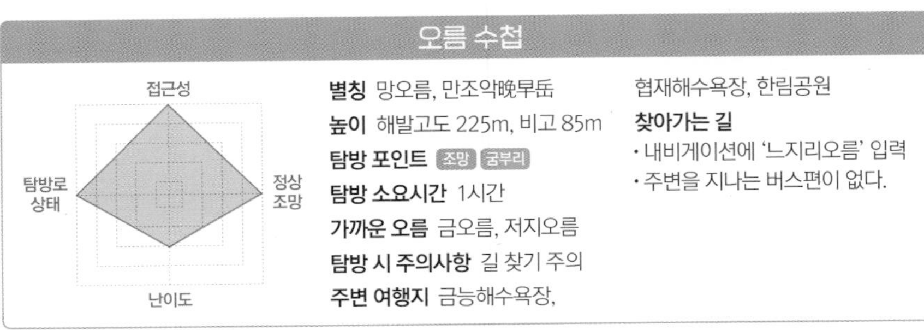

오름 수첩

별칭 망오름, 만조악晩早岳

높이 해발고도 225m, 비고 85m

탐방 포인트 조망 굼부리

탐방 소요시간 1시간

가까운 오름 금오름, 저지오름

탐방 시 주의사항 길 찾기 주의

주변 여행지 금능해수욕장, 협재해수욕장, 한림공원

찾아가는 길

- 내비게이션에 '느지리오름' 입력
- 주변을 지나는 버스편이 없다.

한림읍 상명리 북서쪽에 솟은 느지리오름은 정상부에 두 개의 깔때기 모양 굼부리를 가졌다. 주변에 이렇다 할 명소나 여행지가 없어서 여행자들이 잘 찾지 않는 곳이기도 하다. '느지리'는 상명리의 옛 이름으로, 마을 이름이 오름에 붙었다. '느지리'의 의미에 대해서는 알려진 게 없다. 조선시대에 봉수대가 설치되었으며 '망오름'으로도 불린다. 오름 정상의 봉수대는 비교적 형태가 선명한데, 지금은 그 위에 산불감시초소 기능을 겸한 2층 구조의 목조 전망대가 세워졌다.

정비가 잘 된 2.2km의 탐방로

남북으로 길쭉한 모양인 오름 가운데에 큰굼부리가, 바로 동남쪽에 작은굼부리가 붙어 있으며, 큰 것은 깊이가 78.2m, 작은 것도 49.8m로 꽤 깊고 가파르다. 이 지역 사람들은 오름 분화구인 굼부리를 '암메' 또는 '암메창'이라고 한다. 그래서 느지리오름의 두 굼부리를 '큰암메', '족은암메'로 부른다. 달리 '큰작박암메', '족은작박암메'라는 이름도 가졌는데, '작박'은 쪽박보다 큰 바가지를 일컫는 제주어다. 해송이 주를 이룬 숲이 오름 전사면을 감싸고 있으며, 상수리나무와 자귀나무, 밤나무도 자주 보인다.

오름 남쪽의 도로 옆에 널따란 주차장과 화장실을 갖춘 들머리가 있다. 크고 작은 두 굼부리를 가진 터라 느지리오름의 탐방로는 조금 복잡하다. 그 모양을 하늘에서 보면 어머니 배속의 태아를 닮았다는 설명이 들머리 안내판에 적혔다. 탐방로 총 길이는 2.2km다.

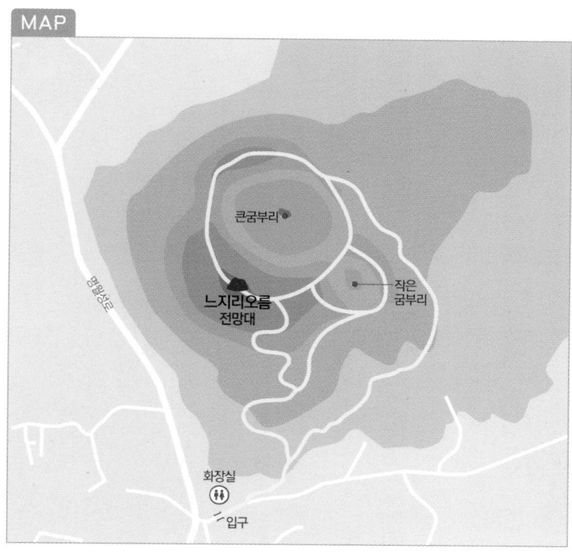

큰굼부리의 서쪽 능선길.

일몰이 아름다운 전망대

야자매트가 깔린 굼부리 능선길.

보도블록이 깔린 초입부를 따라 들어서면 오른쪽으로 철망을 두른 시설물이 나오며 길이 갈린다. 여기서 오른쪽 길은 오름 자락을 동북쪽으로 휘감고 돌아 큰굼부리의 동쪽 능선에 올라선다. 평탄하고 걷기 좋은 오솔길이다. 울창한 숲 사이로 파고드는 왼쪽의 너른 길은 곧 콘크리트 포장도로가 야자매트로 바뀌고 폭도 조금씩 좁아진다. 중간에 작은굼부리 능선으로 곧장 이어지는 길이 갈리기도 한다. 갈림길마다 현재 위치를 표시한 안내도가 서 있다. 곳곳에 벤치도 있어서 쉬엄쉬엄 걷기 좋은 오름이다. 정상 전망대 주변을 제외하면 전 구간이 울창한 숲에 덮였고, 길이 넓고 정비가 잘 되어 있어서 걷기 좋다.

전망대에 오르면 큰굼부리의 깊은 구덩이가 발아래로 내

드물게 편백나무가 나타난다.

서쪽에서 본 느지리오름과 금오름.

봉수대 터 위에 세워진 정상의 전망대.

길섶에 핀 산국.

려다보인다. 저지오름처럼 새들의 보금자리여서 아침저녁으로 맑고 청아한 새소리가 귀를 씻어준다. 동쪽으로는 금오름과 도너리, 정물오름이 한라산을 배경으로 멋진 자태를 펼쳤고, 협재해수욕장 건너의 비양도부터 저지오름, 당산봉이 어우러진 서쪽 바다 풍광은 휴식같이 편안하다. 특히 일몰이 아름다운 곳이어서 때를 맞춰 부러 올라오는 이도 많다.

서북쪽 상공에서 본 비양도

섬 속의 섬, 미니어처 제주

비양봉(비양도)

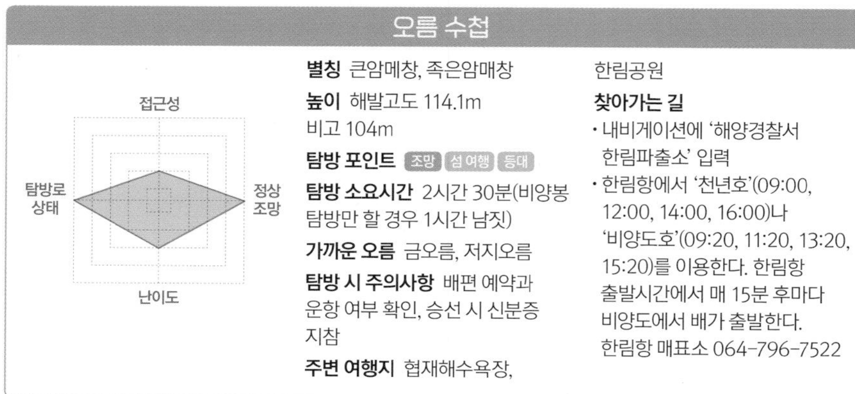

오름 수첩

별칭 큰암메창, 족은암매창

높이 해발고도 114.1m 비고 104m

탐방 포인트 조망 섬 여행 등대

탐방 소요시간 2시간 30분(비양봉 탐방만 할 경우 1시간 남짓)

가까운 오름 금오름, 저지오름

탐방 시 주의사항 배편 예약과 운항 여부 확인, 승선 시 신분증 지참

주변 여행지 협재해수욕장, 한림공원

찾아가는 길

- 내비게이션에 '해양경찰서 한림파출소' 입력
- 한림항에서 '천년호'(09:00, 12:00, 14:00, 16:00)나 '비양도호'(09:20, 11:20, 13:20, 15:20)를 이용한다. 한림항 출발시간에서 매 15분 후마다 비양도에서 배가 출발한다. 한림항 매표소 064-796-7522

비양봉 정상의 비양봉등대.

제주도는 동서남북에 사람이 사는 유인도를 품었다. 서쪽의 비양도는 제주의 유인도 중 가장 작다. 협재해변을 마주한 비양도는 생텍쥐페리의 소설《어린 왕자》에 나오는 '코끼리를 삼킨 보아뱀'을 쏙 빼닮았다. 어린 왕자와 여우가 비양도를 보며 코끼리를 삼킨 보아뱀을 연상하는 그림이 비양도의 초등학교 벽을 장식하고 있기도 하다.

어린 왕자가 사랑한 섬 비양도

비양도는 0.59㎢의 면적에 해안선 총 길이가 3.5km에 불과하며, 한림항에서 배로 14분이면 닿을 만큼 본섬에서 가깝다. 한림항에서 보니 비양도는 비양봉 그 자체다. 섬 전체가 하나의 봉우리고 또 오름이다.

배가 도착하는 시간에 맞춰 지질공원해설사가 나와서 비양도에 대한 해설을 한다. 10분 남짓 걸리는 이 설명은 꼭

비양도의 코끼리바위.

MAP

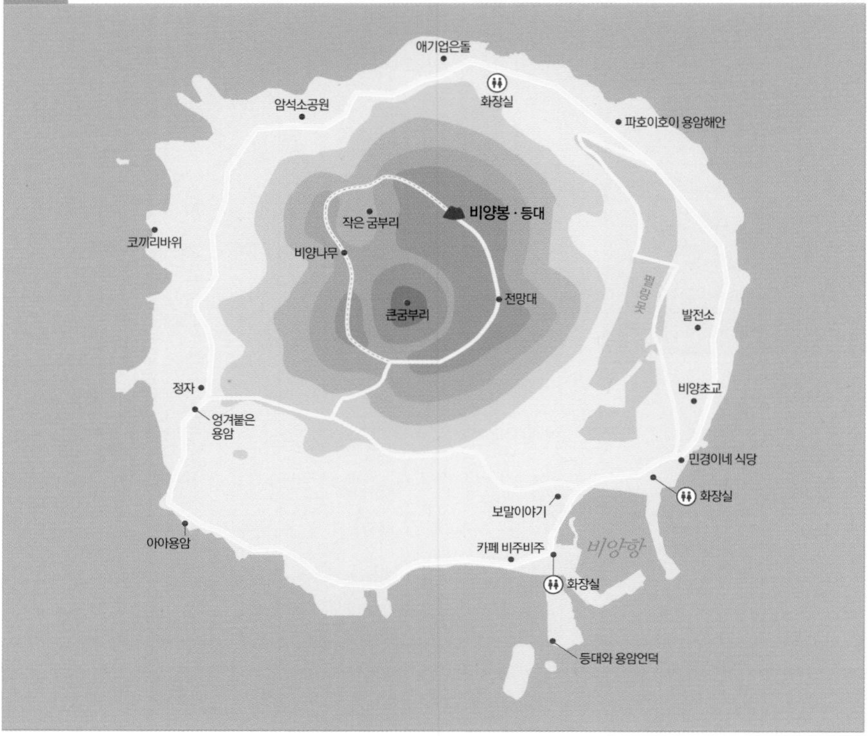

애기업은돌
화장실
암석소공원
파호이호이 용암해안
비양봉 · 등대
작은 굼부리
코끼리바위
비양나무
펄랑못
전망대
큰굼부리
발전소
정자
비양초교
엉겨붙은 용암
민경이네 식당
화장실
보말이야기
아야용암
카페 비주비주
비양항
화장실
등대와 용암언덕

비양항에서 본 비양봉

등대와 큰굼부리.

꼭 들어야 하는 비양도 해설.

비양도의 코끼리바위.

듣기를 추천한다. 비양도의 역사와 환경, 지질에 대한 정보가 머릿속에 훤히 그려져 탐방이 훨씬 즐겁기 때문이다. 비양도는 SBS 드라마 〈봄날〉의 촬영지다. 이를 기념하는 대형 조형물이 마을 한복판 바닷가에 낡은 모습으로 서 있고, 작은 절 하나와 비슷한 크기의 교회, 아담한 소방서와 로스팅 카페도 있다.

비양봉은 마을에서 곧장 오를 수 있다. 그러나 한 번 오기가 쉽지 않은 비양도기에 비양도 관광을 겸해서 비양봉을 오르는 편이 좋다. 비양도 명소를 찾다 보면 걸음은 자연스레 비양봉으로 향하게 된다. 둘러보는 순서는 항구에서 반시계방향이 좋다.

마을의 동쪽 끝, 지금은 폐교된 초등학교와 비양도발전소를 지나자 바닷물이 스며들며 만들어진 습지인 펄랑못이 이채롭다. 곧이어 섬의 뒤편으로 접어들며 주름처럼 펼쳐진 용암구조물인 '파호이호이 용암해안'과 '비양도 암석 소공원', 용암이 솟아오르던 모양 그

협재해수욕장과 비양도

대로 굳은 용암굴뚝인 '애기 업은 돌' 등 비양도가 자랑하는 풍광들이 펼쳐진다. 우리나라 코끼리바위 중 가장 크다는 비양도의 코끼리바위는 아무리 봐도 신기하다. 주변에 널린 화산탄도 눈길을 끈다.

'애기 업은 돌'로도 불리는 용암굴뚝.

비양에서는 반시계방향이 좋다!

해안코스의 3분의 2쯤 지난 곳에서 육각 지붕을 한 쉼터가 보이고, 그 옆으로 비양봉으로 오르는 계단이 나타난다. 비양봉 탐방로를 따라 뽕나무가 지천이어서 5월 말이면 까맣게 익은 오디를 맛볼 수 있다. 잠시 후 닿은 능선. 깊이 파인 굼부리 건너 비양봉 정상에 하얀 등대가 우뚝하다. 여기서도 반시계방향이 좋다. 오른쪽으로 바다 건너 한라산과 협재·한림해안 풍광이 훤하다. 발아래엔 비

양리의 알록달록한 지붕들이 푸른 바다와 어우러지며 그림 같다.

신이대 터널과 망원경이 설치된 전망대를 지나고 가파른 비탈을 올라 닿은 정상. 사방으로 뻥 뚫린 이곳에 비양도 등대가 온 바다를 다 밝히려는 듯 서 있다. 무인등대인 비양도등대는 육지에서 한림항으로 들어오는 선박들에게 중요한 항로표지 역할을 한다. 1955년에 점등되었다고 하니 짧지 않은 역사다. 등대를 중심으로 비양봉 굼부리는 둘로 나뉜다. 둘 모두 생각보다 깊고 가파르다. 하산은 북쪽 굼부리를 한 바퀴 돈 후 남쪽 화구벽 능선을 지나 올랐던 길을 만나 마을로 내려서면 된다.

비양봉의 북쪽 분화구 능선길.

부두에서 본 제주 본섬과 한라산.

비양도항 주변 풍광

수산저수지와 물메오름. 큰비가 내린 다음날이어서 저수지가 흙탕물이다.

기우제 지내던 물의 성소

물메오름

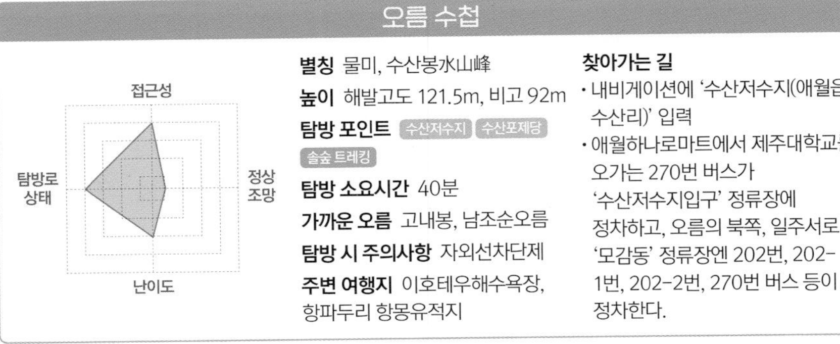

오름 수첩

별칭 물미, 수산봉水山峰

높이 해발고도 121.5m, 비고 92m

탐방 포인트 수산저수지 수산포제당 솔숲 트레킹

탐방 소요시간 40분

가까운 오름 고내봉, 남조순오름

탐방 시 주의사항 자외선차단제

주변 여행지 이호테우해수욕장, 항파두리 항몽유적지

찾아가는 길

- 내비게이션에 '수산저수지(애월읍 수산리)' 입력
- 애월하나로마트에서 제주대학교를 오가는 270번 버스가 '수산저수지입구' 정류장에 정차하고, 오름의 북쪽, 일주서로의 '모감동' 정류장엔 202번, 202-1번, 202-2번, 270번 버스 등이 정차한다.

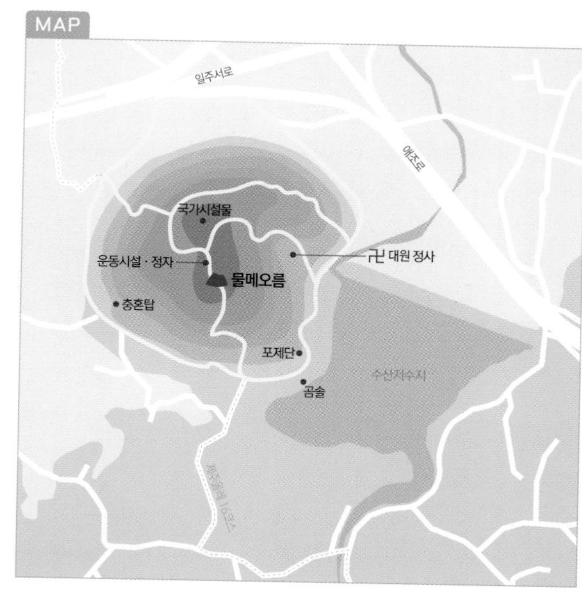

애조로와 일주서로가 만나는 구엄교차로 남쪽에 우두커니 서 있는 물메오름은 옛날에 봉우리 위에 자연 연못인 '물메'가 있어서 이런 이름이 붙었다. 이곳은 가뭄이 심할 때 제주목사가 와서 기우제를 지내던 곳이라고 한다. 물메는 세월이 지나면서 메워지고 지금은 돌로 둘레를 쌓은 작은 물웅덩이가 옛 연못의 흔적을 보여준다. 오름 전체에 걸쳐 해송이 우거진 가운데 멀구슬나무, 참식나무, 생달나무, 꽃댕강나무 등 다양한 나무가 섞여 건강한 숲을 이루고 있다.

저수지를 낀 희귀한 풍광

옛날, 오름 정상에 봉수대가 설치되어 '수산봉' 또는 '수산망'이라고 불렸기 때문인지 지금 오름 들머리의 안내도나, 제주도 관광지도에는 이 오름을 본디 이름인 '물메'가 아닌 '수산봉'이라고 적고 있다. '물메'라는 멋진 이름이 언제부터 '수산'이라는 한자로 바뀌었

길이 쾌적하고 숲이 좋다.

멋진 자태를 보여주는 곰솔.

는지 모르지만 근처 초등학교 이름이 '물메'인 것은 참 다행스럽다.

오름의 동남쪽에 수산저수지가 눈길을 끈다. 저수지 자체가 드문 제주이기도 하지만 저수지를 자락에 낀 오름은 더더욱 없는 터라 낯설고도 희귀한 풍광이다. 성이시돌목장 안의 세미소오름과 표선의 영주산 정도를 꼽을 수 있지만 수산저수지야말로 제대로 된 저수지답다. 1960년 12월, 답단이내를 막아 조성한 이 저수지는 하귀리와 구엄리에 개간한 논에 농업용수를 공급하는 기능을 했다. 물메오름과 어우러진 풍광도 멋져서 예전엔 제주 사람들이 즐겨 찾던 유원지였다.

남쪽 자락 저수지 사이에 빗돌이 늘어섰다.

물메오름의 울창한 해송 숲.

정상부 정자와 운동시설.

물메의 흔적으로 짐작되는 정상부의 물웅덩이.

들머리가 네 곳

오름 남록엔 천연기념물로 지정된 곰솔 한 그루가 긴 가지를 저수지 위에 드리운 채 날좀 봐달라며 자태를 뽐내고 있다. 그 뒤로는 맞배지붕을 올린 단정한 외관의 수산리 포제당이 보이고, 포제당을 지나 저수지 둑 쪽으로 들어선 곳에 법화종 사찰인 대원정사가, 오름의 남서쪽 사면엔 충혼묘지가 자리 잡고 있어 오름의 표정이 다양하다.

일찍이 유원지가 조성되었기 때문인지 오름엔 들머리가 네 곳이나 된다. 동쪽 들머리엔 표석이 서 있고, 제주올레 16코스가 남쪽과 서쪽을 들·날머리로 삼고 정상을 거친다. 대원정사에서는 국가시설물이 있는 정상까지 포장도로가 이어진다. 표석이 있는 동쪽 들머리를 통해 정상에 올랐다가 남쪽 저수지 쪽으로 내려서는 코스가 인기다. 높이 자란 굵은 둥치의 해송이 오름을 뒤덮고 있어서 삼나무 숲 오름과 달리 탐방로가 칙칙하지 않고, 밝고 환하다.

물메가 있던 정상의 굼부리는 경작지로 이용되다가 지금은 배드민턴 코트와 운동시설이 들어섰다. 그 옆에 멋진 팔각정자도 보인다. 정상은 정자의 남동쪽이다. 소나무 그늘이 좋아 벤치도 놓였다. 올레가 지나는 서쪽 길은 조금 가파른 편이다.

바다에서 본 고내포구와 고내봉.

해송 숲 따라 걷는 즐거움

고내봉

고내봉수대 터.

들머리로 인기 있는 보광사.

오름 수첩

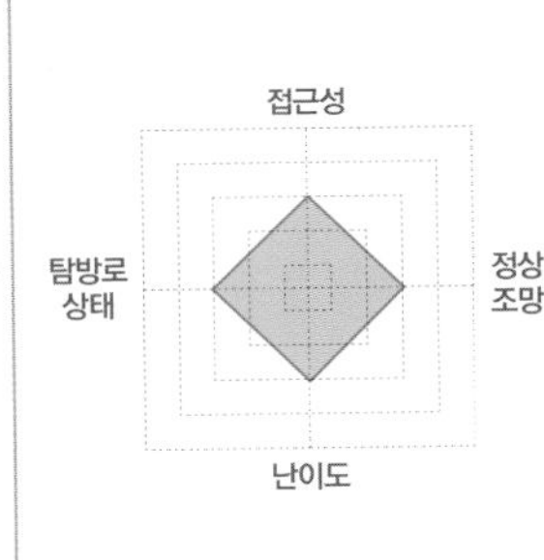

별칭 고내오름, 고니오름, 망오름

높이 해발고도 175.3m, 비고 135m

탐방 포인트 솔숲 봉수대 터 연화지

탐방 소요시간 1시간

가까운 오름 물메오름

탐방 시 주의사항 자외선차단제, 긴 소매와 긴 바지 의류, 스틱, 2인 이상 동행

주변 여행지 장한철산책로, 고내포구, 곽지해수욕장, '봄날' 카페

찾아가는 길

- 내비게이션에 '고내봉' 입력
- 제주버스터미널에서 한림항을 오가는 202-1번, 202-2번, 애월하나로마트에서 제주대를 오가는 270번, 고산에서 제주버스터미널을 오가는 202번 버스 등이 '고내리' 정류장에 정차한다. 여기서 북서쪽 들머리까지는 170m쯤 거리다.

제주올레 15코스가 도착하는 고내포구의 남쪽에 우뚝 솟은 고내봉은 최고봉인 망오름을 중심으로 너븐오름, 상뒷오름, 방애오름, 진오름까지 다섯 봉우리로 이뤄진 복합 화산체다. 북쪽이 가파르고 남쪽 사면은 완만하게 흘러내리는 지형이며, 삼나무처럼 쭉쭉 뻗은 굵은 해송이 숲을 이뤄 탐방하는 내내 눈이 호강이다. 서쪽 너븐오름의 말물동산엔 4·3 피해 사찰인 보광사가 자리하고, 남쪽엔 오름의 1/3쯤이나 됨직한 터에 공동묘지가 들어섰다.

북서쪽에서 오르는 길은 대체로 사납다.

높은 철제 전망대가 설치된 정상에는 고려시대의 봉수대 터가 있고, 오름 동남쪽 하가리의 연화지는 연자와 연근을 진상하던 유서 깊은 연못이다. 또 하가리와 상가리를 아우른 더럭마을은 승천하는 흑룡의 기개를 보는 듯하다는 제주의 돌담인 '흑룡만리 돌담'으로 유명하다.

일주서로에서 가까운 북서쪽 들머리와 남서쪽의 보광사 입구, 하르방당을 거치는 남쪽 들머리까지 세 들머리를 이용해 오를 수 있다. 북서쪽 탐방로는 계단과 야자매트가 깔리고 줄까지 매어져 있을 만큼 탐방로가 잘 만들어져 있지만 이용하는 이가 적어 여름이면 수풀에 덮일 때가 많다. 가파르고 들머리에 주차할 곳이 마땅치 않기 때문이다. 대부분은 보광사 위쪽의 들머리를 이용한다. 차량을 이용해 중턱쯤에 위치한 들머리까지 오를 수 있고, 입구에 넓은 주차공간도 있다. 또 울창한 해송 숲 사이로 난 길이 아름다우면서도 완만해서 걷기 좋다.

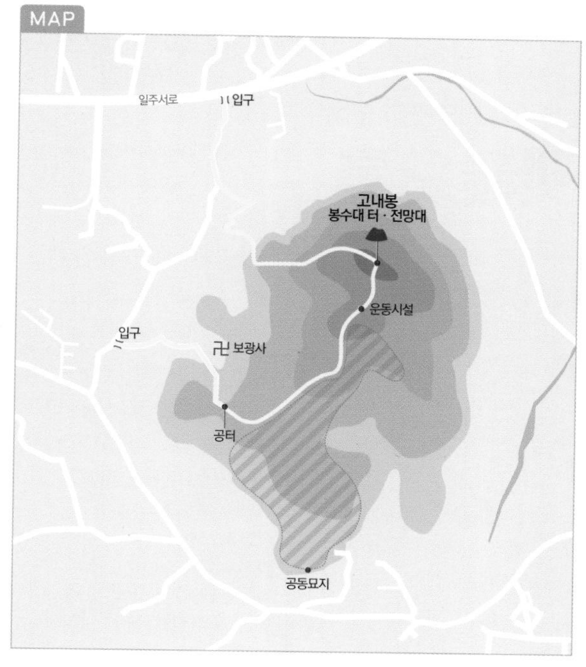

SNS 핫스폿인 오름 남쪽 자락의 초지대.

나는야 SNS 스타 오름

궷물오름

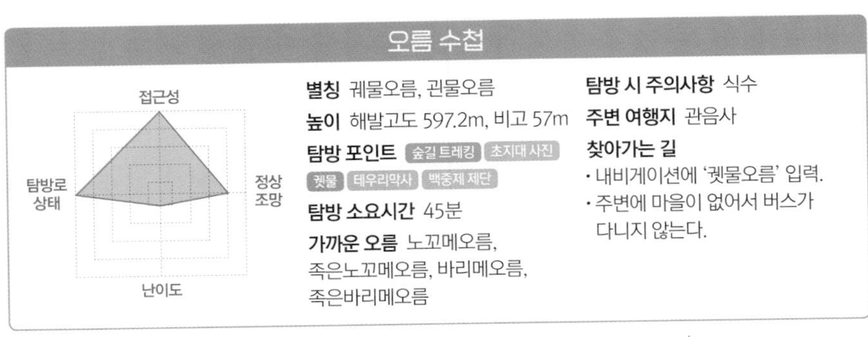

오름 수첩

별칭 궤물오름, 괸물오름

높이 해발고도 597.2m, 비고 57m

탐방 포인트 숲길 트레킹 초지대 사진 궷물 테우리막사 백중제 제단

탐방 소요시간 45분

가까운 오름 노꼬메오름, 족은노꼬메오름, 바리메오름, 족은바리메오름

탐방 시 주의사항 식수

주변 여행지 관음사

찾아가는 길

- 내비게이션에 '궷물오름' 입력.
- 주변에 마을이 없어서 버스가 다니지 않는다.

TV 프로그램 〈효리네 민박〉에 소개되면서 사람들의 발길이 끊이지 않는 작은 오름이다. 제주시 애월읍 유수암리에 있는 궷물오름은 오름 북동쪽 허리께인 분화구의 바위틈에서 솟아나는 '궷물'이라는 샘에서 이름이 유래했다. 바위에 괴어 있는 물이라고 해서 '괸물(궨물)'이라 불린다는 말도 있다. 제주어로 '궤'가 땅속의 작은 바위굴을 뜻하기에 근처에 궤가 있어서 이름 붙은 게 아닐까 추측하는 이도 있다.

600년 제주 목축문화의 유적들

적잖은 높이를 가졌지만 비고는 57m에 불과해 오르기가 쉽다. 북동쪽으로 트인 말굽형 분화구를 가졌으며, 조림한 해송과 삼나무가 활엽수, 억새 등과 어우러지며 다양한 빛깔의 숲을 보여준다.

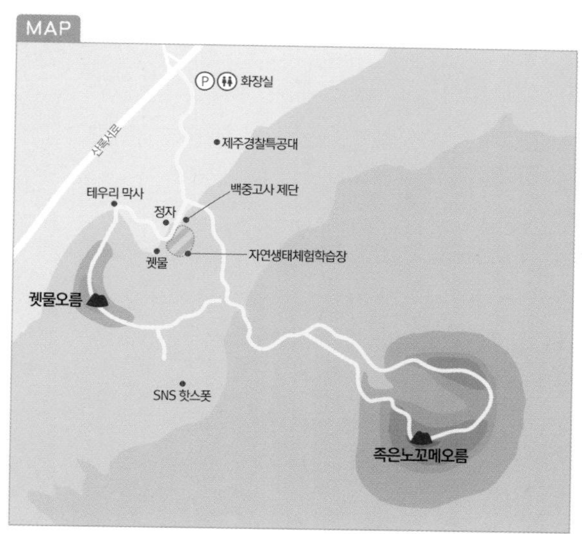

궷물오름 일대는 세종 11년(1492)에 제주마 관립 목장을 만들 때 5소장에 포함된 곳으로, 귀중한 목축 관련 유적이 많은 곳이다. 복원된 상잣성과 원형 그대로의 돌담을 따라 걷는 특별한 경험과 소와 말을 들에 풀어놓아 먹이는 일을 하던 인부 '테우리'들의 쉼터인 '테우리 막사'도 둘러볼 수 있다. 궷물 입구의 언덕엔 매년 음력 7월 보름에 목장주와 테우리들이 우마의 번성을 기원하며 지냈던 목축 의례인 '백중고사' 제단이 남아 있다. 그리고 오름 굼부리 가운데서 솟아나는 궷물의 웅덩

들머리의 '자연생태체험학습장' 평상.

두 개의 물웅덩이가 나란한 궷물.

정상부 초지대서 본 노꼬메와 족은노꼬메.

이는 우마들에게 물을 먹이던 곳이기도 하다. 지금은 오름 일대에 정전리의 마을목장이 운영 중이다.

오름 남쪽의 포토 스폿 초지대

근처의 제주경찰특공대 훈련장 때문인지 주차장이 넓고, 시설 좋은 화장실도 있어서 이용이 편하다. 진입로 또한 넓고 쾌적하며, 가을이면 길을 따라 억새가 피어나 걸음을 즐겁게 한다. 곧 길이 갈라지는데, 왼쪽은 족은노꼬메오름으로 향하고 궷물오름은 오른쪽이다. 들어서자마자 숲속의 너른 터에 평상 네 개가 놓인 '자연생태체험학습장'이 눈길을 끈다. 혼자 또는 일행과 자연을 벗 삼아 쉬기에 이만한 곳이 또 있을까 싶다. 학습장 바로 앞이 궷물 웅덩이와 백중제를 지내던 제단이다. 테우리 막사를 거쳐 정상으로 가는 길은 오른쪽 실개천에 걸린 데크를 건너며 이어진다.

정상 능선에 서면 남동쪽으로 노꼬메오름과 족은노꼬메오름, 바리메오름이 멋들어진 풍광을 펼치고 있다. 가을이면 억새가 무성해 더욱 운치 있는 곳이다. 내려서는 길에 오른쪽으로 나타나는 초지대는 최근 제주 여행객들이 너나 할 것 없이 들러 사진을 찍는 명소다. 광활한 풀밭 뒤로 노꼬메와 족은노꼬메가 우뚝한 전형적인 제주의 목가적인 풍광이다.

궷물오름과 족은노꼬메, 노꼬메는 이어서 탐방하기에 좋다. 궷물을 먼저 오른 후 족은노꼬메와 노꼬메를 올랐다가 노꼬메 서쪽의 공동묘지에서 상잣질을 따르면 최상의 코스다.

궷물에서 테우리 막사로 이어지는 길.

정상 아래에서 만나는 테우리 막사.

큰노꼬메(오른쪽)와 족은노꼬메 그리고 한라산.

단풍 아름답고, 숲 그늘 좋고

족은노꼬메오름

오름 수첩

접근성

탐방로 상태

정상 조망

난이도

별칭 족은노꼬메, 소녹고산小鹿古山

높이 해발고도 774.4m, 비고 124m

탐방 포인트 숲길 트레킹 조망

탐방 소요시간 1시간 20분

가까운 오름 노꼬메오름, 바리메오름, 궷물오름, 족은바리메오름

탐방 시 주의사항 미끄럼 주의, 트레킹 복장, 식수, 2인 이상 동행

주변 여행지 관음사

찾아가는 길

- 내비게이션에 '궷물오름' 입력. 궷물오름 갈림길에서 왼쪽으로 간다.
- 주변에 마을이 없어서 버스가 다니지 않는다.

MAP p.461 참고 한라산 권역이라고 해도 될 만큼 중산간의 가장 고지대에 위치한 족은노꼬메오름은 곳곳이 고산의 정취로 가득하다. 숲의 깊이가 다르고, 풍광의 무게는 재기가 힘들다. 진입로엔 조선시대의 목장 경계용 돌담 중 가장 높은 곳에 있던 상잣성이 복원되어 그 길(상잣질)을 따라 걷는 기분이 좋다.

가고 또 가도 좋은 곳

노꼬메오름과 기슭을 맞대고 있어서 두 오름은 큰오름과 족은오름으로 구분되어 불려왔다. 워낙 큰 덩치의 노꼬메오름과 함께 있어서 '족은'이라는 이름이 붙은 것이지만, 따로 떼놓고 보면 족은노꼬메는 결코 작지 않다. 북서쪽으로 열린 말굽형 굼부리 가운데로 깊고 험하며 구불거리는 골짜기가 발달해 독특하다. 오름 자락을 따라서는 조림한 삼나무와 해송이 둘렀지만 솟아오른 산체의 대부분은 활엽수다. 그래서 가을 단풍이 아름답고, 여름의 숲 그늘이 삼나무 숲과는 결이 다른 즐거움을 준다.

찾아가는 방법은 세 가지다. 노꼬메오름에 올랐다가 능선 동쪽에서 족은노꼬메로 이어갈 수 있다. 산록서로에서 오름 북동쪽의 창암재활원 들어서는 네거리에 '족은노꼬메오름'

정상의 숲속 쉼터

작고 눈길이 가는 정상 표석.

표석이 있다. 공식적인 진입로다. 목장길을 따라 1.4km 들어서면 오름 안내도와 함께 들머리가 나온다. 걷기 좋은 숲길이 상잣질을 거쳐 오름 남쪽의 초입까지 나 있다.

아껴두고 싶은 오름

궷물오름 주차장을 이용하는 방법도 있다. 궷물오름과 족은노꼬메오름을 한 걸음에 탐방할 수 있고, 가장 빠른 길이어서 많은 이들이 찾는 곳이다. 궷물오름 주차장에서 400m쯤 들어선 갈림길에서 왼쪽 숲길로 들어선다. 키 큰 해송과 삼나무에 온갖 활엽수가 뒤섞인 숲 사이로 널찍한 길이 굼부리 입구까지 안내한다.

낙엽활엽수가 대부분인 숲 탐방로는 높이 자란 나무 덕분에 울창하면서도 훤하다. 숲 아래엔 제주조릿대가 무성하고, 덩굴지대도 자주 나타난다. 초입 구간이 살짝 가파르지만 낮게 깔린 조릿대 사이로 야자매트가 깔린 길이 정겹

낙엽활엽수 아래로 산죽이 깔린 탐방로.

부러 만들어도 이리 예쁠까 싶은 길이다.

족은노꼬메는 활엽수가 많아 단풍도 예쁘다.

탐방로 주변의 청미래덩굴.

고 걷기 좋다. 북쪽 탐방로를 따라 올랐다가 정상을 거쳐 남쪽 탐방로를 따라 내려서는 게 일반적이다.

등성이에 올라서며 조금씩 조망이 트인다. 노로오름, 한대오름, 어승생악이 툭툭 튀어나온 뒤로 구름 모자를 쓴 한라산이 잘 보인다. 여기서는 노꼬메오름이 듬직한 산체에 평평한 능선을 가진 사다리꼴이다. 동남쪽이 훤한 정상 일대의 분위기가 참 좋다. 숲 사이에 평의자가 놓여있어 쉬기 좋고, '족은노꼬메정상'이라 새겨진 아담한 표석도 정겹다. 내려서는 길에 만나는 나무들의 다양한 표정이 재밌고, 노꼬메오름과의 사이 고산 평지의 고즈넉한 분위기는 이 오름의 큰 매력이다.

하늘에서 본 노꼬메오름.

이토록 제주다운 풍광

노꼬메오름

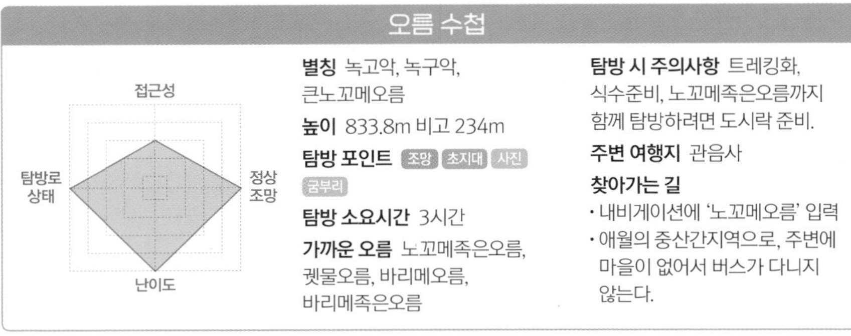

오름 수첩

별칭 녹고악, 녹구악, 큰노꼬메오름

높이 833.8m 비고 234m

탐방 포인트 조망 초지대 사진 굼부리

탐방 소요시간 3시간

가까운 오름 노꼬메족은오름, 궷물오름, 바리메오름, 바리메족은오름

탐방 시 주의사항 트레킹화, 식수준비, 노꼬메족은오름까지 함께 탐방하려면 도시락 준비.

주변 여행지 관음사

찾아가는 길

- 내비게이션에 '노꼬메오름' 입력
- 애월의 중산간지역으로, 주변에 마을이 없어서 버스가 다니지 않는다.

노로오름과의 사이에 펼쳐진 숲의 바다.

MAP

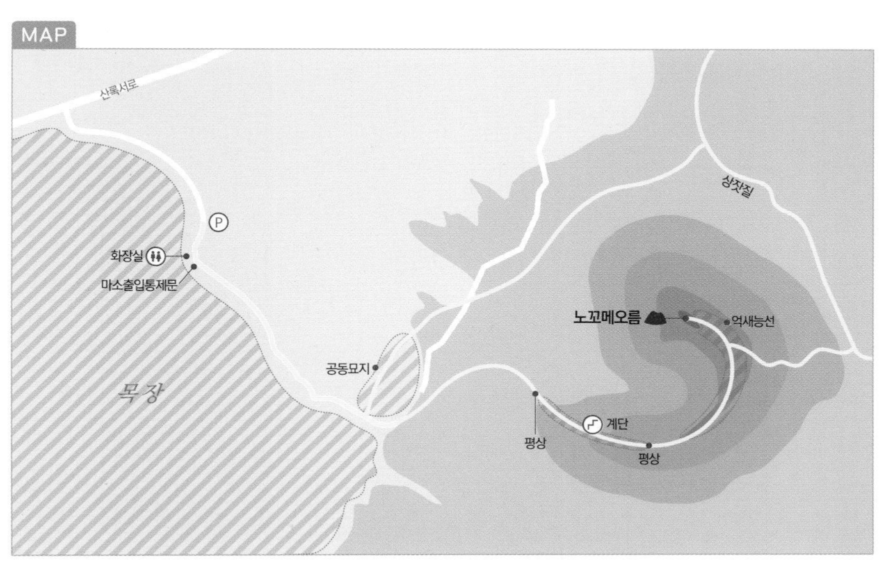

사면을 따라 억새가 가득한 능선.

노꼬메오름은 제주시 애월읍 유수암리의 중산간, 소길공동목장 안에 있다. 제주의 여느 오름과 달리 노꼬메는 '산'의 느낌을 준다. 덩치가 크고 높으며, 평지가 아닌 한라산 산록에 솟았기 때문일 것이다. 제주 오름 중 자체의 높이가 200m가 넘는 것은 손에 꼽을 정도인데, 노꼬메는 234m에 둘레도 4km를 넘는다. 그만큼 오르는 즐거움과 조망이 시원하다. 이름이 높이와 관련 있을 듯하나 자료엔 녹고악鹿古岳, 녹'고高'악, 또는 녹구악鹿狗岳 등 사슴이나 개가 등장한다. 옛날에 한라산의 사슴이 여기에 내려와 살아서 이런 이름이 붙었다고 한다.

들머리 숲길.

오르막의 수고로움도 잊게 하는 활엽수림

애월의 중산간을 관통하는 산록서로를 따르다가 소길공동목장으로 들어선다. 입구 양쪽에 '놉고메·녹고메', '소길공동목장'이라 새겨진 표석이 하나씩 서 있어서 찾기 쉽다. 400m쯤 들어선 주차장에서 탐방이 시작된다. 목장을 가로질러 삼나무숲을 지나 남쪽 봉우리에 올랐다가 화구 능선을 반 바퀴 돌아 정상을 다녀오는 원점회귀형 동선이다. 높고 힘들어 보이지만 주차장에서 정상까지 2.32km, 왕복 4.64km로 쉬엄쉬엄 세 시간이면 여유롭다.

노꼬메오름 정상석.

목장의 콘크리트 포장도 따라 10분쯤 간 곳에서 공동묘지가 나오고, 곧 숲길로 들어선다. 키 큰 나무가 빽빽한 사이로 길은 넓고 완만하다. 산담 두 개를 지나 만난 평상, 제1쉼터인 이곳에서 남쪽 능선 꼭대기에 닿기까지 계속 오르막이다. 그러나 숲이 좋고 길이 예뻐서 걸음은 생각보다 힘들지 않다. 울퉁불퉁한 근육질 몸매를 자랑하는 시커먼 서어나무와 단풍나무, 산딸나무, 쪽동백나무, 산벚나무 등 활엽수들로 기분 좋은 숲. 그 아래로 제주조릿대가 빼곡하다.

공동묘지에서 본 노꼬메오름.

족은노꼬메로 내려서는 길.

주차장에서 본 노꼬메오름.

남쪽 봉우리의 소나무 군락.

말을 잃게 만드는 풍광

오르막이 끝나는 남쪽 봉우리에서 정상까지 가는 650m 길이 화구벽 능선은 제주에서도 아름답기로 손꼽힌다. 억새와 나무숲 사이의 오솔길 자체도 정겹거니와 오른쪽 멀리 노로오름과 붉은오름, 한대오름, 삼형제오름이 한라산과 어우러진 풍광에 감탄이 터진다. 노로오름과의 사이 광활한 숲의 바다는 또 어떤가! 땀 흘리며 오른 수고에 비해 너무 과한 보상에 걸음이 자꾸만 느려진다. 능선 중간쯤에서 오른쪽으로 가파르게 내려서는 길은 '족은노꼬메오름'으로 향한다.

나무데크가 깔린 정상의 '큰노꼬메 정상'이라 새겨진 작은 비석. 육지의 산에서 흔히 만나게 되는 어마어마한 크기의 정상석과 달리 아담해 위압적이지 않고, 풍광을 해치지도 않아 마음에 쏙 든다. 제주답고, 오름답다.

데크에 주저앉아 넋 놓고 사방 조망을 즐긴다. 구름이 바람 따라 모이고 흩어지기를 반복하며 제멋대로 그림을 그린다. 산너울이 질 만큼 많은 제주 동부의 오름과 달리 서부는 그 수가 적고 하나씩 뚝 뚝 떨어져 있어서 이 오름, 저 오름 이름을 부르며 눈 맞추기 좋다. 바리메, 족은바리메, 괴오름, 다래오름, 새별오름, 이달오름, 당오름, 정물오름, 금오름, 왕이메오름 등 저마다 예쁜 이름을 가진 오름들이 날 좀 봐달라며 뽐내는 것 같은, 지극히 제주다운 풍광이 발아래로 바다 끝까지 이어진다. 이만큼 넓은 제주를 볼 수 있는 곳도 드물다.

노꼬메오름 쪽에서 본 바리메오름.

어느 스님이 두고 가셨나?

바리메오름

오름 수첩

접근성	정상 조망	난이도	탐방로 상태

별칭 큰바리메, 발이오름, 발산

높이 해발고도 763.4m, 비고 213m

탐방 포인트 조망 굼부리 숲길 트레킹

탐방 소요시간 1시간

가까운 오름 노꼬메오름, 족은바리메오름, 궷물오름, 족은노꼬메오름

탐방 시 주의사항 미끄럼 주의, 트레킹 복장, 스틱, 자외선차단제

주변 여행지 관음사

찾아가는 길

- 내비게이션에 '바리메오름' 입력
- 주변에 마을이 없어서 버스가 다니지 않는다.

탐방로는 가파르고 미끄럽다.

바리메오름과 족은바리메오름은 노꼬메오름의 남서쪽에 우두커니 서 있다. 바리메오름은 해발고도가 763m, 오름 자체의 높이는 213m에 달해 꽤 덩치가 크다. 산체는 탄탄한 삼각뿔 모양으로 솟았다. 남쪽에서 북쪽으로 기운 굼부리를 가졌고, 정상이 있는 남쪽 사면 아래로는 해송이 빼곡하며, 북사면과 남사면의 중턱 이상은 낙엽 활엽수가 주종을 이룬다.

접근 쉽지 않은 중산간 오름

산 정상에 굼부리가 움푹 파였는데, 그 모양새가 바리때(발우, 절에서 쓰는 스님의 공양 그릇)와 같아 일찍부터 '바리메'라 불렀다. 한자로 음차하면 발산鉢山이라 적는데, 최근엔 발이산發伊山으로도 쓴다. 굼부리 안은 독특한 풍광을 보여준다. 굼부리 바닥에서 남쪽의 정상까지는 수목이

MAP

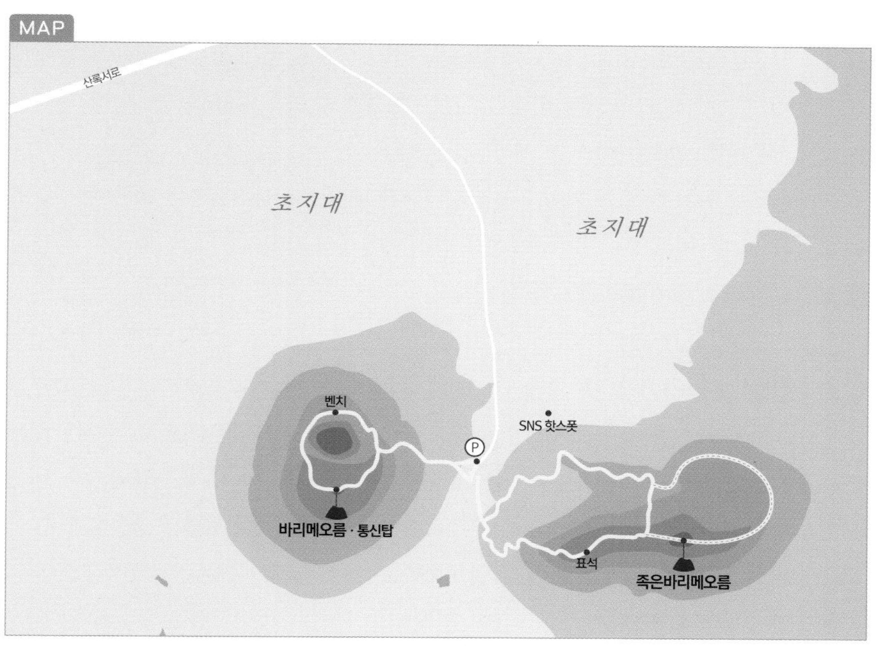

바리메오름 들머리의 초지대 습지.

울창한 반면 굼부리 바닥과 북쪽은 초지대를 이뤘다.

바리메오름은 애월의 중산간 깊은 곳에 있다. 인가가 없고 버스도 다니지 않는 산록서로에서도 농로를 따라 2km를 들어서야 들머리에 닿기에 승용차가 없다면 접근이 쉽지 않다. 크고 높은 산체를 가져 굼부리 능선까지는 꽤 가파른 길을 따라 올라야 한다. 등산화와 스틱 등 장비도 잘 챙겨야 하는 곳이다.

최근엔 들머리 직전 왼쪽 초지의 둥근 물웅덩이를 배경으로 사진을 찍으려는 이들이 몰리며 오름 트레킹과는 상관없는 이들이 몰리는 기현상이 벌어지고 있다. 때문에 길 옆으로 차들이 늘어서 있어 주의해야 한다.

깊고 거대한 굼부리가 압권

들머리의 주차장이 꽤 넓고, 화장실도 갖췄다. 탐방로는 주차장에서 바로 시작된다. 처음부터 오르막이기에 서둘러서는 안 된다. 호흡이 깨지지 않게 주의하며 천천히 오르는 게 관건이다. 능선에 닿기까지 이 오르막은 계속된다. 이웃한 노꼬메처럼 울창한 활엽수 아래로 조릿대가 무성한 길이다. 중간에 줄이 매어진 곳이 몇 번 나타난다. 그러나 20분쯤이면 능선에 닿을 수 있다.

바리메오름은 바닥면의 직경이 130m에 깊이가 78m나 되는 크고 깊은 굼부리를 품었다. 굼부리 북쪽은 낮고, 작은 철탑이 서 있는 남쪽이 정상이다. 두 곳 모두 최고의 조망이 펼쳐지고, 굼부리를 한 바퀴 도는 동안에도 풍광은 감동 그 자체다. 노꼬메를 비롯해 서부 제주의 오름들을 오롯이 감상하며 걸을 수 있다.

국가시설물과 태양광집열판이 설치된 정상에서는 남쪽 풍광이 훤히 펼쳐진다. 넓은 들을 가로지른 끝에서 빈네오름과 노래오름, 북돌아진오름, 왕이메오름이 우뚝우뚝 시선을 끈다.

가파른 탐방로여서 내려설 때 더욱 주의를 기울여야 한다. 올랐던 길을 되짚어 내려서면 된다. 반쯤 내려온 지점에서 오른쪽으로 길이 갈리는데, 어디를 택해도 비슷하다.

검은 동치의 숲을 빠져나오면 굼부리 능선이다.

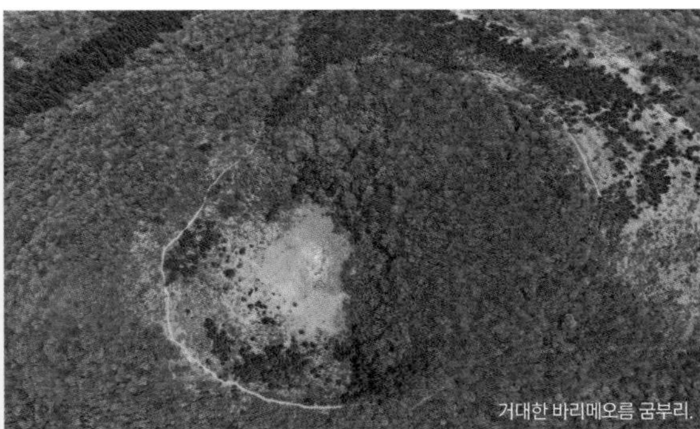
거대한 바리메오름 굼부리.

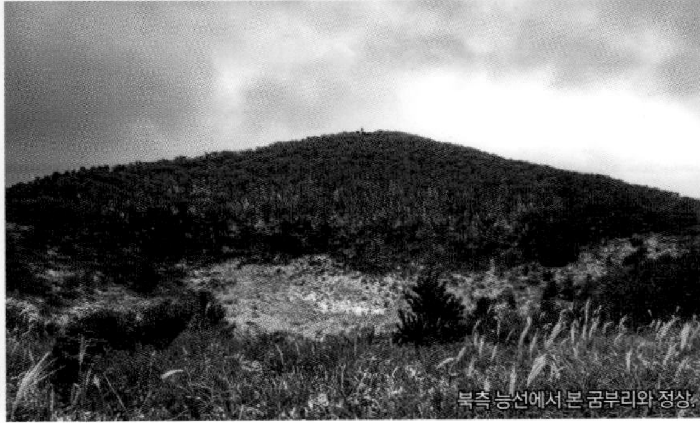
북측 능선에서 본 굼부리와 정상.

쉼터에서 본 한라산.

숲길 오름의 진면목

족은바리메오름

명찰을 단 나무가 많아 살피는 재미가 좋다.

자유롭게 가지를 펼친 숲.

오름 수첩

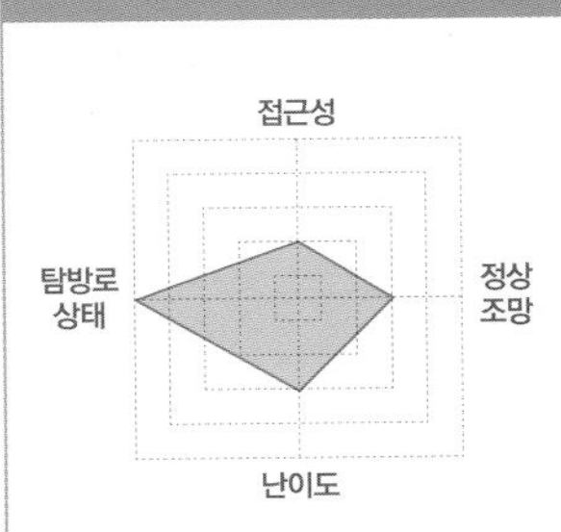

별칭 족은바리메, 소발산

높이 해발고도 725.8m 비고 126m

탐방 포인트 숲길 트레킹

탐방 소요시간 1시간

가까운 오름 노꼬메오름, 바리메오름, 궷물오름, 족은노꼬메오름

탐방 시 주의사항 미끄럼 주의, 트레킹 복장, 스틱

주변 여행지 관음사

찾아가는 길

- 내비게이션에 '바리메오름' 입력. 바리메오름 주차장에서 남쪽으로 조금 더 들어서면 왼쪽에 들머리가 보인다.
- 주변에 마을이 없어서 버스가 다니지 않는다.

MAP p.475 참고 바리메오름 동쪽에 붙어 있어서 '족은 바리메'로 불리며, 한자로는 소발산小鉢山으로 표기한다. 바리메와는 상관이 없는 모양이지만 자리 탓에 어울리지 않는 옷을 걸치고 있는 격이다. 동서로 비스듬히 누운 족은 바리메오름은 어감 때문에 쉽고 만만한 느낌을 주지만 그러나 산세가 험하기로는 바리메가 울고 갈 정도다. 동쪽 높은 곳에 원형의 굼부리가 보이고, 그 서쪽에 말굽형 굼부리로 짐작되는 골짜기가 길게 서쪽으로 기울어지며 엎어진 'U'자 모양을 하고 있다. 두 굼부리 사이엔 얕은 안부가 남쪽과 북쪽 능선을 이어준다. 원형 굼부리는 북서쪽으로 골짜기를 흘려보낸다. 탐방로는 원형 굼부리를 제외한 서쪽 구역을 따라 나 있다.

때죽나무 꽃비가 내린 들머리.

오름 전체에 걸쳐 숲이 울창해 걷는 동안 조망이 트이는 곳이라곤 채 두세 곳을 넘지 않는다. 동남쪽 사면에 걸쳐 해송이 더러 보이지만 길에서 보이는 것은 전부 활엽수다. 큰 나무들이 이룬 숲 아래는 관목과 덤불로 빼곡해 길이 아니면 발을 들이기가 쉽지 않다. 길을 따라 명찰을 단 나무가 많아 살펴보는 재미가 좋다.
출발하자마자 곧 길이 갈라진다. 오른쪽은 주봉이 있는 남쪽 능선으로 이어지며, 가파른 편이다. 왼쪽은 비교적 완만한 북쪽 능선으로 향한다. 목재 데크와 폐타이어매트, 통나무 계단 등이 깔린 탐방로는 한 명이 걷기에 충분히 넓고 쾌적하다. 전체적으로는 동서로 길쭉한 타원형을 그리며 이어진다. 남쪽 능선의 쉼터에서는 한라산도 잘 보인다.

위쪽에 둥근 굼부리가, 아래쪽엔 말굽형 굼부리가 확인된다.

남쪽 능선에서 만나는 느티나무.

제주 억새트레킹 1번지

새별오름

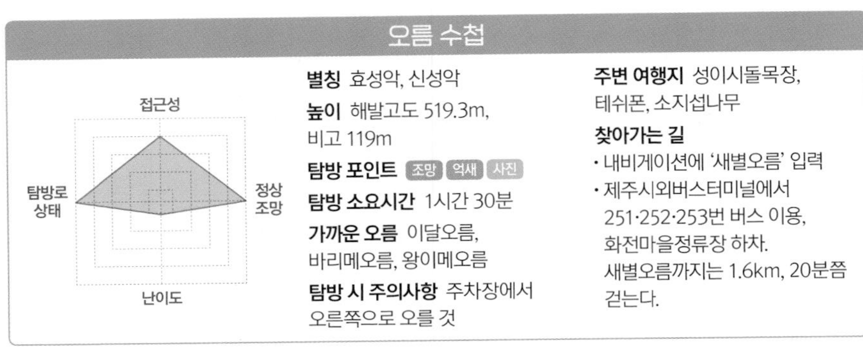

오름 수첩

별칭 효성악, 신성악

높이 해발고도 519.3m, 비고 119m

탐방 포인트 조망 억새 사진

탐방 소요시간 1시간 30분

가까운 오름 이달오름, 바리메오름, 왕이메오름

탐방 시 주의사항 주차장에서 오른쪽으로 오를 것

주변 여행지 성이시돌목장, 테쉬폰, 소지섭나무

찾아가는 길

- 내비게이션에 '새별오름' 입력
- 제주시외버스터미널에서 251·252·253번 버스 이용, 화전마을정류장 하차. 새별오름까지는 1.6km, 20분쯤 걷는다.

정상 남서쪽 능선.

북쪽 탐방로로 올라야

서부 제주의 여러 오름 중에서 가장 많은 이들이 찾는 곳이 새별오름이다. 그 모양이 초저녁 외로이 뜨는 샛별 같다고 해서 '새별'이라는 예쁜 이름이 붙었다. 한자로는 '효성악曉星岳', '신성악神聖岳'이라고 적는다. 고려 공민왕 때 '목호牧胡[1]의 난'이 일어나자 최영(1316~1388) 장군이 이곳에 진 치고 목호들을 토벌했다는 기록이 전할 만큼 유서 깊은 곳이 새별오름이다. 들어서면서 보이는 새별오름은 아래부터 꼭대기까지 온통 억새 천지다. 가을날 꽃이 피면 은

1 목호(牧胡)는 13세기 원(元)이 제주도에 설치한 목장의 관리를 위해 파견한 몽골인(胡)을 말한다.

빛으로 반짝이는 억새의 춤사위가 말을 잃게 만든다. 매년 음력 정월 대보름 즈음에 펼쳐지는 '들불축제'가 유명하지만, 새별오름이 가장 아름다운 시기는 억새가 절정을 이루는 10월 말에서 11월 초순경이다.

주차장에서는 새별오름의 부드러운 곡선이 경주의 왕릉을 닮았다. 그러나 남서쪽의 이달봉에서 보면 해발 519.3m인 정상을 중심으로 몇 개의 봉우리와 등성이로 이어지며 우락부락 전혀 다른 얼굴이다. 실제로 새별오름은 서쪽과 북쪽 사면에 크고 작은 말굽형 화구를 지닌 복합형 화산체다.

새별오름은 코스 선정이 매우 중요한 곳이다. 대부분의 탐방객이 입구에서 눈에 보이는 왼쪽(남쪽) 길을 따라 오른다. 그러나 멀리서 볼 때와는 달리 이 길은 무척 가파르다. 반대쪽, 그러니까 입구에서 오른쪽 탐방로를 따라야 길이 순하고, 역광에 빛나는 억새도 제대로 감상할 수 있다.

웨딩촬영 명소인 새별오름.

MAP

북쪽탐방로 중간에서 살짝 벗어난 능선.

서쪽 봉우리에서 본 억새와 이달오름.

새별오름 정상.

북쪽 탐방로.

여름날의 새별오름 탐방로.

한눈에 들어오는 제주도 서부

주차장에서 오른쪽으로 300m쯤 간 곳에서 오르막이 시작된다. 살짝 가팔라지는가 싶더니 길은 왼쪽으로 꺾여 정상으로 향한다. 이 지점에서 오른쪽으로 평탄하고 짧은 능선이 보이는데, 이 능선 끝이 명당이다. 거기서 뒤돌아 바라보는 새별오름이 매력적이다. 조금씩 높아질수록 북쪽 중산간으로 괴오름, 다래오름, 바리메오름, 족은바리메오름, 노꼬메오름 등이 솟아오르며 존재감을 드러낸다. 그 뒤를 태산처럼 버티고 선 한라산. 이들이 펼쳐놓은 아름다운 풍광이 오름에 올라야만 맞닥뜨릴 수 있는 진짜 제주다. 남쪽이나 북쪽 어느 탐방로를 택하더라도 20분 남짓이면 정상에 닿는다.

정상에서 남쪽으로 이시돌목장을 키워낸 정물오름과 이웃한 당오름, 도너리오름이 삼형제처럼 정겹고, 금오름과 원물오름, 북돌아진오름은 서귀포바다를 배경으로 하늘금을 긋는다. 이 풍광에 마음을 뺏기고 아예 털썩 주저앉은 이가 한둘이 아니다. 하나같이 차분하고 편안한 낯빛이다. 이때야말로 제주를 만나는 절정의 순간이 아닐까? 사람들 대부분은 올라온 반대쪽 능선을 따라 내려선다. 그러나 이 또한 후회할 걸음이다. 정상 빗돌에서 남쪽으로 조금 간 곳에서 서쪽으로 갈림길이 보인다. 친환경 매트가 깔리지 않은 이 길은 숨어 있는 건너편 봉우리로 이어진다. 이 길을 걸어야 새별오름의 진면목을 만날 수 있다. 새별오름의 굼부리는 이 능선을 중심으로 양쪽으로 위치한다. 외딴 봉우리에서 남쪽 능선을 따라 내려서면 이달오름이나 주차장으로 갈 수 있다.

남쪽에서 본 새별오름.

새별오름과 남동쪽 자락의 공동묘지.

새별오름 상공에서 본 이달오름

새별오름에 가린, 오누이처럼 정다운 쌍봉

이달오름

오름 수첩

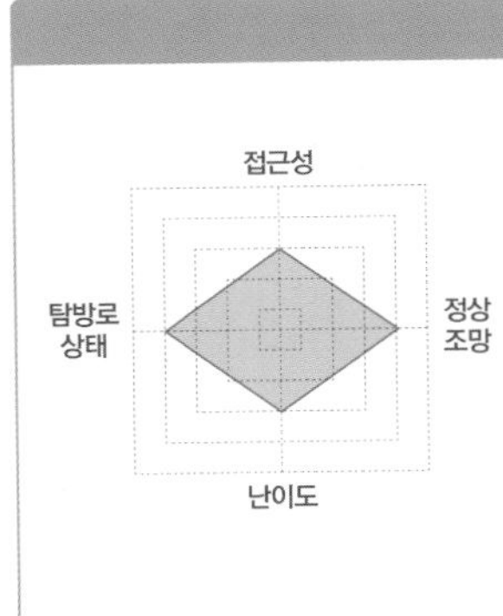

별칭 이달봉, 이달이촛대봉

높이 해발고도 488.7m, 비고 119m

탐방 포인트 조망 억새

탐방 소요시간 2시간

가까운 오름 새별오름, 누운오름, 가메오름, 왕이메오름

탐방 시 주의사항 긴 바지 착용

주변 여행지 성이시돌목장, 테쉬폰, 소지섭나무

찾아가는 길

- 내비게이션에 '새별오름' 입력
- 제주시외버스터미널에서 251·252·253번 버스 이용, 화전마을정류장 하차. 봉성교차로에서 월각로를 따라 서쪽으로 1.4km 간 삼거리에서 오른쪽 녹근로로 들어서면 이달이촛대봉 자락에 닿는다. 새별오름 주차장에서 남쪽의 공동묘지 사잇길로 900m 들어서면 이달봉 들머리다.

MAP p.482 참고 두 봉우리가 이어진 이달오름은 한자로 '이달봉二達峰'이라 표기한다. '달達'은 '높다' 또는 '산山'이라는 뜻의 옛말이다. 그러니까 이달은 두 산, 즉 쌍봉을 말하는 것으로 해석된다. 북봉은 따로 '촛대봉'이라는 별명도 붙어 있다. 두 봉우리 중 남쪽의 이달봉(488.7m)이 북쪽의 이달이촛대봉(456m)보다 조금 더 높다. 멀리서 보면 형제나 오누이처럼 정겨운 풍광이다. 하늘에서 보니 이달봉이 이달이촛대봉을 감싼 듯한 모양새여서 촛대봉이 이달봉의 분화구 안에 솟은 알오름 같다는 생각도 든다. 《오름나그네》를 쓴 김종철 선생은 두 봉우리를 가진 이달오름이 멀리서 볼 때 어느 쪽도 미운 데 없이 곱다면서 '생동감 넘치는 대지의 젖가슴'이라고 썼다. 두 봉우리를 잇는 안부의 곡선이 특히 아름답다는 평이다.

이달오름은 전체적으로 초지대가 많아 오르내리는 동안 주변 풍광을 조망하기에 좋다. 봉우리가 둘이어서 두 오름을 오르는 듯한 느낌을 받기도 한다. 이달오름 쪽에서 보는 새별오름은 낯선 풍광이다. 억새 가득한 반달을 닮은 단순한 모양의 새별오름이 아닌, 서쪽으로 트인 굼부리를 가진 전혀 다른 얼굴이다.

촛대봉 정상 무덤의 예쁜 산담.

새별오름 능선에서 본 이달오름.

깊어가는 가을의 안부 풍광.

이달봉 쪽에서 본 안부와 촛대봉.

새별오름과 연계해서 탐방하는 게 최고

이달오름 탐방로는 여러 갈래로 나 있다. 새별오름과 이어진 자락의 들머리에서 빼곡한 솔숲을 지나 살짝 가파른 능선을 치고 오르면 곧 산불감시초소가 있는 정상이다. 여기서 내려선 안부에서 또 치고 올라야 촛대봉. 숨이 가쁜 걸음이다. 그러나 새별오름과 바리메, 노꼬메, 북돌아진오름, 한대오름, 노로오름 등이 뒤섞인 뒤로 한라산까지 펼쳐지는 조망이 내내 눈길을 끌고, 남서쪽으로 누운오름과 금오름, 저지오름, 당산봉이 겹쳐지는 풍광이 멋져서 충분한 보상이 된다. 여름에는 부드러운 초록 카펫을 펼친 것 같고, 가을이면 억새의 은빛 춤판이 펼쳐지는 안부는 보고 또 봐도 장관이다. 촛대봉 정상에는 제주에서 손꼽히게 예쁜 산담을 두른 무덤 한 기가 인상적이다. 빗돌을 보니 조선시

이달오름 진입로의 억새.

이달봉 오르다가 뒤돌아 본 풍광.

대 정3품 문관인 통정대부를 지낸 지체 높으신 양반의 것이다. 촛대봉에서 서쪽으로 길을 따라 내려서거나 안부로 돌아와서 좌우 어느 방향으로 가도 된다.

이달봉에서 안부로 내려서는 길.

초원을 사이에 두고 300m쯤 떨어진 이달오름과 새별오름은 자락이 맞닿아 있을 만큼 가깝고, 두 오름은 서로의 전망대 역할을 한다. 그래서 새별오름과 이달오름은 이어서 트레킹을 하는 게 좋다. 새별오름 주차장에서 오른쪽 탐방로를 따라 새별오름 정상까지 간 후, 정상 약간 지난 곳에서 서북쪽으로 난 갈림길로 들어서서 숨어 있는 봉우리를 지나 다시 남서쪽으로 내려서면 광활한 억새밭을 지나 이달오름으로 길이 이어진다.

찾아보기

비치미오름	구좌읍	152
사라오름(도심)	제주시 도심	38
사라오름(한라산)	한라산국립공원	308
산방산	안덕면	388
삼매봉	서귀포시 도심	352
삿갓오름	구좌읍	116
새별오름	애월읍	480
서우봉	조천읍	66
섯알오름	대정읍	406
성불오름	구좌읍	156
성산일출봉	성산읍	204
세미오름(삼의악)	제주시 도심	42
세미오름(천미악)	조천읍	70
셋알오름	대정읍	406
소병악	안덕면	374
손지오름	구좌읍	176
솔오름(미악산)	서귀포시 도심	332
송악산	대정읍	400
쇠머리오름	우도면	190
수월봉	한경면	418
식산봉	성산읍	202
아끈다랑쉬오름	구좌읍	134
아부오름	구좌읍	160
안돌오름	구좌읍	140
안세미오름	제주시 도심	46
안친오름	구좌읍	136
어승생악	한라산국립공원	314
여쩌리오름	남원읍	294
영실오름	한라산국립공원	320
영아리오름(서영아리)	안덕면	360
영주산	표선면	250
왕이메오름	안덕면	356
용눈이오름	구좌읍	182

우보악	서귀포시 도심	338
우진제비오름	조천읍	74
웃바매기오름	조천읍	82
원당봉	조천읍	62
원물오름	안덕면	370
월라봉	안덕면	384
윗세오름	한라산국립공원	320
유건에오름	성산읍	222
이달오름	애월읍	486
이승악	남원읍	298
자배봉	남원읍	304
저지오름	한경면	414
절물오름	제주시 도심	54
정물오름	한림읍	436
제석오름	표선면	272
제지기오름	서귀포시 도심	354
족은노꼬메오름	애월읍	464
족은바리메오름	애월읍	478
좌보미알오름	표선면	240
좌보미오름	표선면	240
지미오름	구좌읍	186
큰사슴이오름	표선면	260
큰지그리오름(교래곶자왈)	조천읍	104
토산봉	표선면	280
통오름	성산읍	216
하논오름	서귀포시 도심	348

제주 오름 트레킹 가이드

초판 1쇄 2021년 7월 1일
초판 3쇄 2024년 2월 14일

글 · 사진 | 이승태

발행인 | 박장희
대표이사 · 제작총괄 | 정철근
본부장 | 이정아
책임편집 | 문주미

기획위원 | 박정호

마케팅 | 김주희, 박화인, 이현지, 한륜아
표지 디자인 | ALL designgroup, 변바희
본문 디자인 | 변바희, 김미연
지도 디자인 | 양재연

발행처 | 중앙일보에스(주)
주소 | (03909) 서울시 마포구 상암산로 48-6
등록 | 2008년 1월 25일 제2014-000178호
문의 | jbooks@joongang.co.kr
홈페이지 | jbooks.joins.com
네이버 포스트 | post.naver.com/joongangbooks
인스타그램 | @j__books

ISBN 978-89-278-1236-4 14980
ISBN 978-89-278-1136-7 (세트)

우리 산천에서 즐기는 아웃도어 여행의 모든 것

중앙books × 대한민국 가이드 시리즈

대한민국 섬 여행 가이드

이준휘

걷고, 자전거 타고, 물놀이 하고,
캠핑하기 좋은 우리 섬 53곳

최신개정판

대한민국 자연휴양림 가이드

이준휘

숲으로 떠나는 평화로운 시간,
몸과 마음이 건강해지는 자연휴양림 여행법

대한민국 트레킹 가이드

진우석·이상은

등산보다 가볍게, 산책보다 신나게!
계절별·테마별 트레킹 코스 66개

최신개정판

대한민국 자동차 캠핑 가이드

허준성·여미현·표영도

캠핑카부터 차박까지,
차에서 먹고 자고 머무는 여행의 모든 것

대한민국 자전거길 가이드

이준휘

언제든 달리고 싶은 우리나라 최고의
물길, 산길, 도심길 자전거 코스

서울 · 경기 · 인천 트레킹 가이드

진우석

천천히 한 걸음씩
반나절이면 충분한 도심 속 걷기 여행

신간